Lambacher Schweizer

Mathematik für Gymnasien

Basistraining 11

erarbeitet von
Heidi Buck, Rolf Dürr, Heike Jacoby-Schäfer, Peter Neumann, Sven Rempe,
Michaela Ruckh, Dr. Torsten Schatz, Marc Zeller

Ernst Klett Verlag
Stuttgart · Leipzig

Liebe Schülerinnen und Schüler,

mit diesem Basistraining können Sie sich begleitend zum Unterricht oder konzentriert vor der Prüfungsphase auf das Mathematik-Abitur vorbereiten.

Die Kapitel

In den einzelnen Kapiteln werden die Basisthemen aus Ihrem Mathematik-Unterricht behandelt. Wir haben zusammengestellt, was für eine sichere Grundlage im Mathematik-Abitur notwendig ist.

Die Lerneinheiten

Zu allen zentralen Lerneinheiten der Klasse 11 finden Sie hier jeweils beispielgestützte Zusammenfassungen der wichtigsten Verfahren und Begriffe.

Direkt im Anschluss haben Sie dann selbst die Möglichkeit, an weiteren Beispielen Ihr Wissen zu festigen und abiturähnliche Aufgaben zu lösen.
Die Lösungen schreiben Sie direkt ins Heft. Manchmal brauchen Sie zusätzliche Blätter für grafische Darstellungen oder Nebenrechnungen.

Die Aufgaben mit schwarzer Aufgabenziffer können Sie mit dem grafikfähigen Taschenrechner (GTR) oder geeigneter Software bearbeiten.

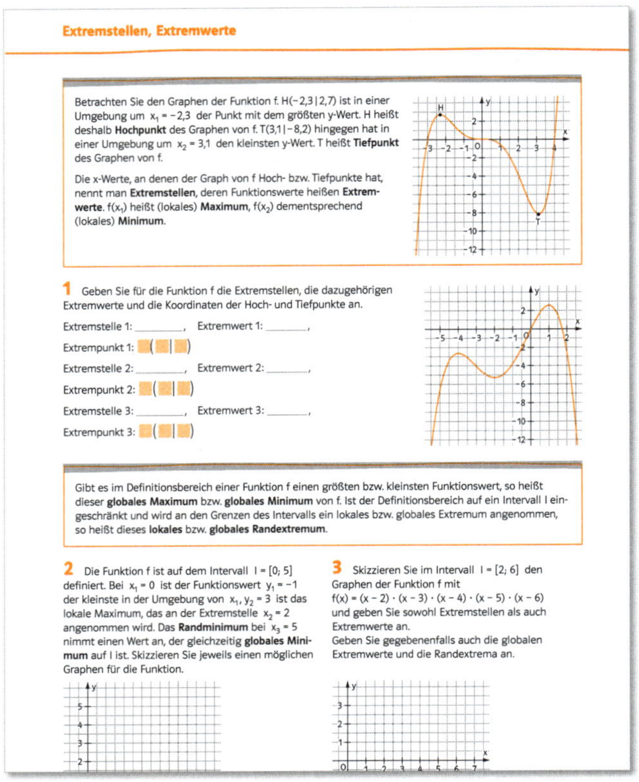

Extremstellen, Extremwerte

Betrachten Sie den Graphen der Funktion f. H(−2,3 | 2,7) ist in einer Umgebung um $x_1 = -2{,}3$ der Punkt mit dem größten y-Wert. H heißt deshalb **Hochpunkt** des Graphen von f. T(3,1 | −8,2) hingegen hat in einer Umgebung um $x_2 = 3{,}1$ den kleinsten y-Wert. T heißt **Tiefpunkt** des Graphen von f.

Die x-Werte, an denen der Graph von f Hoch- bzw. Tiefpunkte hat, nennt man **Extremstellen**, deren Funktionswerte heißen **Extremwerte**. $f(x_1)$ heißt (lokales) **Maximum**, $f(x_2)$ dementsprechend (lokales) **Minimum**.

1 Geben Sie für die Funktion f die Extremstellen, die dazugehörigen Extremwerte und die Koordinaten der Hoch- und Tiefpunkte an.

Extremstelle 1: ______, Extremwert 1: ______,
Extrempunkt 1: (|)
Extremstelle 2: ______, Extremwert 2: ______,
Extrempunkt 2: (|)
Extremstelle 3: ______, Extremwert 3: ______,
Extrempunkt 3: (|)

Gibt es im Definitionsbereich einer Funktion f einen größten bzw. kleinsten Funktionswert, so heißt dieser **globales Maximum** bzw. **globales Minimum** von f. Ist der Definitionsbereich auf ein Intervall I eingeschränkt und wird an den Grenzen des Intervalls ein lokales bzw. globales Extremum angenommen, so heißt dieses **lokales** bzw. **globales Randextremum**.

2 Die Funktion f ist auf dem Intervall $I = [0; 5]$ definiert. Bei $x_1 = 0$ ist der Funktionswert $y_1 = -1$ der kleinste in der Umgebung von x_1, $y_2 = 3$ ist das lokale Maximum, das an der Extremstelle $x_2 = 2$ angenommen wird. Das **Randminimum** bei $x_3 = 5$ nimmt einen Wert an, der gleichzeitig **globales Minimum** auf I ist. Skizzieren Sie jeweils einen möglichen Graphen für die Funktion.

3 Skizzieren Sie im Intervall $I = [2; 6]$ den Graphen der Funktion f mit $f(x) = (x-2) \cdot (x-3) \cdot (x-4) \cdot (x-5) \cdot (x-6)$ und geben Sie sowohl Extremstellen als auch Extremwerte an.
Geben Sie gegebenenfalls auch die globalen Extremwerte und die Randextrema an.

Die Tests

Am Ende jedes größeren Kapitels gibt es einen Test, der die wichtigsten Inhalte noch einmal zusammenstellt und mit abiturähnlichen Aufgaben abprüft. So bekommen Sie eine Rückmeldung, ob und wo Sie noch Übungsbedarf haben.

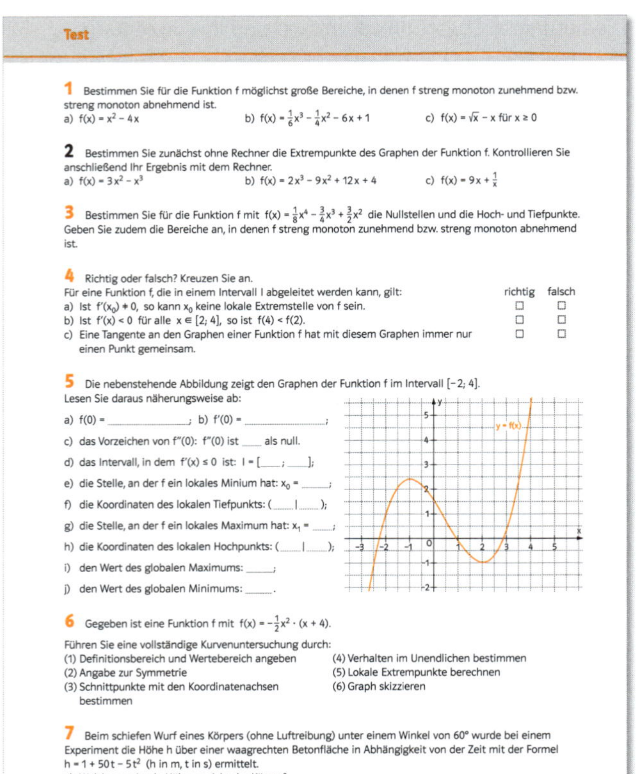

Test

1 Bestimmen Sie für die Funktion f möglichst große Bereiche, in denen f streng monoton zunehmend bzw. streng monoton abnehmend ist.
a) $f(x) = x^2 - 4x$ b) $f(x) = \frac{1}{6}x^3 - \frac{1}{4}x^2 - 6x + 1$ c) $f(x) = \sqrt{x} - x$ für $x \geq 0$

2 Bestimmen Sie zunächst ohne Rechner die Extrempunkte des Graphen der Funktion f. Kontrollieren Sie anschließend Ihr Ergebnis mit dem Rechner.
a) $f(x) = 3x^2 - x^3$ b) $f(x) = 2x^3 - 9x^2 + 12x + 4$ c) $f(x) = 9x + \frac{1}{x}$

3 Bestimmen Sie für die Funktion f mit $f(x) = \frac{1}{8}x^4 - \frac{3}{4}x^3 + \frac{3}{2}x^2$ die Nullstellen und die Hoch- und Tiefpunkte. Geben Sie zudem die Bereiche an, in denen f streng monoton zunehmend bzw. streng monoton abnehmend ist.

4 Richtig oder falsch? Kreuzen Sie an.
Für eine Funktion f, die in einem Intervall I abgeleitet werden kann, gilt:

	richtig	falsch
a) Ist $f'(x_0) \neq 0$, so kann x_0 keine lokale Extremstelle von f sein.	☐	☐
b) Ist $f'(x) < 0$ für alle $x \in [2; 4]$, so ist $f(4) < f(2)$.	☐	☐
c) Eine Tangente an den Graphen einer Funktion f hat mit diesem Graphen immer nur einen Punkt gemeinsam.	☐	☐

5 Die nebenstehende Abbildung zeigt den Graphen der Funktion f im Intervall [−2; 4].
Lesen Sie daraus näherungsweise ab:
a) f(0) = ______; b) f′(0) = ______;
c) das Vorzeichen von f″(0): f″(0) ist ____ als null.
d) das Intervall, in dem $f'(x) \leq 0$ ist: I = [___; ___];
e) die Stelle, an der f ein lokales Minium hat: x_0 = ___;
f) die Koordinaten des lokalen Tiefpunkts: (___ | ___);
g) die Stelle, an der f ein lokales Maximum hat: x_1 = ___;
h) die Koordinaten des lokalen Hochpunkts: (___ | ___);
i) den Wert des globalen Maximums: ___;
j) den Wert des globalen Minimums: ___.

6 Gegeben ist eine Funktion f mit $f(x) = -\frac{1}{2}x^2 \cdot (x + 4)$.
Führen Sie eine vollständige Kurvenuntersuchung durch:
(1) Definitionsbereich und Wertebereich angeben
(2) Angabe zur Symmetrie
(3) Schnittpunkte mit den Koordinatenachsen bestimmen
(4) Verhalten im Unendlichen bestimmen
(5) Lokale Extrempunkte berechnen
(6) Graph skizzieren

7 Beim schiefen Wurf eines Körpers (ohne Luftreibung) unter einem Winkel von 60° wurde bei einem Experiment die Höhe h über einer waagrechten Betonfläche in Abhängigkeit von der Zeit mit der Formel $h = 1 + 50t - 5t^2$ (h in m, t in s) ermittelt.
a) Welche maximale Höhe erreicht der Körper?

Die Lösungen

Die Lösungen zu allen Aufgaben und den Tests finden Sie am Ende des Heftes.

Viel Erfolg!

Bei der Untersuchung von Termen hilft die Zerlegung in Linearfaktoren, kurz **faktorisieren** genannt.

Beispiel: Der Funktionsterm $f(x) = \frac{x^2 - 3x}{x^3 - x}$ $(x \in D_f)$ soll faktorisiert werden.

Durch Ausklammern von x und Nutzung der binomischen Formel erhält man

$$\frac{x^2 - 3x}{x^3 - x} = \frac{x \cdot (x-3)}{x \cdot (x^2 - 1)} = \frac{x \cdot (x-3)}{x \cdot (x-1)(x+1)} = \frac{x-3}{(x-1)(x+1)}.$$

Zu beachten ist, dass sich der Definitionsbereich durch Faktorisieren und Kürzen nicht verändert.
Es gilt also weiterhin für den Definitionsbereich der Funktion $D_f = \{x \in \mathbb{R};\ x \neq 0;\ |x| \neq 1\}$.

1 Faktorisieren Sie die folgenden Funktionsterme und geben Sie den maximalen Definitionsbereich der zugehörigen Funktion an.

a) $f(x) = \frac{2x^4 + 4x^2}{4x - x^3} = \frac{2x^2(\square)}{x(\square)}$ $\qquad D_f = \{x \in \mathbb{R};\ \square\}$

b) $f(x) = \frac{9 - x^2}{x^2 - 5x + 6} = \frac{(\square - x)(\square + x)}{(x-2)(x-3)} = \square$ $\qquad D_f = \{x \in \mathbb{R};\ \square\}$

c) $f(x) = \frac{x^3 + 10x^2 + 25x}{x^3 - 6x^2 + 5x} = \frac{\square}{\square} = \frac{\square}{\square}$ $\qquad D_f = \{x \in \mathbb{R};\ x \neq 1;\ \square\}$

Die Funktion f mit $f(x) = \frac{2}{x-3}$ ist an der Stelle $x = 3$ nicht definiert.

Man nennt diese Stelle auch **Definitionslücke** von f. Sie entspricht der Nullstelle des Nenners.
Für $x \to 3$ von „links" (d.h. $x < 3$) gilt: $f(x) \to -\infty$.
Für $x \to 3$ von „rechts" (d.h. $x > 3$) gilt: $f(x) \to +\infty$.
Die Gerade $x = 3$ ist die **senkrechte Asymptote** des Graphen von f.
Die Stelle $x = 3$ nennt man **Polstelle**.

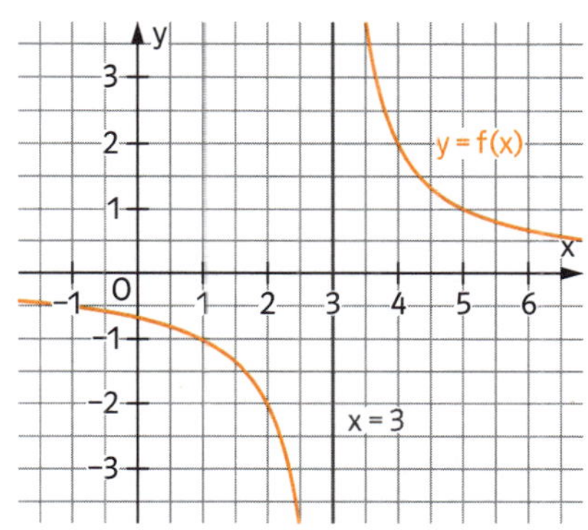

Bei der Funktion g mit $g(x) = \frac{x^2 - 1}{x + 1}$ z.B. ist die Definitionslücke $x = -1$ gleichzeitig auch Nullstelle des Zählers.
Für $x \to -1$ von „links" und von „rechts" gilt: $f(x) \to -2$.
Trotz der Definitionslücke hat der Graph von g bei $x = -1$ keine senkrechte Asymptote, ihm fehlt nur ein Punkt (er hat eine **Lücke**).

An der Umformung $g(x) = \frac{(x-1) \cdot (x+1)}{x+1} = x - 1$ erkennt man, dass der Graph von g eine Gerade ist.

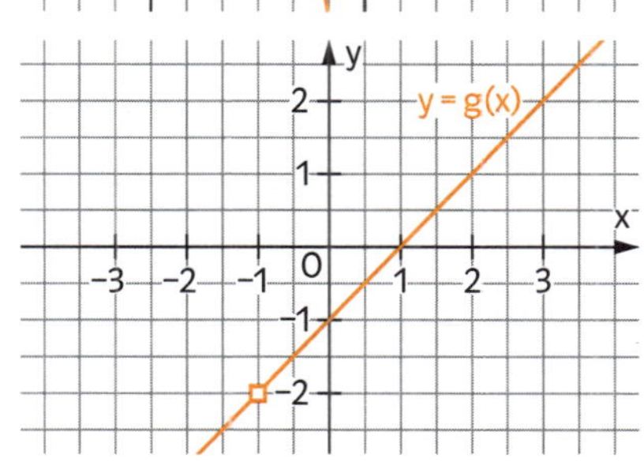

2 Prüfen Sie, ob die Funktion f an der nicht definierten Stelle x_0 eine Polstelle oder eine Lücke besitzt, und füllen Sie die leeren Stellen aus.

	Funktionsterm	x_0	$x \to x_0$ von links	$x \to x_0$ von rechts	Ergebnis
a)	$f(x) = \frac{x}{x-3}$	3	$-\infty$	$+\infty$	
b)	$f(x) = \frac{x+3}{x^2 - \square}$	−3			Lücke
c)	$f(x) = \frac{2x}{(x - \square)^2}$	4	$+\infty$	$+\infty$	

3 Untersuchen Sie die folgenden Funktionen auf Definitionslücken und geben Sie an, ob der Graph dort eine senkrechte Asymptote besitzt.

f	Definitionslücke x_0	Ist x_0 Nullstelle des Zählers?	Senkrechte Asymptote? ja/nein	Verhalten für $x \to x_0$, **$x < x_0$ (von links)**	Verhalten für $x \to x_0$, **$x > x_0$ (von rechts)**
$x \mapsto \frac{3x-6}{3x+6}$	$x_0 = -2$	nein	ja	Für $x \to -2$ $(x < -2)$ gilt: $f(x) \to +\infty$	Für $x \to -2$ $(x > -2)$ gilt: $f(x) \to -\infty$
$x \mapsto \frac{x^2-16}{x-4}$	$x_0 = 4$	ja	nein	Für $x \to 4$ $(x < 4)$ gilt: $f(x) \to 8$	Für $x \to 4$ $(x > 4)$ gilt: $f(x) \to 8$
$x \mapsto \frac{5}{x}$					
$x \mapsto \frac{x-3}{x-2}$					
$x \mapsto \frac{x^2-9}{x-3}$					

4 Untersuchen Sie f auf Definitionslücken und geben Sie gegebenenfalls die Polstellen an.

a) $f(x) = \frac{2}{x}$ b) $f(x) = \frac{x+1}{1-x}$ c) $f(x) = 3 + \frac{2}{x^2}$

d) $f(x) = \frac{4}{x^2-4}$ e) $f(x) = \frac{1}{2x-2}$ f) $f(x) = \frac{x-2}{x-4}$

5 a) Welcher Graph gehört zu welcher Funktion? Begründen Sie.

$f_1(x) = \frac{x}{x+2}$ $f_2(x) = \frac{2}{(x+2)^2}$ $f_3(x) = \frac{1}{x^2+2}$ $f_4(x) = \frac{2}{(x-2)(x+2)}$

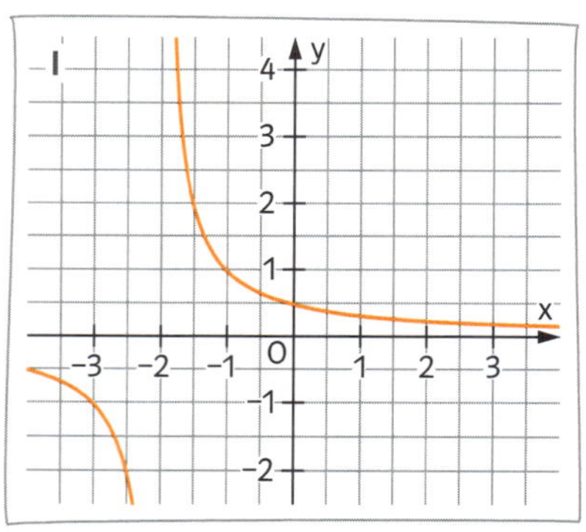

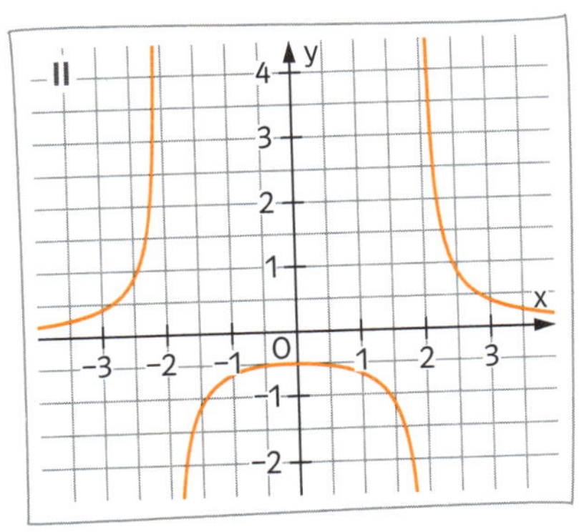

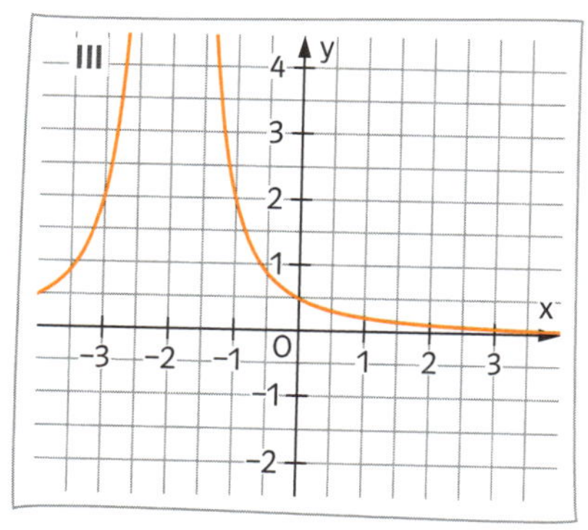

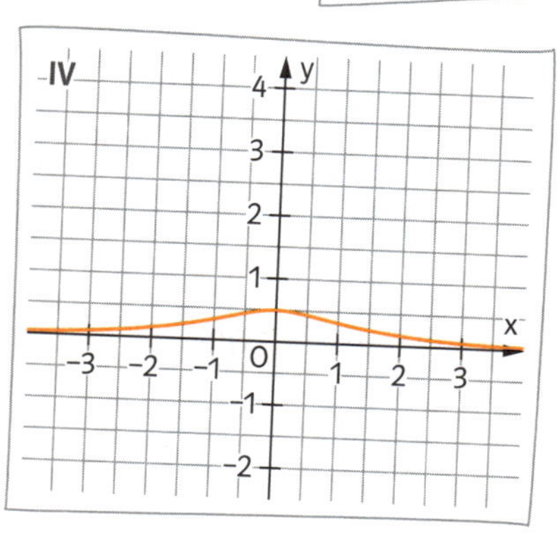

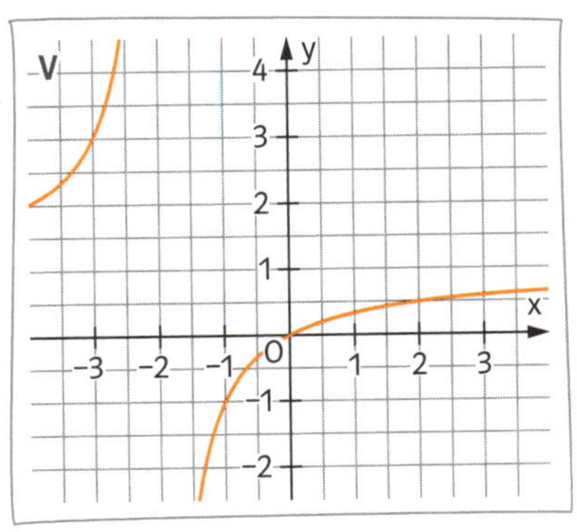

b) Ein Graph passt nicht zu den angegebenen Funktionstermen.

Wie lautet der zugehörige Funktionsterm für f_5? $f_5(x) =$ ____________________

Besitzt die Funktion f an der Stelle x_0 eine Lücke und ist für die links- und rechtsseitige Annäherung $\lim\limits_{x \to x_0} f(x) = a$, so kann man den Punkt $(x_0 \mid a)$ zur Funktion hinzudefinieren. Man spricht in diesem Fall von einer **hebbaren Definitionslücke**. Die entstehende Funktion $x \mapsto \begin{cases} f(x) & \text{für } x \neq x_0 \\ a & \text{für } x = x_0 \end{cases}$ hat keine Definitionslücke.

Beispiel: Die Funktion $x \mapsto \frac{(x^2 - 2x - 1)(x - 3)}{x - 3}$ hat an der Stelle $x_0 = 3$ eine Definitionslücke.
Es ist $\lim\limits_{\substack{x \to 3 \\ x < 3}} f(x) = 2$ und $\lim\limits_{\substack{x \to 3 \\ x > 3}} f(x) = 2$.
Diese Definitionslücke ist also hebbar, man kann den Funktionswert 2 für $x = 3$ hinzudefinieren.

Dann ist $x \mapsto \begin{cases} \frac{(x^2 - 2x - 1)(x - 3)}{x - 3} & \text{für } x \neq x_0 \\ 2 & \text{für } x = 3 \end{cases}$.

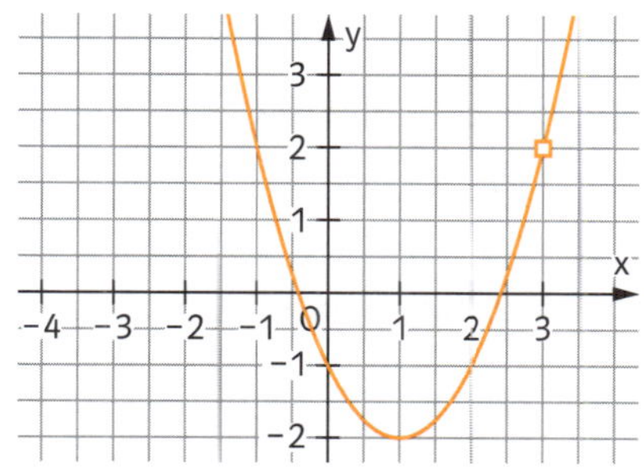

6 Entscheiden Sie, welcher Art die Definitionslücken sind.

	Funktion f	Definitionslücken	Polstelle mit Vorzeichenwechsel	Polstelle ohne Vorzeichenwechsel	hebbare Definitionslücke
a)	$x \mapsto \frac{1}{x^2 - 1}$		☐	☐	☐
b)	$x \mapsto \frac{1}{(x + 1)^2}$		☐	☐	☐
c)	$x \mapsto \frac{13x - 8}{2x^2 - 18}$		☐	☐	☐
d)	$x \mapsto \frac{x^2 + 2x + 1}{(x + 1)^2}$		☐	☐	☐
e)	$x \mapsto \frac{x^3 - 4x^2 + 4x}{x - 2}$		☐	☐	☐

7 Untersuchen Sie f auf Definitionslücken sowie das Verhalten von f in der Nähe von x_0 und skizzieren Sie den Graphen.

a) $f(x) = \frac{x}{3x - 1}$, x_0 = ____, Verhalten in der Nähe von x_0: ____________________

____

b) $f(x) = \frac{1}{x^2 - 9}$, x_0 = ____, Verhalten in der Nähe von x_0: ____________________

____

c) $f(x) = \frac{-1}{(x - 1)(x + 3)}$, x_0 = ____, Verhalten in der Nähe von x_0: ____________________

____

x_1 = ____, Verhalten in der Nähe von x_1: ____________________

____

d) $f(x) = \frac{(x + 1)(x - 3)}{2x + 2}$, x_0 = ____, Verhalten in der Nähe von x_0: ____________________

____

e) $f(x) = \frac{x + 2}{x^2 - 4}$, x_0 = ____, Verhalten in der Nähe von x_0: ____________________

____

x_1 = ____, Verhalten in der Nähe von x_1: ____________________

____

Bei der Untersuchung von gebrochen rationalen Funktionen für $x \to \pm\infty$ unterscheidet man drei Fälle und orientiert sich an den höchsten Potenzen von Zähler und Nenner.

1. Fall: **Zählergrad = Nennergrad**

Es sei $f(x) = \frac{3x-1}{2x+5}$. Kürzen mit der höchsten Potenz ergibt: $f(x) = \frac{(3x-1)\cdot\frac{1}{x}}{(2x+5)\cdot\frac{1}{x}} = \frac{3-\frac{1}{x}}{2+\frac{5}{x}}$, $(x \neq 0)$.

Für $x \to \pm\infty$ gilt: $f(x) \to \frac{3}{2}$. Man schreibt $\lim\limits_{x \to \pm\infty} f(x) = \frac{3}{2}$.

$y = \frac{3}{2}$ ist eine **waagrechte Asymptote**.

2. Fall: **Zählergrad < Nennergrad**

Es sei $g(x) = \frac{x}{2x^2-3}$. Kürzen mit der höchsten Potenz ergibt: $g(x) = \frac{x\cdot\frac{1}{x^2}}{(2x^2-3)\cdot\frac{1}{x^2}} = \frac{\frac{1}{x}}{2-\frac{3}{x}}$, $(x \neq 0)$.

Für $x \to \pm\infty$ gilt $g(x) \to 0$. Es ist $\lim\limits_{x \to \pm\infty} g(x) = 0$, damit ist $\mathbf{y = 0}$ die **waagrechte Asymptote**.

3. Fall: **Zählergrad > Nennergrad**

Es sei $h(x) = \frac{x^2-2}{x-3}$. Für $x \to \pm\infty$ gilt $h(x) \to +\infty$. **Es gibt keine waagrechte Asymptote.**

1 Bestimmen Sie das Verhalten der gebrochen rationalen Funktion f für $x \to \pm\infty$.

f(x)	Welcher Fall liegt vor?	Kürzen mit der höchsten Nennerpotenz	Verhalten für $x \to +\infty$ und für $x \to -\infty$	Waagrechte Asymptote?
$\frac{5}{2x+1}$	2. Fall	$\frac{5\cdot\frac{1}{x}}{(2x+1)\cdot\frac{1}{x}} = \frac{\frac{5}{x}}{2+\frac{1}{x}}$	$\lim\limits_{x \to +\infty} f(x) = 0$ $\lim\limits_{x \to -\infty} f(x) = 0$	$y = 0$
$\frac{4x-3}{1-2x}$				
$\frac{2x^3-x^2+3}{3x^2-x}$				
$3+\frac{2}{1-x}$				
$\frac{1-x}{2-2x^2}$				
$\frac{x^2-4}{x-2}$				

2 Geben Sie den Funktionsterm einer Funktion f an, die waagrechte und senkrechte Asymptoten besitzt, und skizzieren Sie ohne Berechnung mögliche Funktionsgraphen.

a) waagrechte Asymptote: $y = 2$
senkrechte Asymptoten: $x = -1$; $x = 1$

f(x) =

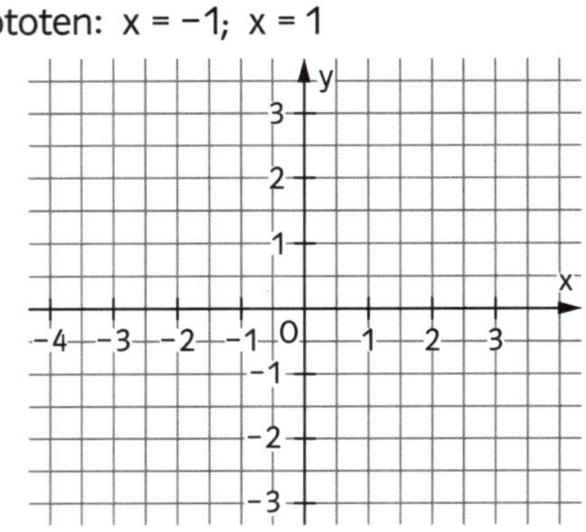

b) waagrechte Asymptote: $y = -1$
senkrechte Asymptoten: $x = 2$

f(x) =

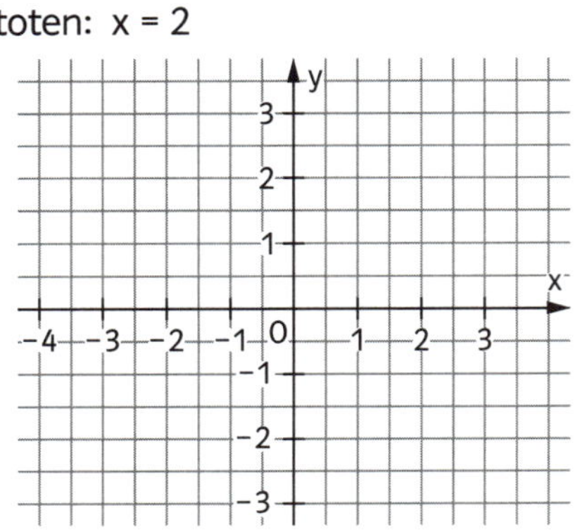

Ist der Zählergrad der gebrochen rationalen Funktion um den Wert 1 größer als der Nennergrad, so kann man die gebrochen rationale Funktion in die Summe aus einer linearen und einer echt gebrochen rationalen Funktion umstellen. Die lineare Funktion ist dann eine **schräge Asymptote**.

Beispiel: Wir betrachten die Funktion $f\colon x \mapsto \frac{x^2 - 5x - 3}{3x + 3}$ mit $x \neq -1$.

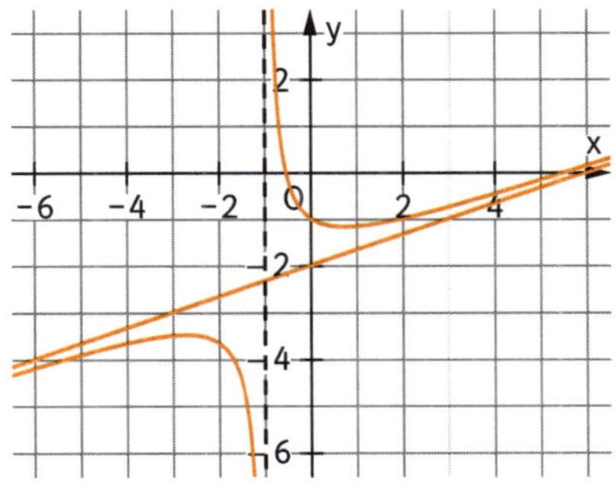

Durch Polynomdivision erhält man die Zerlegung:

$$
\begin{array}{l}
(x^2 - 5x - 3) : (3x + 3) = \frac{1}{3}x - 2 + \frac{3}{3x+3} \\
\underline{-(x^2 + x)} \\
\qquad -6x - 3 \\
\qquad \underline{-(-6x - 6)} \\
\qquad\qquad 3
\end{array}
$$

Für $x \to \pm\infty$ gilt $\frac{3}{3x+3} \to 0$, also wird der senkrechte Abstand des Graphen von f zur Geraden $y = \frac{1}{3}x - 2$ immer kleiner, die Gerade mit $y = \frac{1}{3}x - 2$ ist **schräge Asymptote**.

(senkrechte Asymptote $x = -1$)

3 Welche Zahl muss man in den Platzhalter einsetzen, damit die Funktion eine schräge Asymptote besitzt? Ordnen Sie den Funktionsterm dem entsprechenden Funktionsterm der zugehörigen schrägen Asymptote zu.

$f_1(x) = \frac{2x^{\square} - 4x - 1}{x^2 - 2}$ $f_2(x) = \frac{12x^2 - 5x - 1}{4x^{\square} - 3}$ $f_3(x) = \frac{2 - 4x + x^{\square}}{2x}$ $f_4(x) = \frac{2 - x^{\square}}{x^4 + 12}$

A | $y = -x$ B | $y = 3x + 1$ C | $y = 2x$ D | $y = 0{,}5x - 2$

4 Geben Sie den Funktionsterm einer gebrochen rationalen Funktion f an, die eine schräge Asymptote mit $y = -x + 2$ und die senkrechte Asymptote $x = 2$ hat.

Der ganzrationale Teil von f(x) ist ________________, sein echt gebrochen rationaler Teil hat im Nenner den Faktor ________________. Ein möglicher Funktionsterm von f ist also $f(x) = \square + \frac{1}{\square}$.

Mit gemeinsamem Nenner entsteht $f(x) = \frac{\square}{x - 2} = \frac{\square}{x - 2}$.

5 Gegeben ist die Funktion $f\colon x \mapsto \frac{x^3 + 4x^2 - x}{4x^2 - 4}$ $(x \in D_f)$.

a) Zeigen Sie, dass der Graph von f eine schräge Asymptote besitzt.
b) Zerlegen Sie den Funktionsterm von f mittels Polynomdivision in die Summe aus einer linearen Funktion und einer echt gebrochen rationalen Funktion. Geben Sie die schräge Asymptote an.
c) Die Senkrechte $x = 2$ schneidet den Graphen von f in R und die schräge Asymptote in S. Berechnen Sie den Abstand der Punkte R und S voneinander.
d) Bestimmen Sie den senkrechten Abstand des Graphen von f von der schrägen Asymptote an der Stelle $x = a$ und vergleichen Sie Ihr Ergebnis mit dem Ergebnis der Polynomdivision.

6 Berechnen Sie alle Asymptoten an den Graphen von f.

a) $f(x) = \frac{2x^2 - x}{x}$ b) $f(x) = \frac{x - x^3}{x^2 + 1}$ c) $f(x) = 1 + \frac{2x^2 - x}{x^2 + x}$ d) $f(x) = \frac{2x^2 - 4}{x^2 - x}$

Einen Überblick über den Verlauf des Graphen einer Funktion erhält man, wenn man die **charakteristischen Eigenschaften** zusammenstellt. Mögliche Untersuchungen auf **Symmetrie**, **Nullstellen**, **y-Achsenschnittpunkt** oder **Asymptoten** können meist auch ohne GTR durchgeführt werden.

Beispiel: $f(x) = \frac{x^2+9}{x^2-9}$. Ohne GTR lässt sich erkennen:

1. Da $f(-x) = f(x)$ für alle $x \in D_f$ ist der Graph f achsensymmetrisch zur y-Achse.
2. f hat keine Nullstellen
3. Die Geraden $x = 3$ und $x = -3$ sind senkrechte Asymptoten.
   Für $x \to -3$ „von links" $(x < -3)$ gilt: $f(x) \to +\infty$.
   Für $x \to -3$ „von rechts" $(x > -3)$ gilt: $f(x) \to -\infty$.
   Für $x \to +3$ „von links" $(x < +3)$ gilt: $f(x) \to -\infty$.
   Für $x \to +3$ „von rechts" $(x > +3)$ gilt: $f(x) \to +\infty$.
4. Für $x \to \pm\infty$ gilt: $f(x) \to 1$, $y = 1$ ist waagrechte Asymptote.

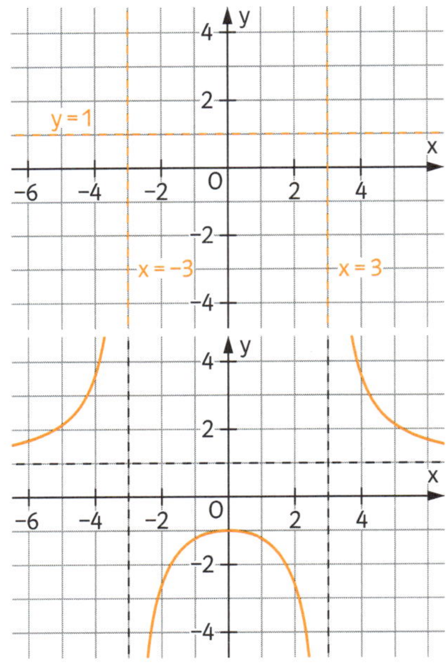

1 Geben Sie an, welcher der Graphen jeweils zur vorgegebenen Funktion gehört. Begründen Sie mithilfe charakteristischer Eigenschaften der Funktion.

Funktion f	Graph A	Graph B	Graph C
$x \mapsto \frac{2x}{(x-1)(x+2)}$	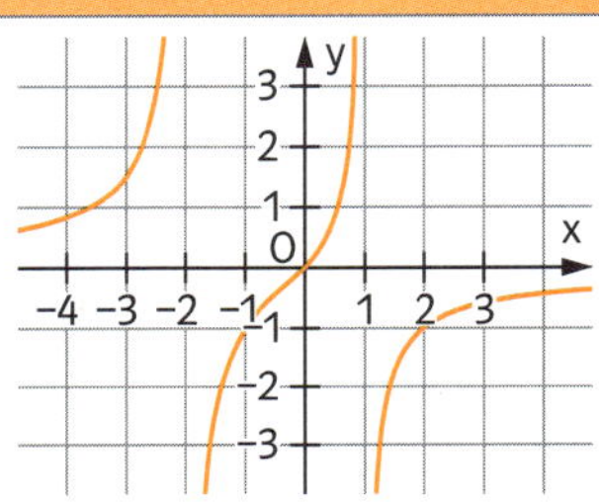	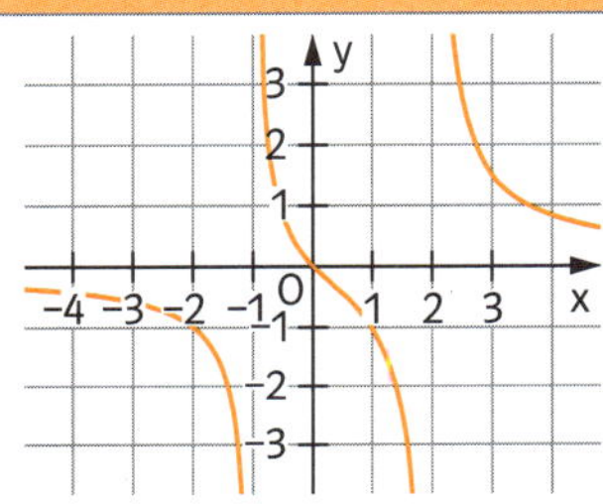	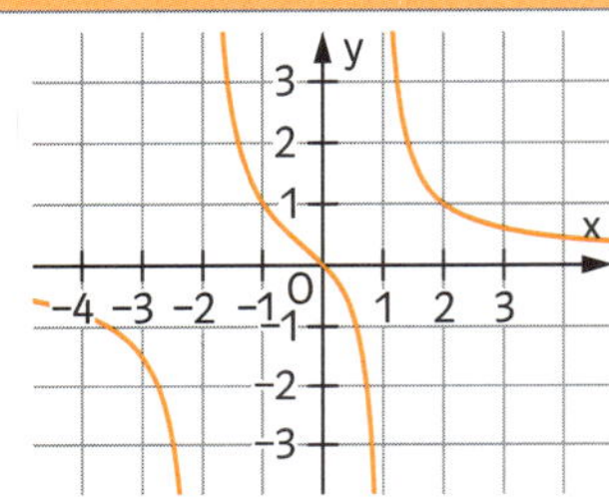
Begründung			
$x \mapsto 4x^2 - x^4$	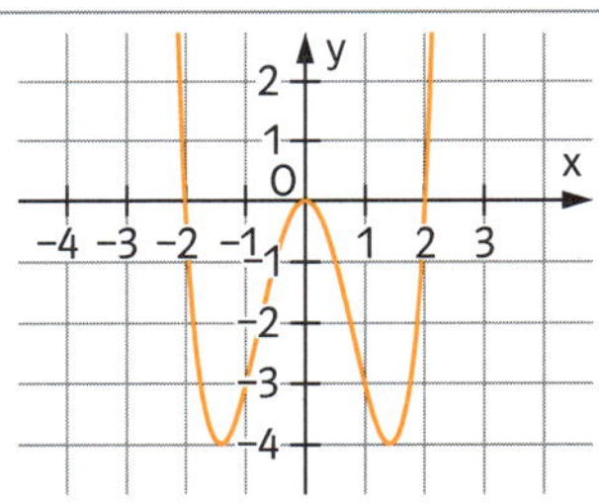	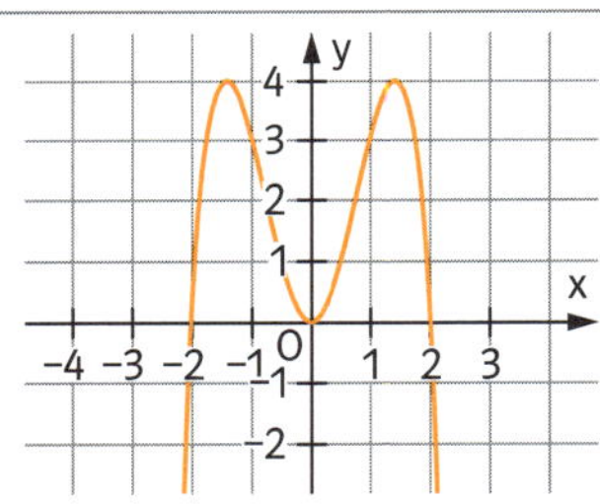	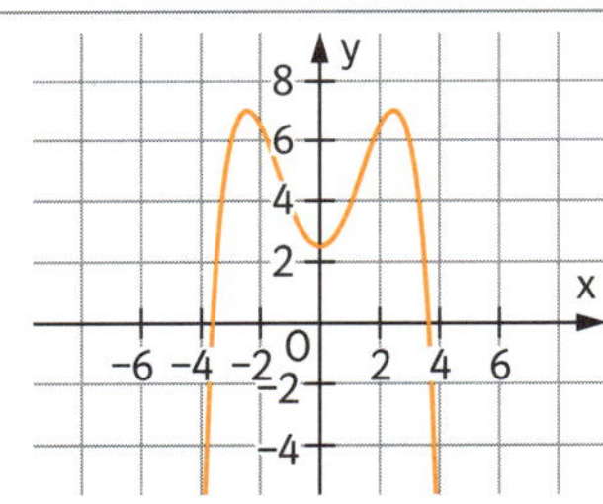
Begründung			
$x \mapsto \frac{(x-1)(x+2)}{x+1}$	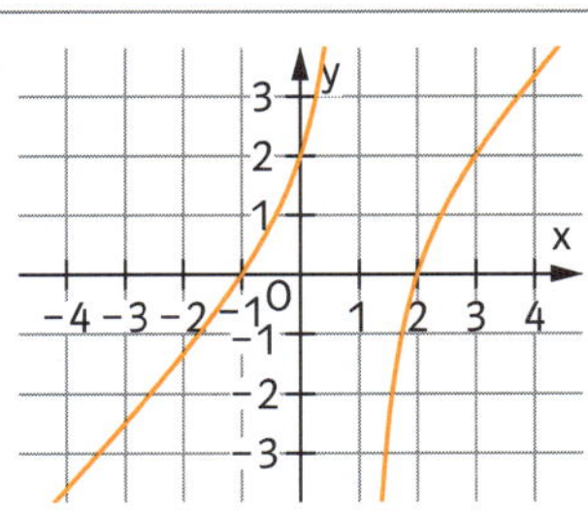	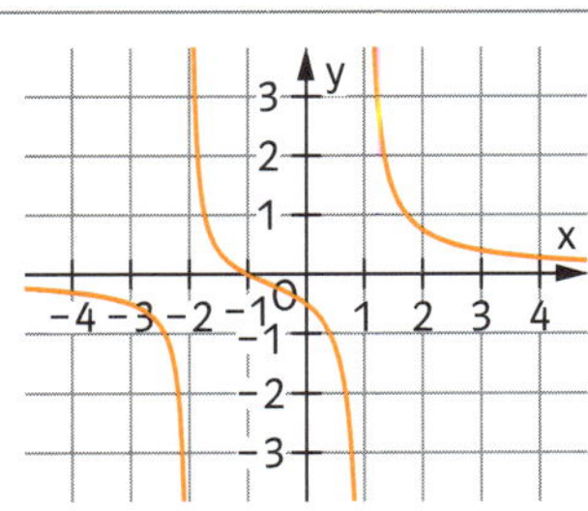	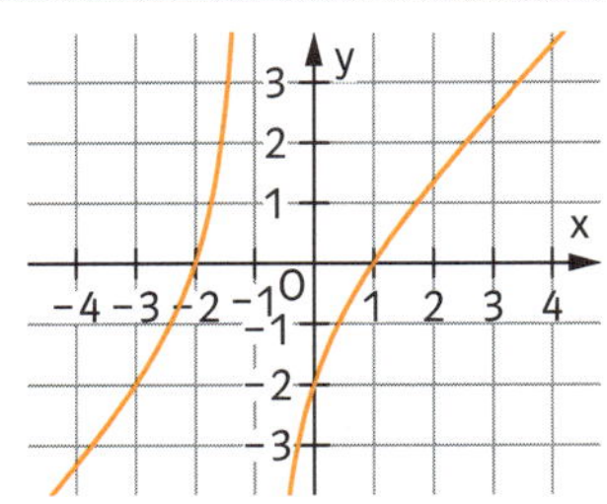
Begründung			

2 Welcher Graph gehört zu welchem Funktionsterm? Begründen Sie.

$f_1(x) = \frac{2x}{x^2-4}$ $f_2(x) = \frac{2}{x^2-4}$ $f_3(x) = \frac{1}{3}x + \frac{2}{x^2-4}$ $f_4(x) = \frac{x^2-2x+1}{x-1}$ $f_5(x) = \frac{x^2+1}{2x-4}$ $f_6(x) = \frac{x^2-4}{5x-20}$

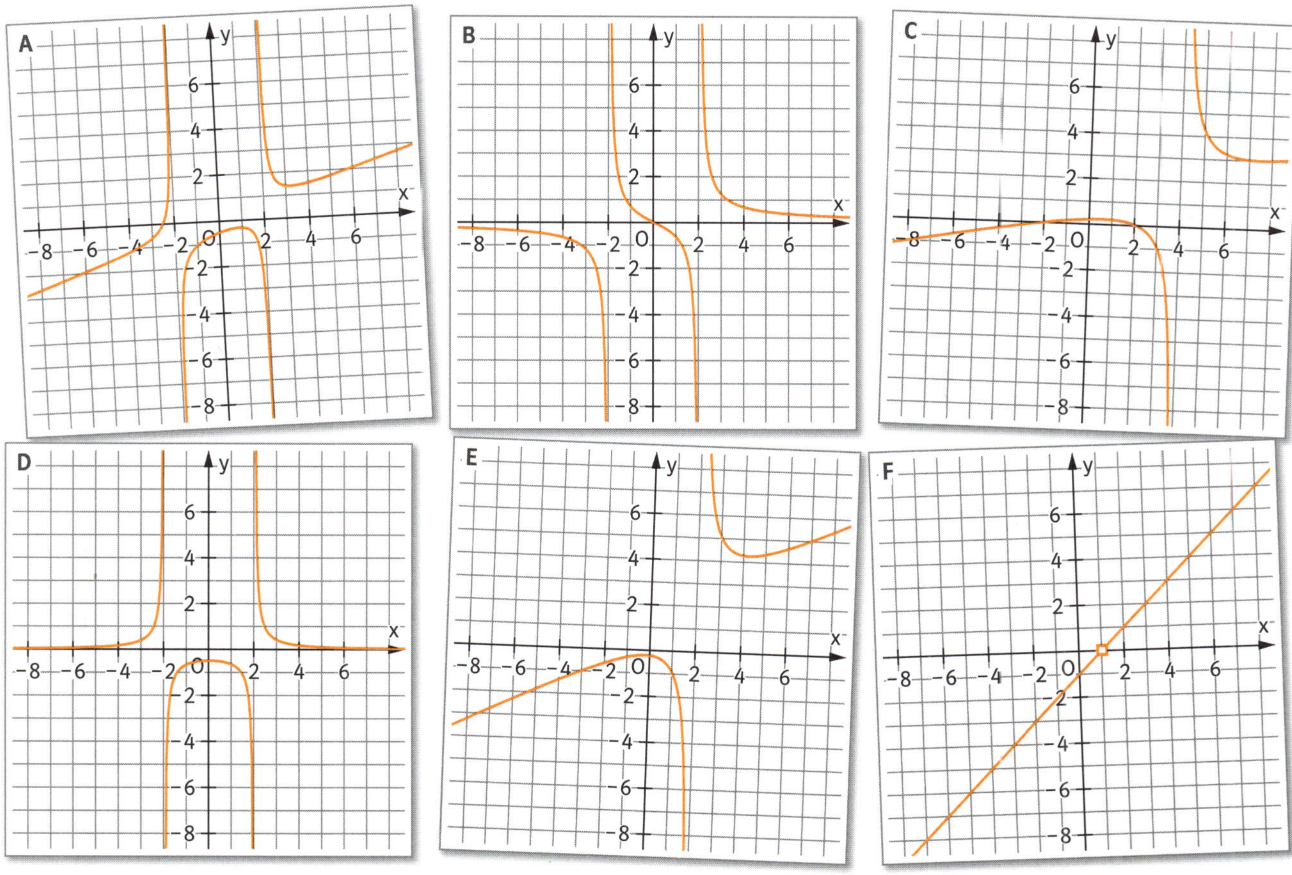

3 Geben Sie einen Funktionsterm an, sodass die angegebenen Bedingungen erfüllt sind.

Bedingung	Funktionsterm
Der Graph von f hat die Asymptoten $x = -1$ und $y = 3$.	
Der Graph ist symmetrisch zur y-Achse und hat die Asymptoten $x = 0$ und $y = 2$.	
f hat die Nullstellen −1 und 1 und der Graph von f ist punktsymmetrisch zum Ursprung.	
Die Funktion hat 3 Nullstellen. Für $x \to \pm\infty$ gilt: $f(x) \to \infty$.	
Der Graph von f hat die Asymptoten $x = 2$, $x = -2$ und $y = 0$.	

4 In den folgenden Koordinatensystemen sind Polststellen und Asymptoten eingetragen. Skizzieren Sie den Graphen einer Funktion, der auch die zusätzlichen Eigenschaften erfüllt.

f_1

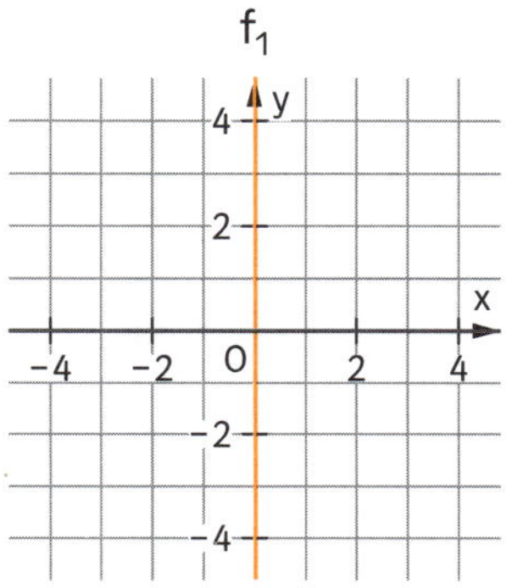

punktsymmetrisch zum Koordinatenursprung

f_2

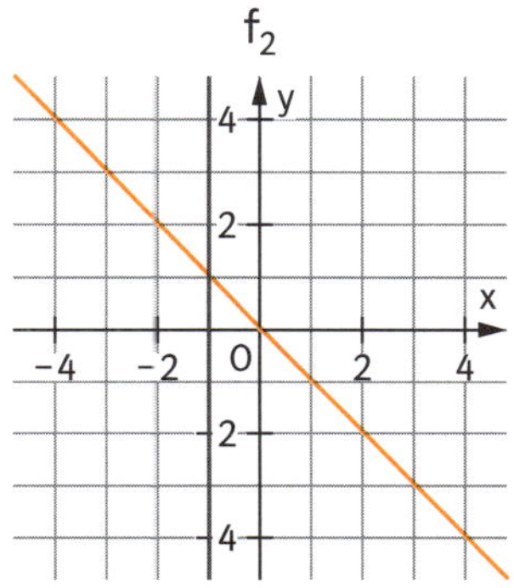

$f(0) = -2$
$f(-2) = 4$

f_3

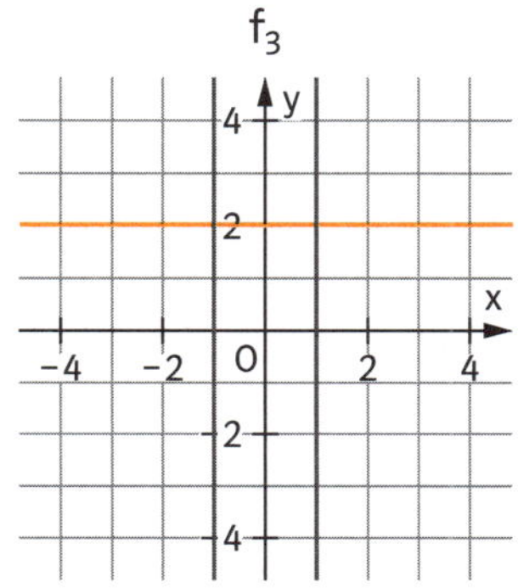

Nullstellen bei −2 und 2
symmetrisch zur y-Achse

f_4

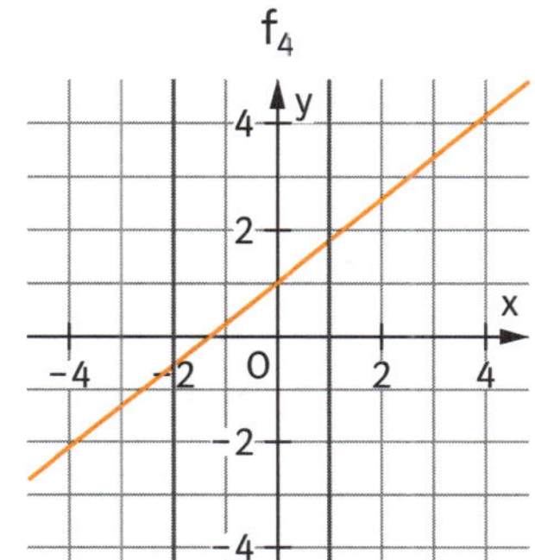

genau eine Nullstelle
$f(1) = 0$

1 Faktorisieren Sie die folgenden Terme vollständig.

a) $(x + 1) \cdot (x^3 - 3x^2 - 10x)$ b) $x^5 + 3x^4 - 4x^2$ c) $x^3 - x^2 - 37x - 35$

2 Untersuchen Sie das Verhalten von f für $x \mapsto \infty$ und $x \mapsto -\infty$ und geben Sie alle Asymptoten an. Skizzieren Sie den Graphen mithilfe dieser Informationen. Überprüfen Sie das Ergebnis anschließend mit dem Rechner.

a) $f(x) = \frac{2}{x - 1}$ b) $f(x) = \frac{x}{4 - x^2}$ c) $f(x) = 2 - \frac{1}{x^2}$ d) $f(x) = 1 - x + \frac{3}{x + 2}$

3 In den Graphen einer gebrochenrationalen Funktion f sind die zugehörigen Asymptoten eingezeichnet. Geben Sie jeweils einen möglichen Funktionsterm an.

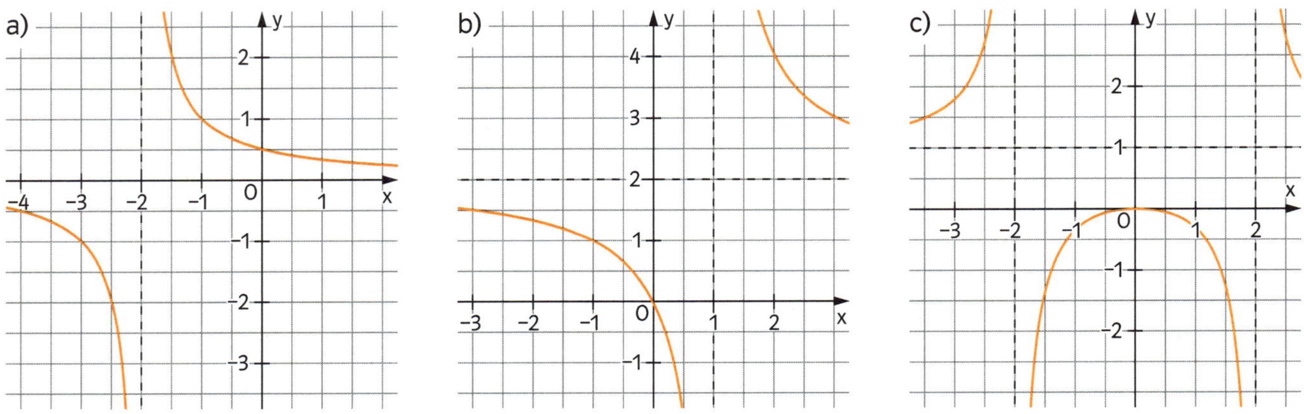

4 Die Funktion f mit $x \mapsto \frac{2x}{x + 2}$ ist an der Stelle x_0 nicht definiert.

a) Geben Sie die Stelle x_0 an und untersuchen Sie das Verhalten von f in der Umgebung der Definitionslücke.
b) Untersuchen Sie das Verhalten von f für $x \to +\infty$ und für $x \to -\infty$.

5 Gegeben ist die Funktion $f\colon x \mapsto \frac{x^3 - x^2 - 2x}{x^2 - 3x - 4}$.

a) Faktorisieren Sie den Funktionsterm von f.
b) Geben Sie die maximal mögliche Definitionsmenge an und untersuchen Sie f in der Umgebung der Definitionslücken. Geben Sie die entsprechenden Grenzwerte sowie die Gleichungen aller Asymptoten an.
c) Bestimmen Sie die Nullstellen von f und skizzieren Sie den Graphen von f.

6 Der Graph einer Funktion f besitzt folgende Eigenschaften.

(1) schräge Asymptote mit der Gleichung $y = x - 3$ (2) $x = 2$ ist Polstelle   (3) $f(1) = 0$

a) Skizzieren Sie den Graphen dieser Funktion.
b) Ermitteln Sie einen Funktionsausdruck von f in der Form $f(x) = \frac{p(x)}{q(x)}$ mit zwei Polynomen p und q.

7 Geben Sie eine gebrochen rationale Funktion an, deren Graph im Wesentlichen den dargestellten Verlauf hat.

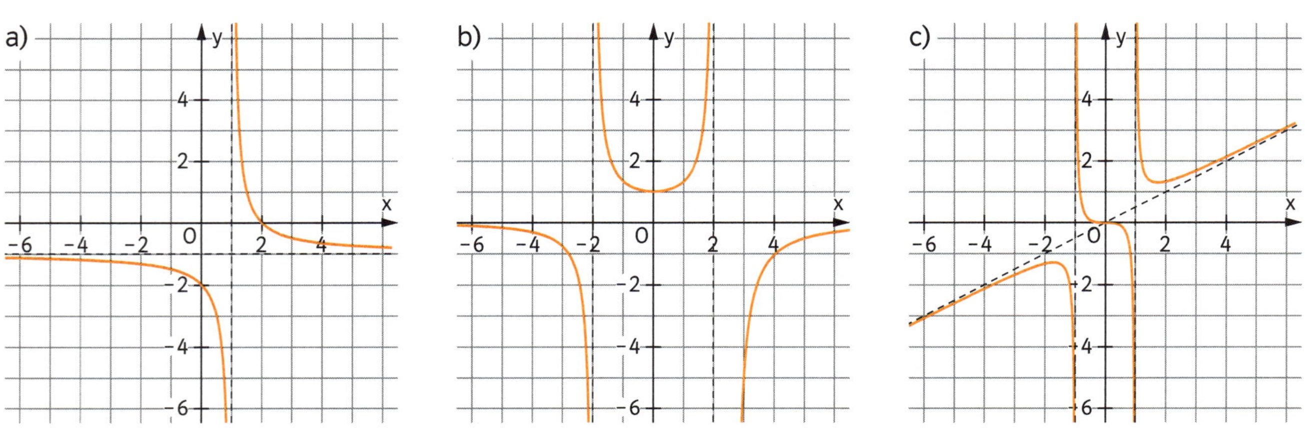

Differenzenquotient und mittlere Änderungsrate

Allgemein:
Den **Differenzenquotienten** einer Funktion f im Intervall [a; b] erhält man, indem man die Differenz der Funktionswerte f(b) und f(a) durch die Länge b − a des Intervalls teilt: $\frac{f(b) - f(a)}{b - a}$.

Beispiel:
Differenzenquotient der Funktion f mit $f(x) = 0{,}5x^2 - 4$ im Intervall [1; 3]:

$a = 1;\ b = 3;\ \frac{f(3) - f(1)}{3 - 1} = \frac{0{,}5 - (-3{,}5)}{2} = \frac{4}{2} = 2$

Geometrisch entspricht dem Differenzenquotienten die Steigung der **Sekante** durch die beiden Punkte P(1 | −3,5) und Q(3 | 0,5). Das Schaubild zeigt, dass diese Gerade die Steigung 2 hat.

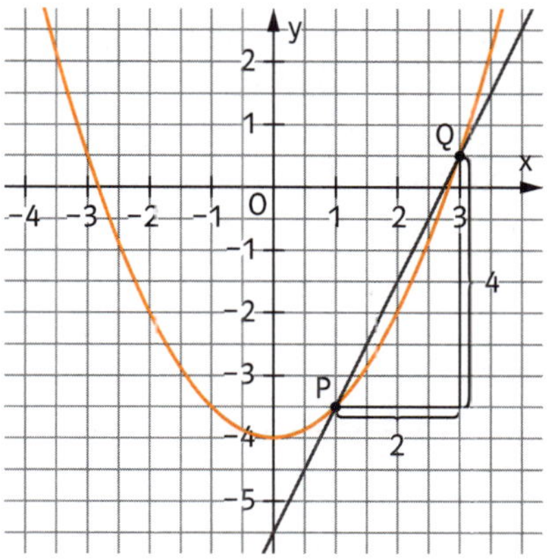

1 Bestimmen Sie den Differenzenquotienten im vorgegebenen Intervall geometrisch.

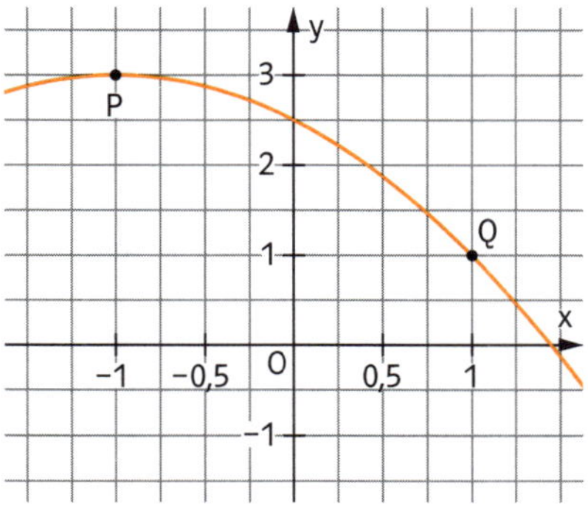

I = [−1; 1]
Differenzenquotient: ____________

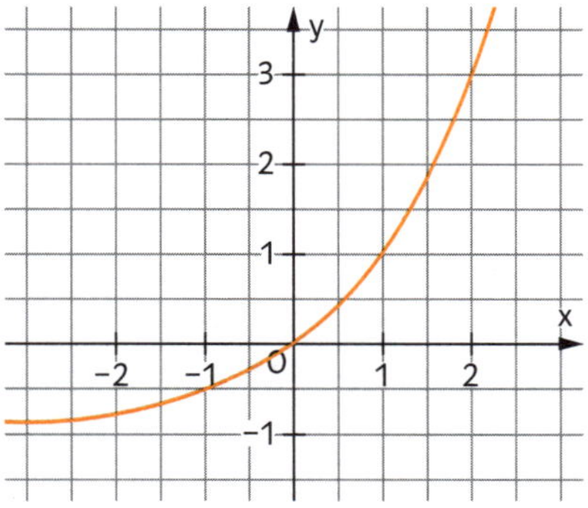

I = [0; 2]
Differenzenquotient: ____________

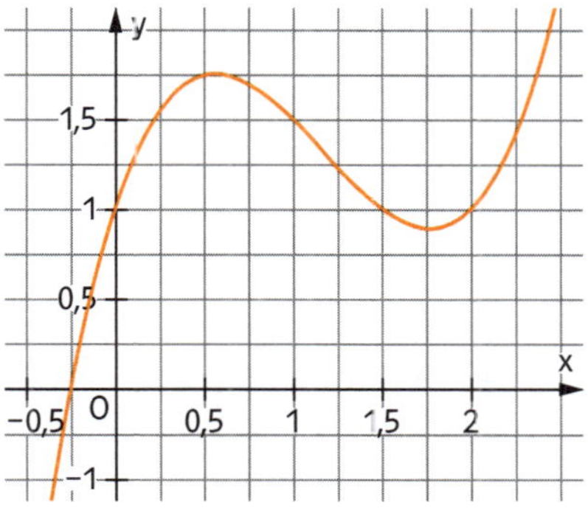

I = [0,5; 2]
Differenzenquotient: ____________

2 Berechnen Sie zu der Funktion f den Differenzenquotienten im Intervall I.

a) $f(x) = x^2 - x;\ I = [2; 5]$

a = ____; b = ____; $\frac{f(\square) - f(\square)}{\square}$ = ____

b) $f(x) = \frac{1}{x + 2};\ I = [0; 1]$

a = ____; b = ____; $\frac{f(\square) - f(\square)}{\square}$ = ____

c) $f(x) = \sqrt{x};\ I = [4; 16]$

a = ____; b = ____; $\frac{f(\square) - f(\square)}{\square}$ = ____

3 Das Schaubild zeigt den Graphen einer Funktion f. Kreuzen Sie an, ob die Aussagen zum Differenzenquotienten von f wahr (w) oder falsch (f) sind.

		w	f
1.	Im Intervall [3; 5] ist der Differenzenquotient 4.	☐	☐
2.	Im Intervall [2; 4] ist der Differenzenquotient 0.	☐	☐
3.	Im Intervall [1; 2] ist der Differenzenquotient negativ.	☐	☐
4.	Der Differenzenquotient im Intervall [1; 4] kann nicht bestimmt werden.	☐	☐

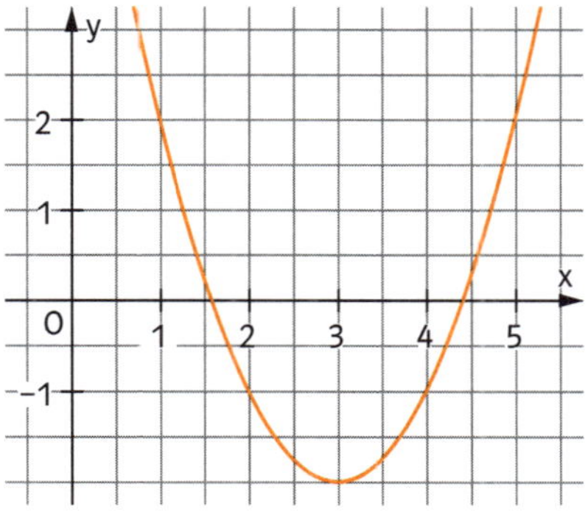

In Anwendungen wird der Differenzenquotient auch als **mittlere Änderungsrate** bezeichnet.

Beispiel:
Eine Kugel rollt eine schiefe Ebene hinab. Die Funktion s mit $s(t) = 0{,}2t^2$ gibt für $t \geq 0$ an, welche Strecke s (in m) die Kugel in t Sekunden zurücklegt.
Im Intervall [1; 3] erhält man die mittlere Änderungsrate (in m/s) als $\frac{s(3) - s(1)}{3 - 1} = \frac{1{,}8 - 0{,}2}{2} = \frac{1{,}6}{2} = 0{,}8$. Dies bedeutet, dass die Kugel zwischen 1 s und 3 s eine **Durchschnittsgeschwindigkeit** von 0,8 m/s hat.

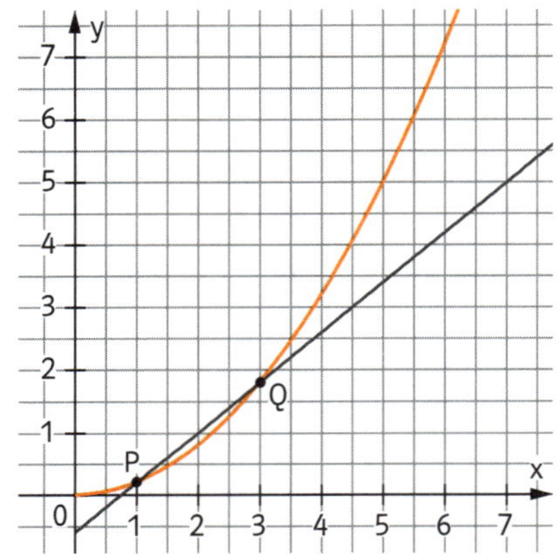

4 Bestimmen Sie die Durchschnittsgeschwindigkeit der Kugel aus dem Beispiel im Merkkasten im Intervall

a) I = [2; 5]: $\frac{s(\square) - s(\square)}{\square} =$ ______

b) I = [2; 2,5]: $\frac{s(\square) - s(\square)}{\square} =$ ______

c) I = [0; 10]: $\frac{s(\square) - s(\square)}{\square} =$ ______

5 Ein Behälter, der 6 l Wasser enthält, wird entleert. Am Graphen rechts kann man ablesen, wie viele Liter Wasser nach t Minuten noch im Behälter sind.
Bestimmen Sie näherungsweise die mittlere Änderungsrate der Füllmenge im Zeitintervall [1; 3].

______

Welche Bedeutung hat die mittlere Änderungsrate in diesem Zusammenhang?

______

______

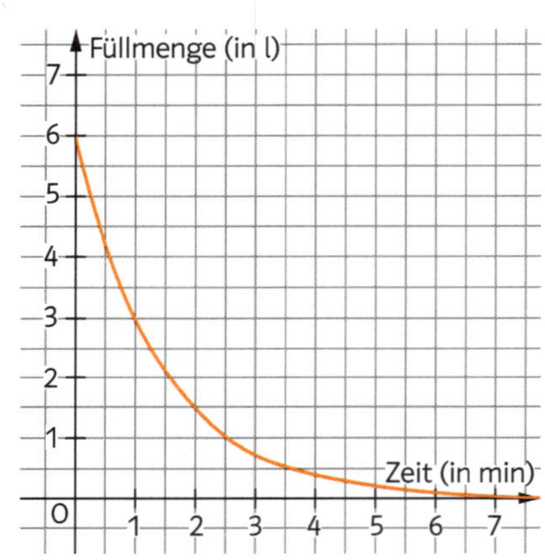

6 Die Tabelle zeigt den Stand eines Girokontos über einen Zeitraum von mehreren Tagen hinweg.

Zeit (in Tagen)	1	2	3	4	5	6	7	8	9	10
Kontostand (in €)	120	100	243	233	298	298	250	235	235	208

Wie groß ist die mittlere Änderungsrate der Funktion *Zeit* ↦ *Kontostand*

im Zeitintervall [2; 5] ______

in den letzten fünf Tagen ______

für den gesamten Zeitraum? ______

Allgemein:
Wenn der Differenzenquotient einer Funktion f an der Stelle x_0 für immer kleinere Intervalle $[x_0; x]$ (d.h. $x \to x_0$) einen Grenzwert besitzt, dann nennt man diesen Grenzwert **Differentialquotient von f an der Stelle x_0**.
Man schreibt dafür m_{x_0}. Es ist also $m_{x_0} = \lim\limits_{x \to x_0} \frac{f(x) - f(x_0)}{x - x_0}$.

Beispiel:
Näherungsweise Berechnung des Differentialquotienten der Funktion f mit $f(x) = 0{,}5x^2 - 4$ an der Stelle $x_0 = 1$:

Es ist $f(1) = -3{,}5$. Damit gilt $\frac{f(x) - f(x_0)}{x - x_0} = \frac{f(x) + 3{,}5}{x - 1}$

Für Werte von x, die nahe bei $x_0 = 1$ liegen, gilt:

x	0	0,9	0,99	…	1,01	1,1	2
$\frac{f(x) + 3{,}5}{x - 1}$	0,5	0,95	0,995	…	1,005	1,05	1,5

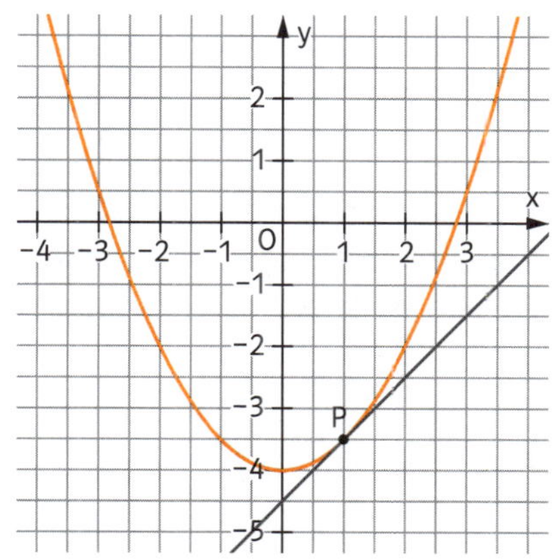

Die Tabelle zeigt, dass die Annäherungen von links und von rechts zum gleichen Ergebnis führen. Deshalb ist $m_1 = 1$.

Geometrisch entspricht der Ableitung an der Stelle 1 die Steigung der **Tangente** durch den Punkt $P(1 | -3{,}5)$. Das Schaubild zeigt, dass diese Gerade tatsächlich die Steigung $m_1 = 1$ hat. Man sagt deshalb, dass der Graph von f an der Stelle $x_0 = 1$ die Steigung 1 hat.

1 a) Bestimmen Sie mithilfe des Graphen der Funktion f (Fig. 1) die Differenzenquotienten für die folgenden Intervalle.

$I_1 = [1; 3]$: $\frac{f(3) - f(1)}{3 - 1}$ = ____________ = ______ = ____________

$I_2 = [1; 2]$: ______________________________

$I_3 = [1; 1{,}5]$: ______________________________

b) Bestimmen Sie die Differenzenquotienten für die Intervalle [0; 1] und [0,5; 1].
c) Stellen Sie aufgrund der Ergebnisse aus den Teilaufgaben a) und b) eine Vermutung über den Differentialquotienten m_1 auf.
d) Überprüfen Sie diese Vermutung, indem Sie näherungsweise die Tangente an den Graphen von f im Punkt $P(1 | f(1))$ zeichnen und deren Steigung bestimmen.

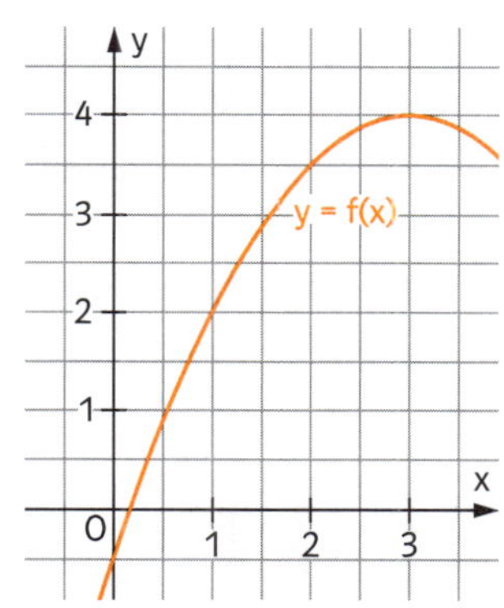

2 Bestimmen Sie näherungsweise den Differentialquotienten jeder Funktion an der vorgegebenen Stelle x_0. Zeichnen Sie dazu nach Augenmaß jeweils die Tangente an der Stelle x_0 ein und lesen Sie ihre Steigung ab.

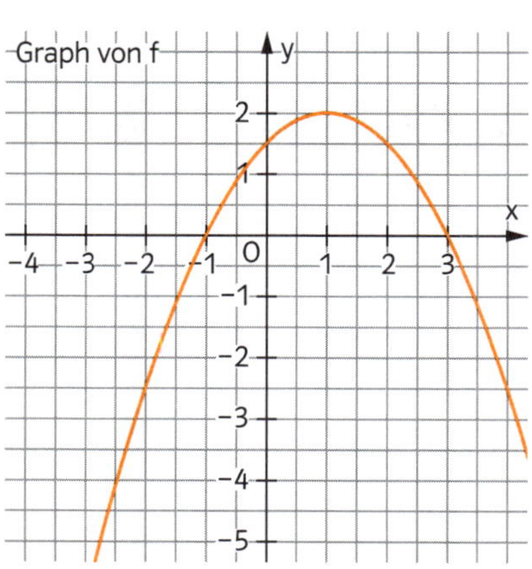

$x_0 = -1$ m_{-1} = __________

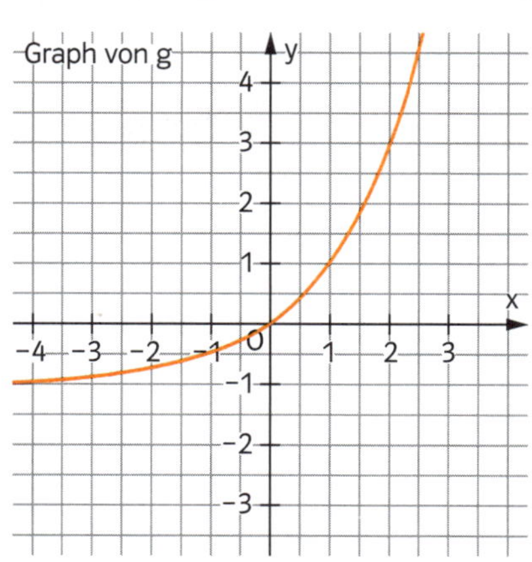

$x_0 = 0$ m_0 = __________

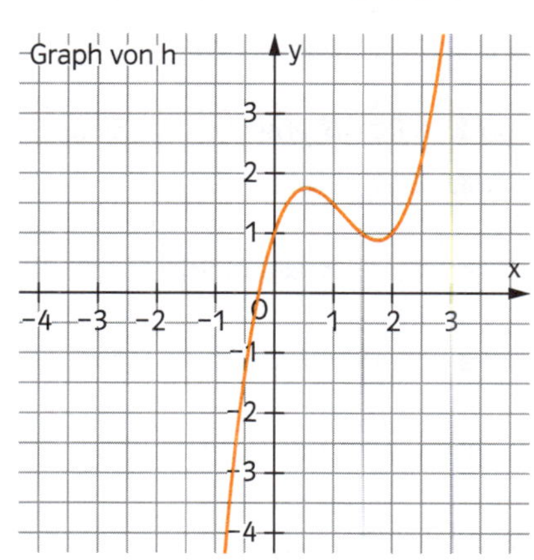

$x_0 = 2$ m_2 = __________

3 Gegeben ist die Funktion f mit $f(x) = x^3 - 2x^2$. Tragen Sie in der Tabelle die Differenzenquotienten von f für immer kleinere Intervalle [2; x] bzw. [x; 2] ein. Leiten Sie aus Ihren Ergebnissen eine Vermutung für den Differentialquotienten von f an der Stelle 2 ab.

Intervall [2; x]	[2; 3]	[2; 2,5]	[2; 2,1]	[2; 2,01]	[2; 2,001]
Differenzenquotient					

Intervall [x; 2]	[1; 2]	[1,5; 2]	[1,9; 2]	[1,99; 2]	[1,999; 2]
Differenzenquotient					

Vermutung: m_2 = ____________________

In Anwendungen wird der Differentialquotient auch als **momentane oder lokale Änderungsrate** bezeichnet.

Beispiel: Eine Kugel rollt eine schiefe Ebene hinab.
Die Funktion s mit $s(t) = 0{,}2t^2$ gibt an, welche Strecke (in m) die Kugel in t Sekunden zurücklegt.
An der Stelle $x_0 = 1$ erhält man als mittlere Änderungsraten

für [1; 1,5]: $\frac{s(1{,}5) - s(1)}{1{,}5 - 1} = 0{,}5$ für [0,5; 1]: $\frac{s(0{,}5) - s(1)}{0{,}5 - 1} = 0{,}3$

für [1; 1,1]: $\frac{s(1{,}1) - s(1)}{1{,}1 - 1} = 0{,}42$ für [0,9; 1]: $\frac{s(0{,}9) - s(1)}{0{,}9 - 1} = 0{,}38$

für [1; 1,01]: $\frac{s(1{,}01) - s(1)}{1{,}01 - 1} = 0{,}402$ für [0,99; 1]: $\frac{s(0{,}99) - s(1)}{0{,}99 - 1} = 0{,}398$

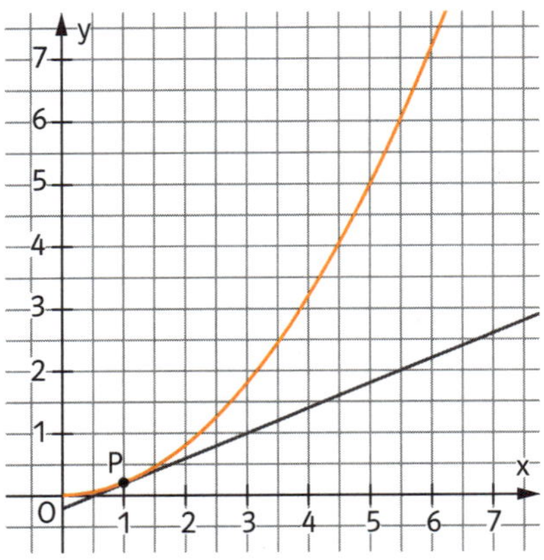

Der Grenzwert der mittleren Änderungsrate für $x \to 1$ ist die momentane Änderungsrate $m_1 = 0{,}4$.
Dies bedeutet, dass die Kugel zum Zeitpunkt t = 1 s die **Geschwindigkeit** $0{,}4\,\frac{m}{s}$ hat.

4 Eine Kugel befindet sich im freien Fall. Die Funktion s mit $s(t) = 5t^2$ gibt an, welche Strecke (in m) die Kugel in t Sekunden zurücklegt. Berechnen Sie näherungsweise die Geschwindigkeit der Kugel zum Zeitpunkt t = 3 s mithilfe immer kleinerer Intervalle.

x	[2,5; 3]	[2,9; 3]	[2,99; 3]	...	[3; 3,01]	[3; 3,1]	[3; 3,5]
$\frac{s(x) - s(3)}{x - 3}$							

Näherungsweise Geschwindigkeit der Kugel zum Zeitpunkt t = 3 s: ____________________

5 Welche anschauliche Bedeutung hat die momentane Änderungsrate in Abhängigkeit von der Zeit in folgenden Beispielen?

Beispiel (in Abhängigkeit von der Zeit)	Bedeutung der momentanen Änderungsrate
Länge einer Pflanze	
Wasserstand in einem Schwimmbecken	
Inhalt eines Kraftstofftanks während der Fahrt	
Geschwindigkeit eines Autos	
Zinssatz	

Eine Funktion f ist an der Stelle x_0 **differenzierbar**, wenn der Differentialquotient m_{x_0} an dieser Stelle existiert. Dazu muss der linksseitige Grenzwert des Differenzenquotienten gleich dem rechtsseitigen Grenzwert sein.
Wenn der Grenzwert m_{x_0} existiert, dann nennt man ihn **Ableitung von f an der Stelle x_0** und schreibt dafür kurz **$f'(x_0)$** (sprich: „f Strich von x_0").

Beispiel:
Die Funktion f mit $f(x) = |x| = \begin{cases} x, & \text{wenn } x \geq 0 \\ -x, & \text{wenn } x < 0 \end{cases}$ soll an der Stelle $x_0 = 0$ auf Differenzierbarkeit untersucht werden. Dazu berechnet man den Grenzwert des Differenzenquotienten für $x < x_0$ und $x > x_0$.

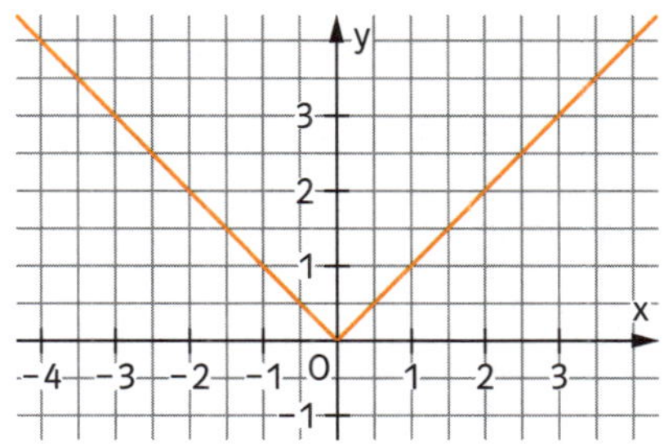

Linksseitiger Grenzwert: $\lim\limits_{\substack{x \to x_0 \\ x < 0}} \frac{f(x) - f(0)}{x - 0} = \lim\limits_{\substack{x \to x_0 \\ x < 0}} \frac{-x}{x} = \lim\limits_{\substack{x \to x_0 \\ x < 0}} -1 = -1;$

Rechtsseitiger Grenzwert: $\lim\limits_{\substack{x \to x_0 \\ x > 0}} \frac{f(x) - f(0)}{x - 0} = \lim\limits_{\substack{x \to x_0 \\ x > 0}} \frac{x}{x} = \lim\limits_{\substack{x \to x_0 \\ x > 0}} 1 = 1$

Der Differentialquotient existiert nicht, da $-1 \neq 1$ ist. Deshalb ist f an der Stelle $x_0 = 0$ nicht differenzierbar. Das erkennt man auch am „Knick" des Graphen von f an dieser Stelle.

1 Gegeben ist die Funktion f mit $f(x) = x^2$. Zeigen Sie, dass f an jeder beliebigen Stelle x_0 des Definitionsbereichs differenzierbar ist.

Es ist $f(x_0) = x_0^2$ und $f(x) - f(x_0) =$ ________________ = (________________) · (________________).

$x < x_0$: ________________ = ________________ = ________________ = ________________

$x > x_0$: ________________ = ________________ = ________________ = ________________

Der Grenzwert des Differenzenquotienten ________________, also ist f an jeder Stelle x_0 ________________.

2 Gegeben ist die Funktion f mit $f(x) = x \cdot |x - 2|$. Zeigen Sie, dass f an der Stelle 2 nicht differenzierbar ist.

Die Ableitung einer Funktion f an einer Stelle x_0 kann man oft durch Termumformungen bestimmen. Dazu ist es günstig, $x = x_0 + h$ in den Differenzenquotienten einzusetzen (**h-Methode**). Der Differenzenquotient hat dann die Form $\frac{f(x_0 + h) - f(x_0)}{h}$.

Zur **exakten Bestimmung** der Ableitung der Funktion f mit $f(x) = 0{,}5x^2 - 4$ an der Stelle $x_0 = 1$ geht man in drei Schritten vor:

Schritt 1: **Differenzenquotient aufstellen:** $\frac{f(1+h) - f(1)}{h} = \frac{0{,}5(1+h)^2 - 4 - (-3{,}5)}{h} = \frac{0{,}5(1+h)^2 - 0{,}5}{h}$

Schritt 2: **Differenzenquotient umformen**: Dabei hat man folgendes Ziel: Entweder das h im Nenner fällt weg, oder der Nenner strebt für $h \to 0$ gegen eine Zahl ungleich Null.

$\frac{0{,}5(1+h)^2 - 0{,}5}{h} = \frac{0{,}5(1 + 2h + h^2) - 0{,}5}{h} = \frac{0{,}5 + h + 0{,}5h^2 - 0{,}5}{h} = \frac{h + 0{,}5h^2}{h} = \frac{h}{h} + \frac{0{,}5h^2}{h} = 1 + 0{,}5h$

Schritt 3: **Grenzwert für $h \to 0$ berechnen**: Für $h \to 0$ gilt $1 + 0{,}5h \to 1$.
Ergebnis: $f'(1) = 1$.

3 Stellen Sie den Differenzenquotient für die Funktion f an der Stelle x_0 auf.

a) $f(x) = 3x^2$; $x_0 = 2$: $\frac{f(2+h) - f(2)}{h} =$ ________________

b) $f(x) = -x + 2$; $x_0 = -2$: $\frac{f(\quad) - f(\quad)}{h} =$ ________________

c) $f(x) = \frac{1}{x}$; $x_0 = 4$: ________________

4 Ordnen Sie jedem der Terme seinen Grenzwert für $h \to 0$ zu. Ein Wert bleibt übrig.

$\frac{h+2h^2}{h}$	$\frac{2}{1+h}$	$h+4$	$\frac{h}{2h}$	h^2+3	$\frac{h^2}{h}$	$\frac{h+2h^2}{h}$	$\frac{-4}{4h+1}$

−2	0,5	3	−1	0	2	4	−4	1

5 Berechnen Sie f′(1) für die Funktion f mit

a) $f(x) = 2x - 1$: Differenzenquotient: $\frac{f(1+h) - f(1)}{h}$ = ____________________

Umformen: ____________________

Grenzwert: Für $h \to 0$ gilt __________ $\to$ __________. Ergebnis: $f'(1)$ = __________

b) $f(x) = -2x^2$: Differenzenquotient: $\frac{f(1+h) - f(1)}{h}$ = ____________________

Umformen: ____________________

Grenzwert: Für $h \to 0$ gilt __________ $\to$ __________. Ergebnis: $f'(1)$ = __________

c) $f(x) = -\frac{1}{x}$: Differenzenquotient: $\frac{f(1+h) - f(1)}{h}$ = ____________________

Umformen: ____________________

Grenzwert: Für $h \to 0$ gilt __________ $\to$ __________. Ergebnis: $f'(1)$ = __________

Bestimmen der Tangentengleichung in einem Punkt des Graphen: Der Punkt $P(1\,|\,-3{,}5)$ liegt auf dem Graphen der Funktion f mit $f(x) = 0{,}5x^2 - 4$. Die Tangente im Punkt hat – wie jede Gerade – eine Gleichung der Form $y = mx + c$. Die Tangente hat die Steigung $m = f'(1) = 1$ (siehe oben). Einsetzen in die allgemeine Gleichung ergibt $y = 1 \cdot x + c = x + c$. Wenn man nun noch die Koordinaten von P für x und y einsetzt, erhält man $-3{,}5 = 1 + c$, also $c = -4{,}5$.

Ergebnis: Die Tangente an den Graphen von f im Punkt P hat die Gleichung $y = x - 4{,}5$.

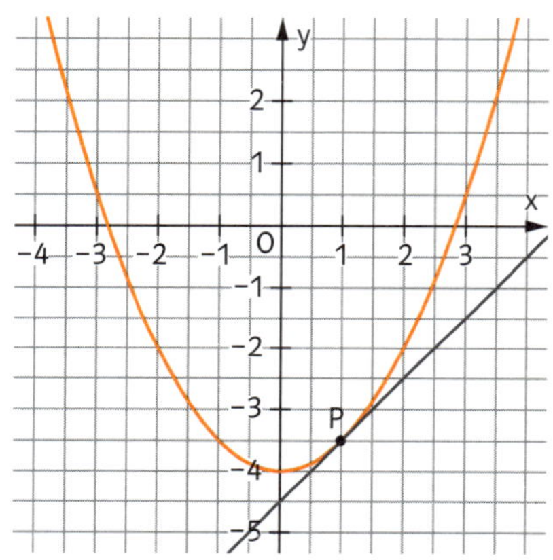

6 a) Der Graph der Funktion f mit $f(x) = -x^2$ hat im Punkt $P(1\,|\,-1)$ die Steigung $f'(1) = -2$. Bestimmen Sie die Gleichung der Tangente im Punkt P.

Allgemeine Geradengleichung: y = __________. Einsetzen der Steigung ergibt y = __________.

Einsetzen der Koordinaten von P ergibt ____________________, also c = __________.

Ergebnis: y = __________

b) Der Graph der Funktion f mit $f(x) = \frac{2}{x}$ hat im Punkt $P(0{,}5\,|\,4)$ die Steigung $f'(0{,}5) = -8$.

Bestimmen Sie die Gleichung der Tangente im Punkt P.

Allgemeine Geradengleichung: y = __________. Einsetzen der Steigung ergibt y = __________.

Einsetzen der Koordinaten von P ergibt ____________________, also c = __________.

Ergebnis: y = __________

c) Bestimmen Sie die Ableitung der Funktion f mit $f(x) = 3x^2$ an der Stelle $x_0 = 3$. Geben Sie die Gleichung der Tangente an den Graphen von f im Punkt $P(3\,|\,f(3))$ an.

Eine Funktion, die jeder Stelle aus der Definitionsmenge einer Funktion f ihre Ableitung zuordnet, heißt **Ableitungsfunktion** f′.

Der Graph von f in Fig. 1 hat in den Punkten P(1 | f(1)) und Q(3 | f(3)) waagrechte Tangenten, daher ist $f'(1) = f'(3) = 0$.
Im Intervall (1; 3) ist die Ableitung von f negativ, daher verläuft der Graph von f′ in diesem Intervall unterhalb der x-Achse.

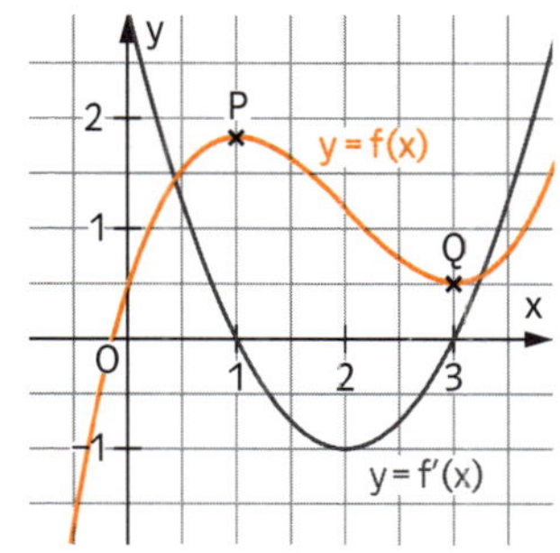

Fig. 1

1 Ordnen Sie jedem Graphen von f die jeweils zutreffende Aussage über f bzw. f′ zu.

1 **f′(x) ist überall negativ.**

2 **f(x) ist überall negativ.**

3 **Nur für $x > 0$ ist $f'(x) > 0$.**

4 **f′ wechselt sein Vorzeichen genau einmal, und zwar von „+“ nach „−“.**

5 **f′(x) ist überall positiv.**

A
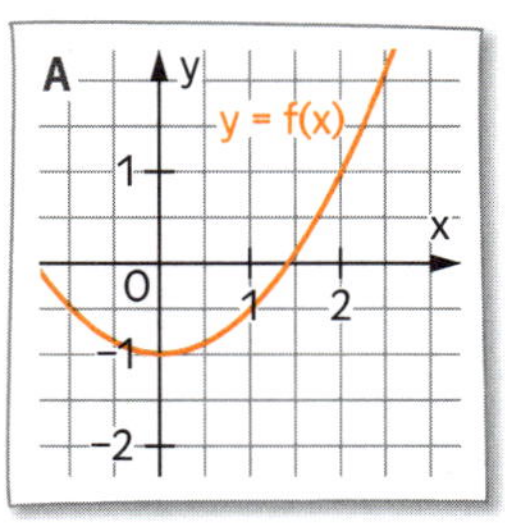

B
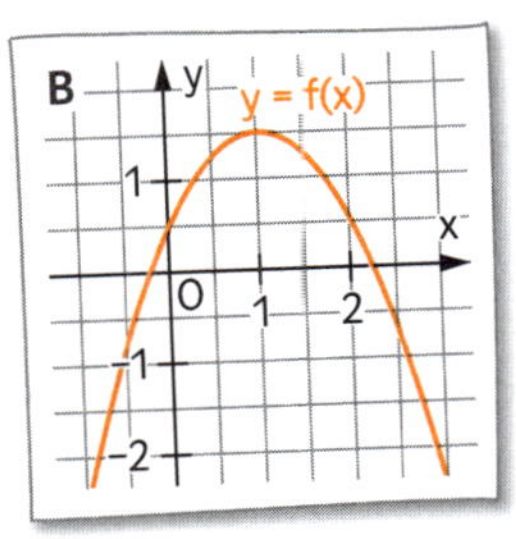

C
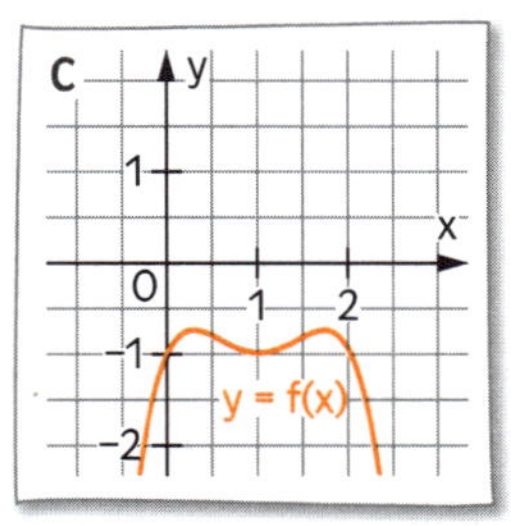

D
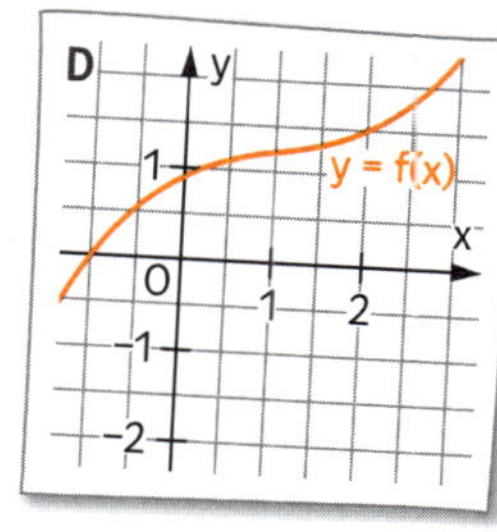

E
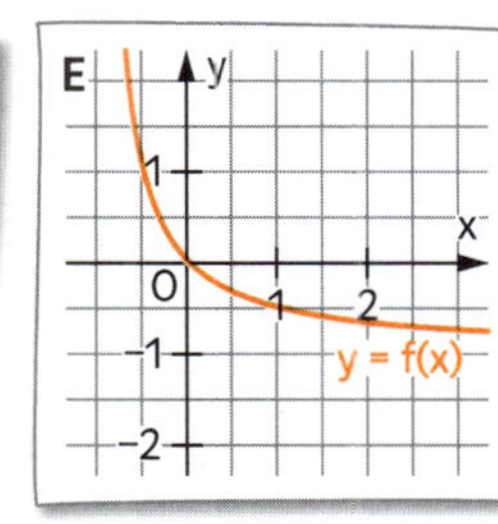

2 Richtig oder falsch? Kreuzen Sie an.

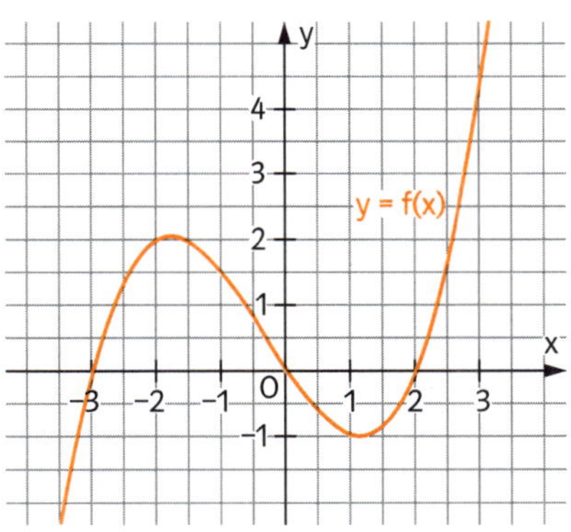

	richtig	falsch
a) $f(0) = 0$	☐	☐
b) $f'(0) = 0$	☐	☐
c) $f'(-1) < 0$	☐	☐
d) $f'(0) > f'(1)$	☐	☐
e) $f(x) > 0$ für $-3 < x < 0$	☐	☐
f) $f'(2) > f'(-2)$	☐	☐
g) f′ wechselt im Intervall [−3; 3] zweimal sein Vorzeichen	☐	☐
h) f wechselt im Intervall [−2; 3) zweimal sein Vorzeichen	☐	☐

3 Skizzieren Sie zum Graphen von f jeweils den Graphen der Ableitungsfunktion f′.

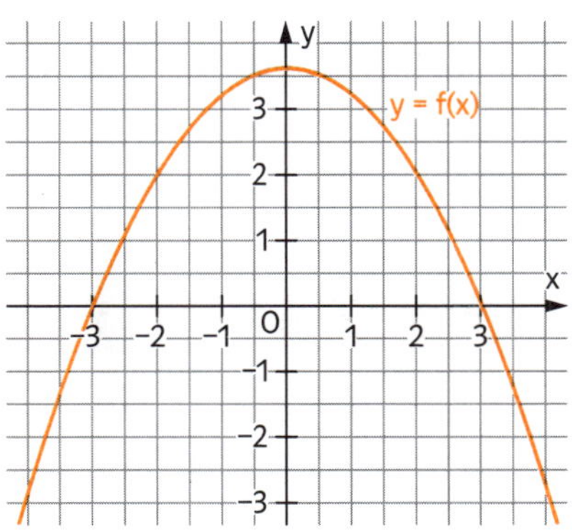

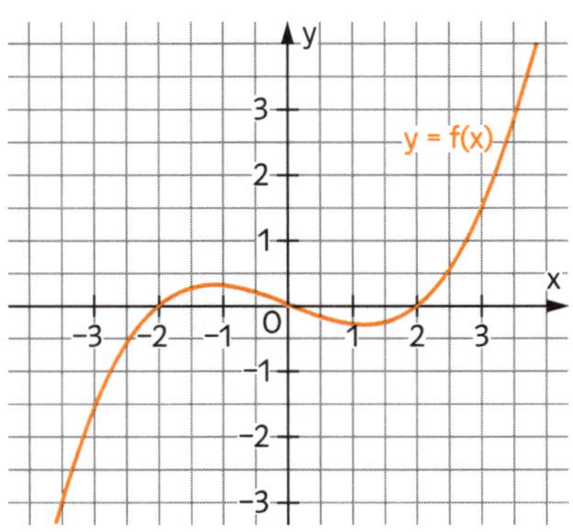

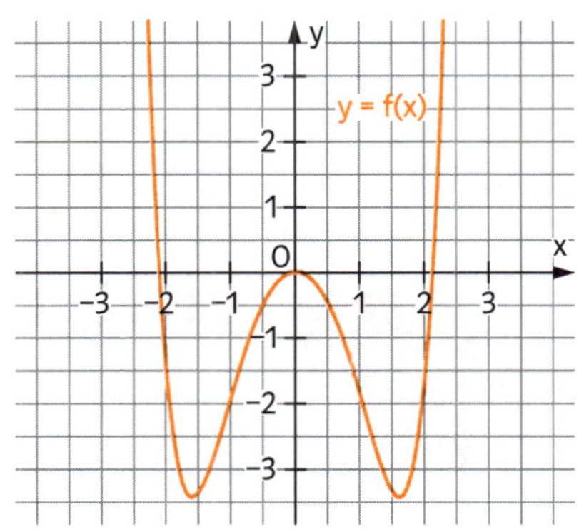

4 Skizzieren Sie im Intervall [−3; 5] den Graphen einer Funktion f mit folgenden Eigenschaften:
- $f(0) = 2$; $f(1{,}5) = 1{,}7$; $f'(3) = 0$;
- Im Intervall [−3; 0] nimmt f' von 2,7 bis 0 ab;
- Für $0 < x < 1{,}5$ nimmt f' ab;
- Für $x > 1{,}5$ nimmt f' zu.

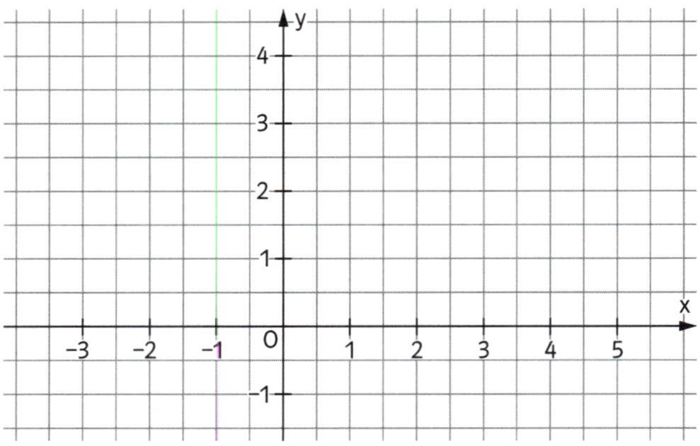

Wenn man die Ableitung einer Funktion an mehreren Stellen berechnen möchte, muss man für jede dieser Stellen ähnliche Umformungen am Differenzenquotienten durchführen. Es ist daher günstig, die **Ableitung an einer beliebigen Stelle x_0** allgemein zu ermitteln. Danach kann man in die Gleichung der Ableitungsfunktion alle gewünschten Stellen einsetzen.

Beispiel:
Um die Gleichung der Ableitungsfunktion f' von f mit $f(x) = 2x^2$ zu bestimmen, setzt man eine allgemeine Stelle x_0 in den Differenzenquotienten ein:

$$\frac{f(x) - f(x_0)}{x - x_0} = \frac{2x^2 - 2x_0^2}{x - x_0} = \frac{2(x + x_0)(x - x_0)}{x - x_0} = 2(x + x_0).$$

$$\lim_{x \to x_0} 2(x + x_0) = 2(x_0 + x_0) = 4x_0$$

Ergebnis: $f'(x_0) = 4x_0$.
Da die Stelle x_0 beliebig ist, erhält man allgemein als Gleichung der Ableitungsfunktion $f'(x) = 4x$.
Nun berechnet man z.B. $f'(1{,}5) = 4 \cdot 1{,}5 = 6$ oder $f'(-0{,}5) = 4 \cdot (-0{,}5) = -2$.

5 Bestimmen Sie die Gleichung der Ableitungsfunktion für die Funktion f mit

a) $f(x) = 2x - 1$: Differenzenquotient an einer beliebigen Stelle x_0:

$\frac{f(x) - f(x_0)}{x - x_0} =$ ____________________

$\lim_{x \to x_0}$ __________ = __________. Ergebnis: $f'(x_0) =$ ______ Allgemein: $f'(x) =$ ______

b) $f(x) = -2x^2$: Differenzenquotient an einer beliebigen Stelle x_0:

$\frac{f(x) - f(x_0)}{x - x_0} =$ ____________________

$\lim_{x \to x_0}$ __________ = __________. Ergebnis: $f'(x_0) =$ ______ Allgemein: $f'(x) =$ ______

c) $f(x) = -\frac{1}{x}$: Differenzenquotient an einer beliebigen Stelle x_0:

$\frac{f(x) - f(x_0)}{x - x_0} =$ ____________________

____

$\lim_{x \to x_0}$ __________ = __________. Ergebnis: $f'(x_0) =$ ______ Allgemein: $f'(x) =$ ______

6 a) Bestimmen Sie die Gleichung der Ableitungsfunktion f' von f mit $f(x) = 0{,}5x^2 - 2$.
b) Berechnen Sie folgende Werte der Funktion f und der Ableitungsfunktion f':

x_0	−4	−3	−2	−1	0	1	2	3	4
$f(x_0)$									
$f'(x_0)$									

c) Zeichnen Sie die Graphen von f und f' in ein gemeinsames Koordinatensystem.

Die Funktion F mit $F(x) = x^2$ ist eine **Stammfunktion** von f mit $f(x) = 2x$, da umgekehrt die Funktion f die Ableitung von F ist:

$$\frac{f(x) - f(x_0)}{x - x_0} = \frac{x^2 - x_0^2}{x - x_0} = \frac{(x + x_0)(x - x_0)}{x - x_0} = x + x_0; \ \lim_{x \to x_0} x + x_0 = 2x_0$$

Es gilt also $F'(x) = 2x = f(x)$.

Die Stammfunktion der Funktion f ist nicht eindeutig bestimmt. Für jede reelle Zahl c ist auch F mit $F(x) = x^2 + c$ eine Stammfunktion von f (also zum Beispiel $F(x) = x^2 + 3$ oder $F(x) = x^2 - 0{,}5$).
Die Graphen der verschiedenen Stammfunktionen einer Funktion unterscheiden sich in ihrem Verlauf nur darin, dass sie um den Wert c in y-Richtung verschoben sind.

1 Zeigen Sie durch Ableiten, dass die Funktion F eine Stammfunktion von f ist. Geben Sie die Gleichungen von zwei weiteren Stammfunktionen von f an.

a) $F(x) = 2x^2$ und $f(x) = 4x$

$\frac{f(x) - f(x_0)}{x - x_0} =$ ______________________________

$\lim_{x \to x_0}$ __________ = ______________________. Es gilt also: ______________________

Weitere Stammfunktionen von f: ______________________________

b) $F(x) = 0{,}5x + 1$ und $f(x) = 0{,}5$

$\frac{f(x) - f(x_0)}{x - x_0} =$ ______________________________

$\lim_{x \to x_0}$ __________ = ______________________. Es gilt also: ______________________

Weitere Stammfunktionen von f: ______________________________

c) $F(x) = x^3$ und $f(x) = 3x^2$

$\frac{f(x) - f(x_0)}{x - x_0} =$ ______________________________

$\lim_{x \to x_0}$ __________ = ______________________. Es gilt also: ______________________

Weitere Stammfunktionen von f: ______________________________

2 Die Schaubilder zeigen jeweils zwei Funktionsgraphen G_1 und G_2. Ein Graph gehört zu einer Funktion f und der andere Graph zu einer Stammfunktion F von f. Entscheiden Sie, welcher Graph zu f und welcher zu F gehört. Zeichnen Sie anschließend den Graphen einer weiteren Stammfunktion von f in das Koordinatensystem ein.

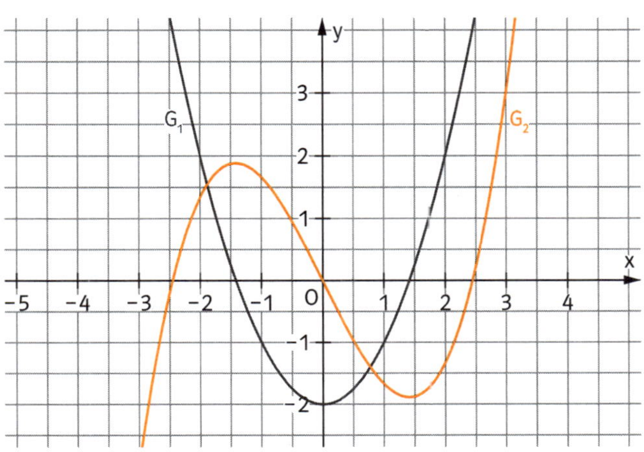

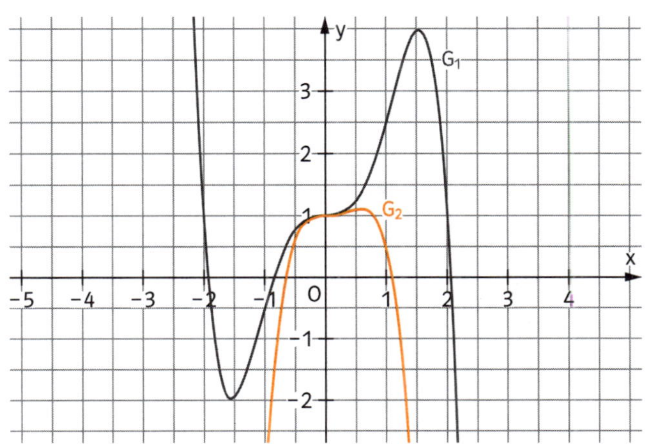

Potenzregel
Für eine Funktion f mit $f(x) = x^n$ $(n \in \mathbb{Z})$ gilt: $\mathbf{f'(x) = n \cdot x^{n-1}}$.

Die Funktion f mit $f(x) = x^3$ hat die Ableitungsfunktion f' mit $f'(x) = 3x^2$.
Der Graph von f hat im Punkt $P(2\,|\,f(2))$ die Steigung $f'(2) = 3 \cdot 2^2 = 12$.

Sind Punkte gesucht, in denen der Graph die Steigung 6 hat, muss man die Gleichung $f'(x) = 6$ lösen:
$3x^2 = 6 \Leftrightarrow x^2 = 2$. Lösungen: $x_1 = -\sqrt{2}$; $x_2 = \sqrt{2}$. Damit gilt: In $P_1(-\sqrt{2}\,|\,-2\sqrt{2})$; $P_2(\sqrt{2}\,|\,2\sqrt{2})$ hat der Graph die Steigung 6.

1 Ergänzen Sie.

f(x)	x^2	x^7	x^{-2}	3	$\frac{1}{x^3}$	x	x^{-4}	$\frac{1}{x}$	x^{-11}	$\frac{1}{x^{-11}}$
f'(x)										

2 Bestimmen Sie die Ableitungsfunktion.

a) $f(u) = u^2 =$ ______________________

b) $g(a) = a^5 =$ ______________________

c) $h(t) = t^{-3} =$ ______________________

d) $s(a) = \frac{1}{a^2} =$ ______________________

3 In welchen Punkten hat der Graph der Funktion f die Steigung 3?

a) $f(x) = x^2 =$ ______________________

b) $f(x) = x^3 =$ ______________________

c) $f(x) = x^{-2} =$ ______________________

d) $f(x) = \frac{1}{x} =$ ______________________

4 Es sind s und t ganze Zahlen. Bestimmen Sie die Ableitung.

a) $f(x) = x^t$; $f'(x) =$ ______________________

b) $f(x) = x^{s-1}$; $f'(x) =$ ______________________

c) $f(x) = x^{-t}$; $f'(x) =$ ______________________

d) $f(x) = x^{2s+1}$; $f'(x) =$ ______________________

e) $f(x) = \frac{1}{x^{t+1}}$; $f'(x) =$ ______________________

f) $f(x) = \frac{1}{x^{2s}}$; $f'(x) =$ ______________________

5 An welchen Stellen hat der Graph von f eine Tangente, die parallel zur ersten Winkelhalbierenden ist?

a) $f(x) = x^3 =$ ______________________

b) $f(x) = x^{-2} =$ ______________________

c) $f(x) = x^6 =$ ______________________

d) $f(x) = \frac{1}{x^3} =$ ______________________

Summenregel und Faktorregel

Faktorregel	Für eine Funktion f mit $f(x) = c \cdot g(x)$; $c \in \mathbb{R}$ gilt: $f'(x) = c \cdot g'(x)$; d.h. ein konstanter Faktor bleibt beim Ableiten erhalten.
Summenregel	Für eine Funktion f mit $f(x) = g(x) + h(x)$ gilt: $f'(x) = g'(x) + h'(x)$; d.h. die Ableitung einer Summe von Funktionen ist gleich der Summe ihrer Ableitungen.
Beispiele:	Für $f(x) = 5x^3$ ist $f'(x) = 5 \cdot 3x^2 = 15x^2$. Für $f(x) = x^2 + x^{-1}$ ist $f'(x) = 2x - x^{-2}$. Für $f(x) = 3x^4 - 0{,}4x^2 + 2x - 1$ ist $f'(x) = 12x^3 - 0{,}8x + 2$.

1 Bestimmen Sie die Ableitung der Funktion f.

a) $f(x) = 5x^2$ b) $f(x) = 2x^{-1}$ c) $f(x) = \frac{3}{x^2}$ d) $f(x) = x^2 - x^3$ e) $f(x) = x + \frac{1}{x}$

f) $f(x) = 3x^2 + 3x - 2$ g) $f(x) = -x^4 + 2x$ h) $f(x) = \frac{2}{x} + 2$ i) $f(x) = \frac{x}{2} + 2$ j) $f(x) = \frac{2}{x} + 2x$

2 Es sind a und b reelle Zahlen. Bestimmen Sie die Ableitung der Funktion f.

a) $f(x) = ax^2$ b) $f(x) = x^2 + a$ c) $f(x) = \frac{x^2}{a}$ d) $f(x) = a^2x$ e) $f(x) = \frac{a}{x^2}$

f) $f(x) = ax^2 + bx$ g) $f(x) = ax^2 + b$ h) $f(x) = bx^2 + a$ i) $f(x) = ax^3 + a^3x$ j) $f(a) = ax^3 + a^3x$

3 Formen Sie zunächst um und leiten Sie dann ab.

a) $f(x) = x \cdot (x^2 + 2x - 3) =$ ____________________; $f'(x) =$ ____________________

b) $f(x) = (x + 1) \cdot (x - 2) =$ ____________________; $f'(x) =$ ____________________

c) $f(x) = \frac{x^2 + 1}{x^2} =$ ____________________; $f'(x) =$ ____________________

4 Berechnen Sie die Ableitung der Funktion f an der Stelle x_0.

a) $f(x) = \frac{1}{2}x^2 + 2x - 1$; $x_0 = -1$ b) $f(x) = x^3 - 4x + 1$; $x_0 = 2$ c) $f(x) = \frac{2}{x^2} - \frac{x^2}{2} - 2$; $x_0 = -2$

5 Richtig oder falsch? Kreuzen Sie an.

	richtig	falsch
a) Für f mit $f(x) = x^2 + 4$ ist $f'(x) = 2x + 4$.	☐	☐
b) Für f mit $f(x) = x^3$ ist $f'(x) = 3x^2$.	☐	☐
c) Alle Funktionen der Form $x \mapsto ax + b$ haben als Ableitung eine konstante Funktion.	☐	☐
d) Sind zwei Funktionen verschieden, so sind auch ihre Ableitungsfunktionen verschieden.	☐	☐
e) Eine Funktion, die für alle $x \in \mathbb{R}$ positiv ist, hat eine Ableitungsfunktion, die ebenfalls für alle $x \in \mathbb{R}$ positiv ist.	☐	☐
f) Ein konstanter Summand bleibt beim Ableiten erhalten.	☐	☐
g) Ein konstanter Faktor bleibt beim Ableiten erhalten.	☐	☐
h) Wenn man die Ableitung einer quadratischen Funktion nochmals ableitet, erhält man eine konstante Funktion.	☐	☐
i) Die Stammfunktion einer linearen Funktion kann einen zum Ursprung punktsymmetrischen Graphen haben.	☐	☐

6 Gibt es Stellen, an denen die Funktionen f und g dieselbe Ableitung haben?

a) $f(x) = x^2 + 1$; $g(x) = \frac{4}{x}$ b) $f(x) = 3x^3 + 2x$; $g(x) = -2x + 3$

7 Bestimmen Sie für die Funktion f mit $f(x) = x^3 - 3x^2 + 2$ alle Stellen, an denen die Tangenten an den Graphen von f eine positive Steigung haben.

Eine Funktion f wie z. B. $f(x) = 8x^2 \cdot (x^2 - 1)$, die als **Produkt von zwei Faktoren** u und v geschrieben werden kann, leitet man so ab:

1. Die beiden Faktoren festlegen und ableiten: $u(x) = 8x^2$, $u'(x) = 16x$, $v(x) = x^2 - 1$, $v'(x) = 2x$
2. Die Ableitung f′ mithilfe der **Produktregel** bilden: **$f'(x) = u'(x) \cdot v(x) + u(x) \cdot v'(x)$**

$$f'(x) = u'(x) \cdot v(x) + u(x) \cdot v'(x) = 16x(x^2 - 1) + 8x^2 \cdot 2x = 32x^3 - 16x$$

1 Füllen Sie die Tabelle aus.

f(x)	u(x)	u′(x)	v(x)	v′(x)	f′(x)
$(4x - 2) \cdot (x^3 + 2x^2)$					
$(4x - 2) \cdot \frac{1}{x}$					
$(3x^2 - 5) \cdot x^{-2}$					

2 Leiten Sie die Funktion f mit $f(x) = (x - 4)(x^2 - x + 5)$ auf zwei Arten ab: mit der Produktregel und indem Sie zuerst ausmultiplizieren und dann ableiten.

1. Art: Produktregel: $u(x) =$ ____________; $u'(x) =$ ____________; $v(x) =$ ____________; $v'(x) =$ ____________

$f'(x) =$ ____

2. Art: Ausmultiplizieren: $(x - 4)(x^2 - x + 5) =$ ________________________________

Ableiten: $f'(x) =$ ____

3 Gegeben ist die Funktion f mit $f(x) = (2x + 2) \cdot x^{-1}$.

a) Leiten Sie die Funktion f ab.

b) Berechnen Sie die Steigung des Graphen in den Punkten $P(1 \mid f(1))$, $Q(4 \mid f(4))$ und $R(9 \mid f(9))$.

4 Gegeben ist die Funktion f mit $f(x) = x \cdot (x - 1)^4$.

a) Leiten Sie die Funktion f ab.

b) Berechnen Sie die Nullstellen von f. Bestimmen Sie die Ableitung an diesen Stellen.

c) An welchen Stellen ist die Ableitung der Funktion f gleich Null?

5 Leiten Sie die Funktion f ab.

a) Die Funktion f mit $f(x) = g(x) \cdot x^2$ hat die Faktoren

$u(x) = g(x)$ und $v(x) = x^2$ mit $u'(x) = g'(x)$ und $v'(x) = 2x$.

Damit ist $f'(x) = u'(x) \cdot v(x) + u(x) \cdot v'(x) = g'(x) \cdot$ ________________________________.

b) Die Funktion f mit $f(x) = g(x) \cdot \frac{1}{x}$ hat die Faktoren

$u(x) = g(x)$ und $v(x) = \frac{1}{x}$ mit $u'(x) = g'(x)$ und $v'(x) =$ ____________.

Damit ist $f'(x) = u'(x) \cdot v(x) + u(x) \cdot v'(x) =$ ________________________________.

Ist eine Funktion f wie $f(x) = \frac{x^3 - 1}{2x + 5}$ ein **Quotient von zwei Funktionen** u und v, dannn leitet man $f = \frac{u}{v}$ so ab:

1. Die beiden Funktionen u und v ableiten: $u(x) = x^3 - 1$, $u'(x) = 3x^2$, $v(x) = 2x + 5$, $v'(x) = 2$
2. Die Ableitung f' mithilfe der **Quotientenregel** bilden. Wenn möglich, Term vereinfachen:

$$\mathbf{f'(x) = \frac{u'(x) \cdot v(x) - u(x) \cdot v'(x)}{(v(x))^2}} = \frac{3x^2 \cdot (2x+5) - (x^3 - 1) \cdot 2}{(2x+5)^2} = \frac{6x^3 + 15x^2 - 2x^3 + 2}{(2x+5)^2} = \frac{4x^3 + 15x^2 + 2}{(2x+5)^2}$$

6 Füllen Sie die Tabelle aus.

f(x)	u(x)	u'(x)	v(x)	v'(x)	f'(x)
$\frac{x+1}{x^2}$					
$\frac{3x}{x-2}$					
$\frac{3x-8}{x-2}$					

7 Ergänzen Sie.

a) $f(x) = \frac{2x}{x+3}$, $f'(x) = \frac{2 \cdot (x+3) - \quad}{\quad}$

b) $g(x) = \frac{\frac{1}{2}x^2}{2x-5}$, $g'(x) = \frac{x \cdot (2x-5) - \quad}{\quad}$

8 Leiten Sie ab.

a) $f(x) = \frac{4x}{x^2+1}$

b) $h(x) = \frac{2x^2+2}{x+1}$

c) $i(x) = \frac{x+1}{2x^2+2}$

Ist ein Funktionsterm ein **Quotient**, dann kann man ihn **umschreiben**, sodass man beim Ableiten die Quotientenregel nicht braucht.

1. Jeden Quotienten kann man als **Produkt** schreiben: $f(x) = \frac{(3x+1)}{x^2} = (3x+1) \cdot \frac{1}{x^2}$.

   Ableiten mithilfe der Produktregel: $f'(x) = 3 \cdot \frac{1}{x^2} - 2(3x+1) \cdot \frac{1}{x^3}$.
2. Manche Quotienten lassen sich als **Summe** schreiben: $h(x) = \frac{4x^4 + 6x^2}{2x^3} = 2x + \frac{3}{x}$.

   Ableiten mithilfe der Summenregel: $h'(x) = 2 - \frac{3}{x^2}$.

9 Wurde hier richtig umgeformt?

a) $f(x) = \frac{1-x^2}{1-x} = 1 + x$ ☐ ja ☐ nein

b) $g(x) = \frac{x^3 + 4x}{x^2} = x + \frac{4}{x}$ ☐ ja ☐ nein

c) $h(x) = \frac{1}{(x+5)^2} = \frac{1}{x^2} + \frac{1}{5^2}$ ☐ ja ☐ nein

d) $i(x) = \frac{3x}{2x+5} = \frac{3x}{2x} + \frac{3x}{5} = \frac{3}{2} + \frac{3}{5}x$ ☐ ja ☐ nein

10 Leiten Sie ohne Verwendung der Quotientenregel ab. Welche Ableitungsregel verwenden Sie?

a) $f(x) = \frac{2x-4}{3x}$ ☐ Produktregel ☐ Summenregel

b) $f(x) = \frac{2x^2}{3x-4}$ ☐ Produktregel ☐ Summenregel

c) $f(x) = \frac{3x-4}{x^2}$ ☐ Produktregel ☐ Summenregel

1 Das Schaubild zeigt den Graphen einer Funktion f. Kreuzen Sie an, ob die Aussagen zum Differenzenquotient und zur Ableitung von f wahr (w) oder falsch (f) sind.

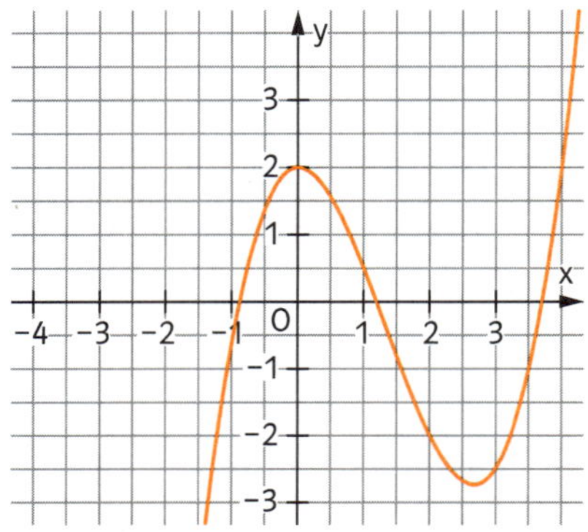

	w	f
1. Im Intervall [0; 1] ist der Differenzenquotient −1,5.	☐	☐
2. Im Intervall [2; 4] ist der Differenzenquotient negativ.	☐	☐
3. Im Intervall [−0,5; 0,5] ist die Ableitung positiv.	☐	☐
4. Die Ableitung an der Stelle $x_0 = 0$ ist Null.	☐	☐
5. Die Ableitung an der Stelle $x_0 = 2$ ist −1.	☐	☐
6. Die Ableitung an der Stelle $x_0 = 3$ ist größer als die Ableitung an der Stelle $x_0 = 4$.	☐	☐

2 Gegeben ist die Funktion f mit $f(x) = -x^2$.

a) Berechnen Sie den Differenzenquotienten im Intervall $[2; x_0]$ für $x_0 = 4$, $x_0 = 3$, $x_0 = 2{,}5$ und $x = 2{,}1$.

b) Stellen Sie anhand Ihrer Ergebnisse aus a) eine Vermutung für f′(2) auf.

c) Überprüfen Sie Ihre Vermutung, indem Sie beim Differenzenquotienten für ein unbestimmtes x_0 den Grenzwert für $x \to x_0$ bestimmen.

3 Das Schaubild zeigt den Graphen der Funktion f mit $f(x) = -x^2 + 6$. Bestimmen Sie grafisch die Gleichung der Tangente an den Graphen von f im Punkt $P(-1 \mid f(-1))$. Überprüfen Sie Ihr Ergebnis anschließend rechnerisch.

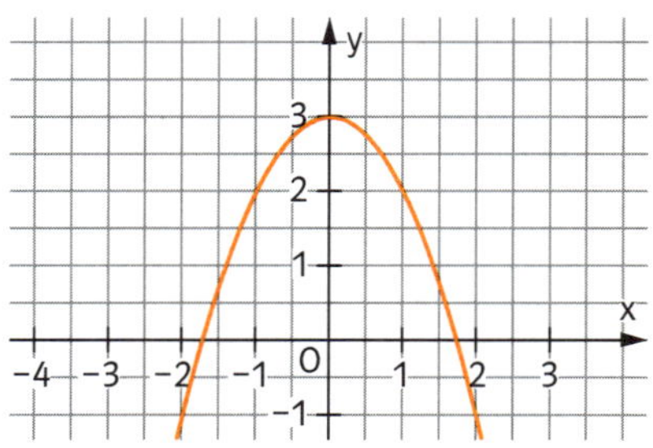

4 Das Schaubild rechts zeigt den Graphen einer Funktion f. Welcher der unten abgebildeten Graphen gehört zur Ableitungsfunktion von f? Welcher gehört zu einer Stammfunktion von f?

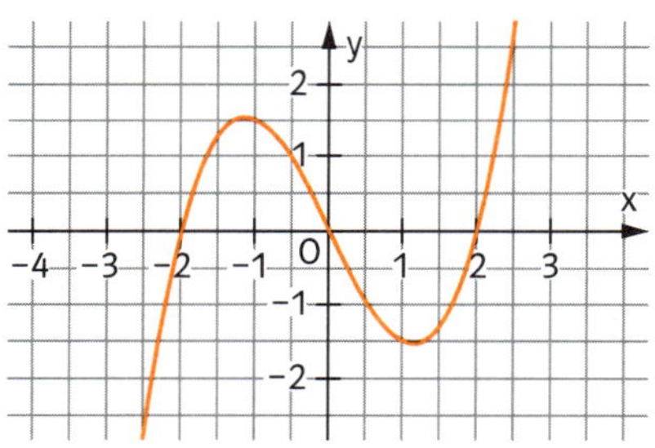

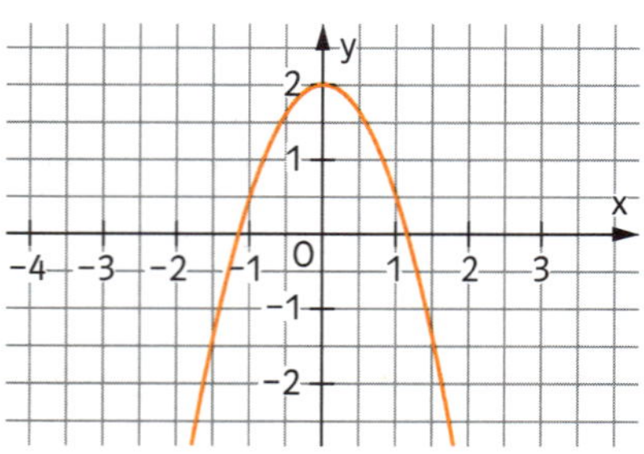

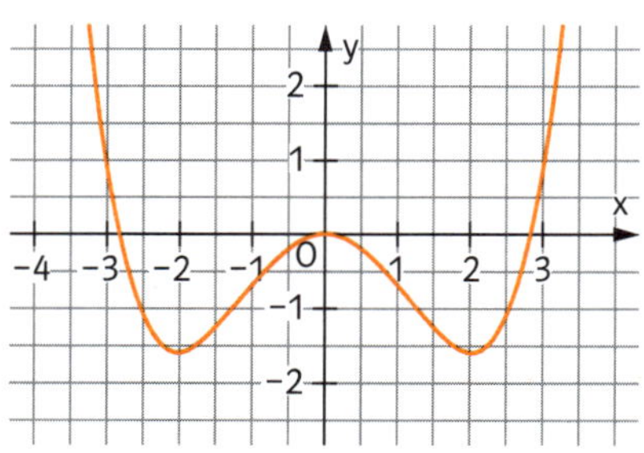

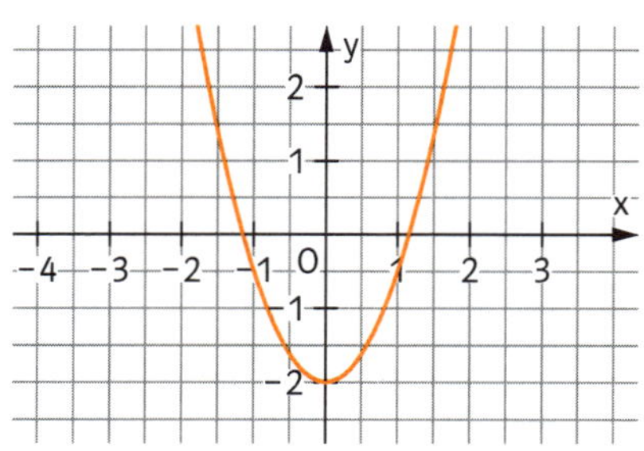

5 Überprüfung Sie, ob F mit $F(x) = x^3 - 2x^2 + 4 - \frac{3}{x}$ eine Stammfunktion von f mit $f(x) = 3x^2 - 4x + \frac{3}{x^2}$ ist.

6 Bestimmen Sie die Ableitungsfunktion der Funktion f.

a) $f(x) = x^2 - 4x$

b) $f(x) = 2 - 3x - 2x^2$

c) $f(x) = (x - 1)(x - 2)$

d) $f(x) = 1 - \frac{2}{x}$

e) $f(x) = \frac{2}{3x^2 + 1}$

f) $f(x) = (x + 1) \cdot \frac{2}{x}$

g) $f(x) = a \cdot x^3$

h) $f(x) = 2x^{k+1}$

i) $f(x) = \frac{x^{n-1}}{n-1}$

Nehmen bei einer Funktion f für wachsende x-Werte auch die y-Werte zu, so ist die Funktion **streng monoton zunehmend**. Nehmen bei f für wachsende x-Wert die y-Werte ab, so heißt f **streng monoton abnehmend.** Die Funktion kann auch nur auf einem Teilintervall I des Definitionsbereiches streng monoton zu- bzw. abnehmend sein.

Beispiele:
1. Die Funktion f mit $f(x) = x^3$ ist streng monoton zunehmend für alle x.
2. Die Funktion g mit $g(x) = -2x - 3$ ist streng monoton abnehmend für alle x.
3. Die Funktion h mit $h(x) = (x - 3)^2 - 4$ ist für $x < 3$ streng monoton abnehmend und für $x > 3$ streng monoton zunehmend.

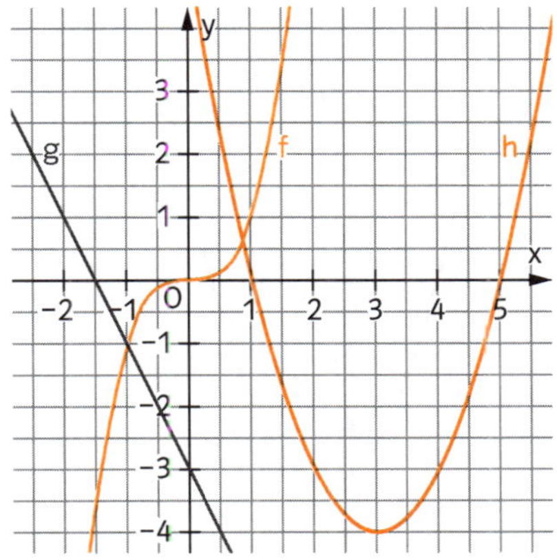

1 Geben Sie möglichst große Intervalle an, in denen die Funktionen streng monoton zunehmend/abnehmend sind.

a) $f(x) = x^4 - 2x^2$

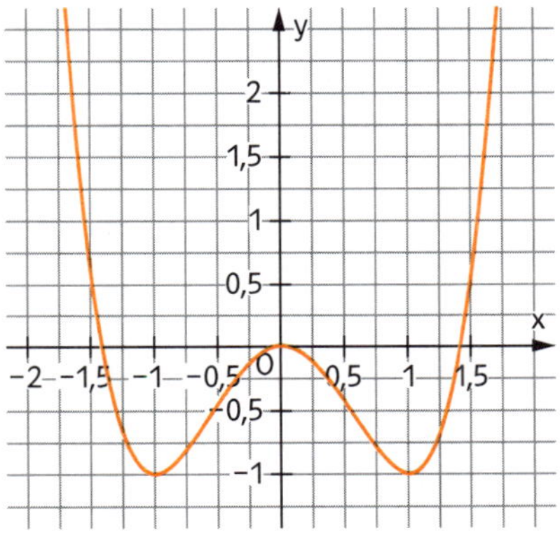

b) $f(x) = \frac{1}{5}x^5 - \frac{4}{3}x^3 + 1$

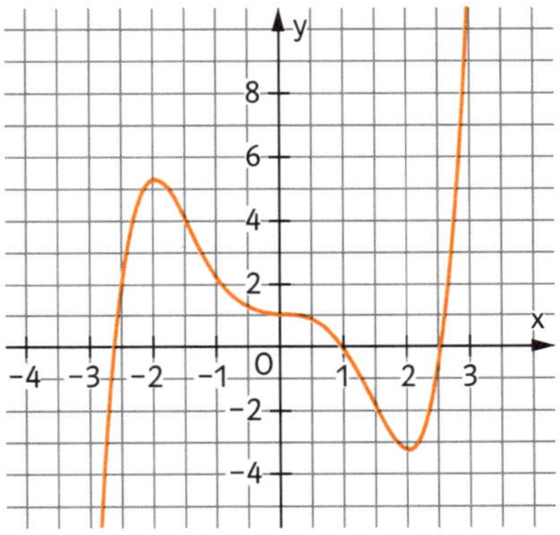

c) $f(x) = \frac{1}{6}x^6 + \frac{2}{5}x^5 - \frac{9}{4}x^4 - 6x^3$

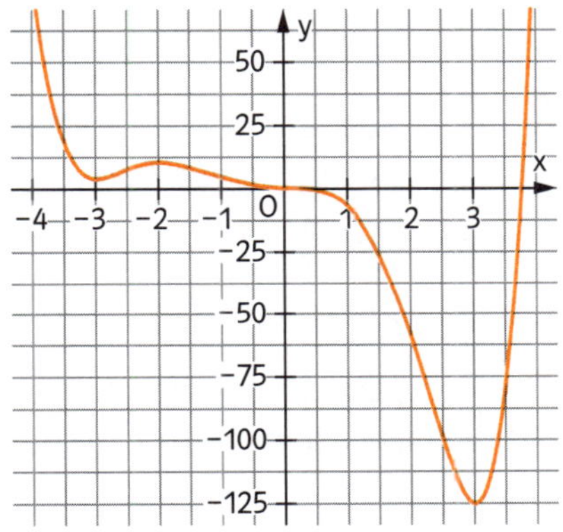

2 Die Funktion f hat folgende Eigenschaften. Skizzieren Sie einen möglichen Graphen von f.

a) f ist streng monoton zunehmend für $x < 2$ und streng monoton abnehmend für $x > 2$.

b) für $x < 1$ und $x > 5$ ist f streng monoton abnehmend, für $1 < x < 5$ streng monoton zunehmend. f hat bei $x = 3$ eine Nullstelle.

c) f nimmt für $x < 1$ streng monoton zu, für $1 < x < 3$ streng monoton ab und für $x > 3$ streng monoton zu. Der Graph von f schneidet die x-Achse im Punkt N(−2 | 0).

Kann man bei einem Graphen einer Funktion f in einem Intervall I nur Tangenten anlegen, deren Steigung positiv ist, so ist f in I streng monoton zunehmend. Besitzt der Graph von f im Intervall I nur Tangenten, deren Steigung negativ ist, so ist f in I streng monoton abnehmend.

Da sich die Steigung der Tangente mithilfe der Ableitung f′(x) bestimmen lässt, kann man formulieren:
Gilt für eine Funktion f im Intervall I, dass …
… $f'(x) > 0$ für alle x in I, dann ist f streng monoton zunehmend in I bzw.
… $f'(x) < 0$ für alle x in I, dann ist f streng monoton abnehmend in I.
Diesen Satz nennt man das **Monotoniekriterium**.

3 Gezeichnet ist der Graph der Ableitungsfunktion f′ einer Funktion f.
Geben Sie für die Graphen jeweils an, für welche x die Funktion f streng monoton abnehmend bzw. streng monoton zunehmend ist.

$f'(x) = x^2 + 1$

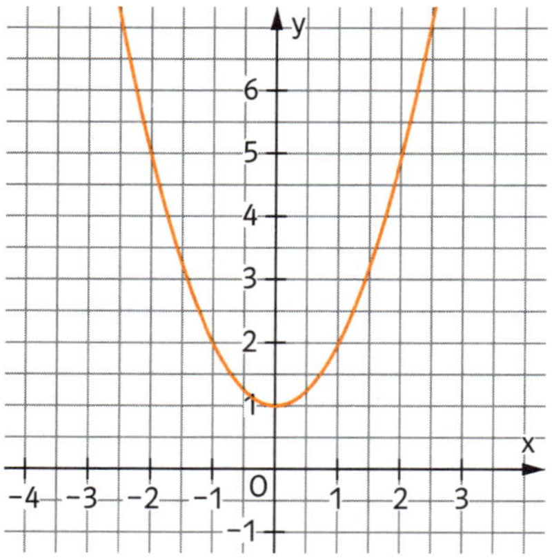

f ist streng monoton zunehmend

für ____________________

f ist streng monoton abnehmend

für ____________________

$f'(x) = 5x^3 - 5x$

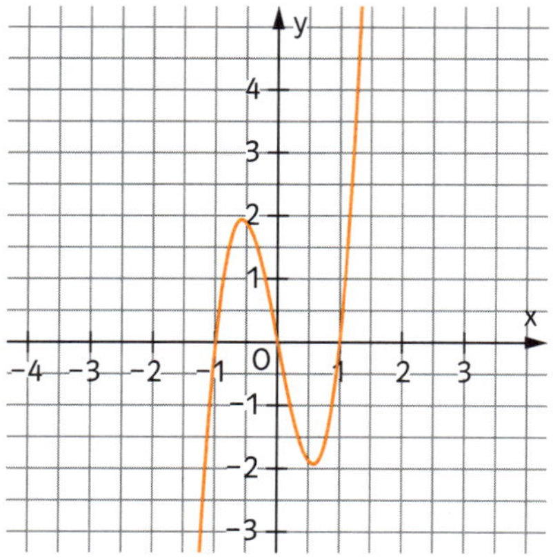

f ist streng monoton zunehmend

für ____________________

f ist streng monoton abnehmend

für ____________________

$f'(x) = \frac{1}{x^2} - 1$

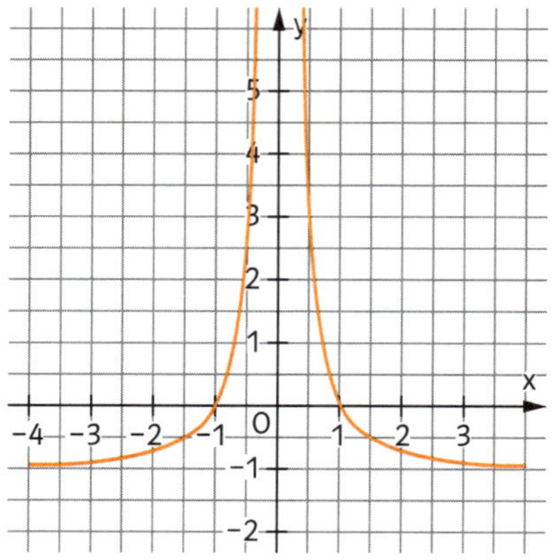

f ist streng monoton zunehmend

für ____________________

f ist streng monoton abnehmend

für ____________________

4 Untersuchen Sie die Funktion f auf Monotonie und fertigen Sie alleine aufgrund dieser Eigenschaft eine Skizze des Graphen von f an.

a) $f(x) = \frac{1}{3}x^3 - \frac{1}{2}x^2 - 2x$

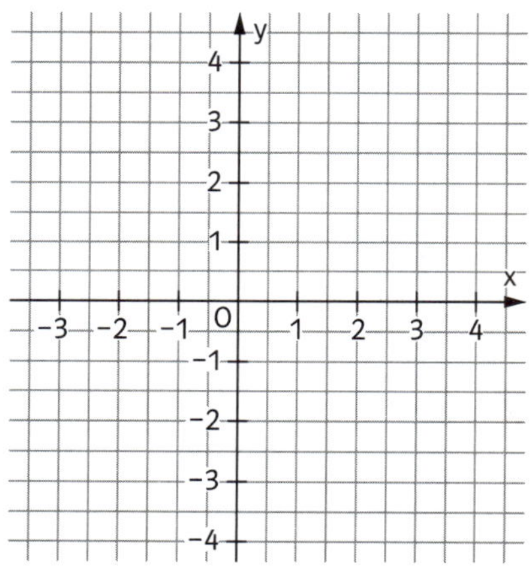

Schritt 1: Ableitung von f: $f'(x) =$ ____________________

Schritt 2: Berechnung der Nullstellen von f′. Diese sind Grenzen der Intervalle, auf denen f monoton ist:

$f'(x) = 0$: ____,

Lösungen sind $x_1 = -1$, $x_2 = 2$.

Schritt 3: Lege nun die Untersuchungsintervalle fest und bestimme mit einem Test-x-Wert aus diesem Intervall das Vorzeichen der Tangentensteigung: $x < -1$: $f'(-2) =$ ________ > 0; $-1 < x < 2$: $f'(0) =$ ________ < 0;

$x > 2$: $f'(3) =$ ________ 0

Damit ist f für $x < -1$ streng monoton ____________________, für $0 < x < 2$ streng monoton ____________________ und für $x > 2$ streng monoton ____________________.

b) $f(x) = \frac{1}{4}x^4 - \frac{4}{3}x^3 - 6x^2$

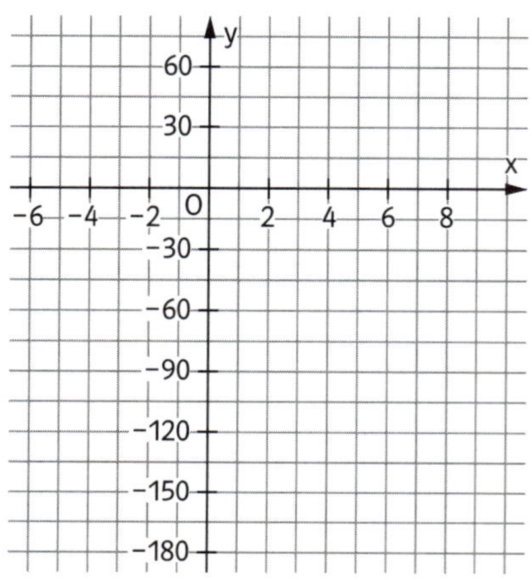

$f'(x) =$ ____________________; $f'(x) = 0$: ____________________

Lösungen: $x_1 =$ __________, $x_2 =$ __________, $x_3 =$ __________

Intervalle und Test-x-Werte:

$x <$ ___: $f'($___$) =$ __________; ___ $< x <$ ___: $f'($___$) =$ __________;

___ $< x <$ ___: $f'($___$) =$ __________; $x >$ ___: $f'($___$) =$ __________

Damit ist f für $x <$ ___ streng monoton ____________________, für ___ $< x <$ ___ streng monoton ____________________, für ___ $< x <$ ___ streng monoton __________ und für $x >$ ___ streng monoton __________.

Betrachten Sie den Graphen der Funktion f. H(−2,3 | 2,7) ist in einer Umgebung um $x_1 = -2{,}3$ der Punkt mit dem größten y-Wert. H heißt deshalb **Hochpunkt** des Graphen von f. T(3,1 | −8,2) hingegen hat in einer Umgebung um $x_2 = 3{,}1$ den kleinsten y-Wert. T heißt **Tiefpunkt** des Graphen von f.

Die x-Werte, an denen der Graph von f Hoch- bzw. Tiefpunkte hat, nennt man **Extremstellen**, deren Funktionswerte heißen **Extremwerte**. $f(x_1)$ heißt (lokales) **Maximum**, $f(x_2)$ dementsprechend (lokales) **Minimum**.

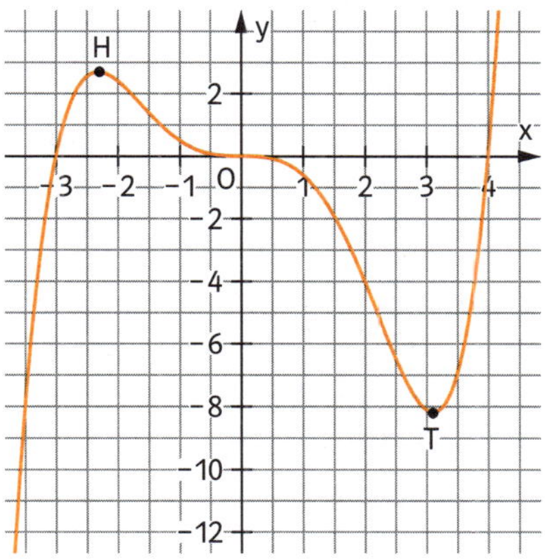

1 Geben Sie für die Funktion f die Extremstellen, die dazugehörigen Extremwerte und die Koordinaten der Hoch- und Tiefpunkte an.

Extremstelle 1: ________, Extremwert 1: ________,

Extrempunkt 1: ▒ (▒ | ▒)

Extremstelle 2: ________, Extremwert 2: ________,

Extrempunkt 2: ▒ (▒ | ▒)

Extremstelle 3: ________, Extremwert 3: ________,

Extrempunkt 3: ▒ (▒ | ▒)

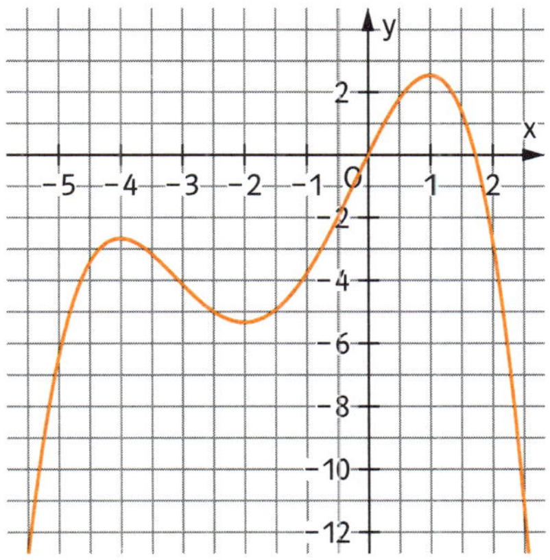

Gibt es im Definitionsbereich einer Funktion f einen größten bzw. kleinsten Funktionswert, so heißt dieser **globales Maximum** bzw. **globales Minimum** von f. Ist der Definitionsbereich auf ein Intervall I eingeschränkt und wird an den Grenzen des Intervalls ein lokales bzw. globales Extremum angenommen, so heißt dieses **lokales** bzw. **globales Randextremum**.

2 Die Funktion f ist auf dem Intervall I = [0; 5] definiert. Bei $x_1 = 0$ ist der Funktionswert $y_1 = -1$ der kleinste in der Umgebung von x_1, $y_2 = 3$ ist das lokale Maximum, das an der Extremstelle $x_2 = 2$ angenommen wird. Das **Randminimum** bei $x_3 = 5$ nimmt einen Wert an, der gleichzeitig **globales Minimum** auf I ist. Skizzieren Sie jeweils einen möglichen Graphen für die Funktion.

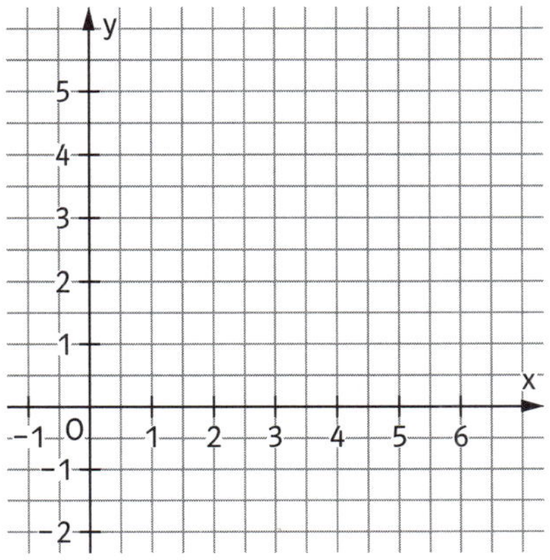

3 Skizzieren Sie im Intervall I = [2; 6] den Graphen der Funktion f mit
$f(x) = (x-2) \cdot (x-3) \cdot (x-4) \cdot (x-5) \cdot (x-6)$
und geben Sie sowohl Extremstellen als auch Extremwerte an.
Geben Sie gegebenenfalls auch die globalen Extremwerte und die Randextrema an.

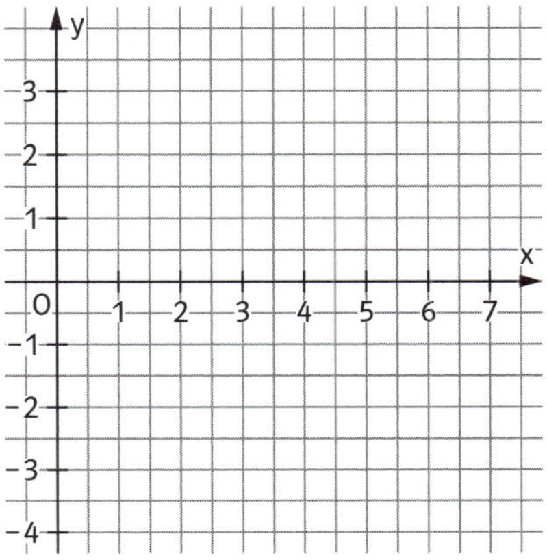

Betrachten Sie den Graphen der Funktion f. H(−2,3 | 2,7) ist Hochpunkt und T(3,1 | −8,2) der Tiefpunkt des Graphen von f.

Wenn f an der Stelle x_1 eine waagrechte Tangente hat also **$f'(x_1) = 0$** ist, und **f′ bei x_1 einen Vorzeichenwechsel von + nach −** hat, dann hat der Graph von f bei x_1 einen **Hochpunkt**.

Wenn f an der Stelle x_2 eine waagrechte Tangente hat also **$f'(x_2) = 0$** ist, und **f′ bei x_2 einen Vorzeichenwechsel von − nach +** hat, dann hat der Graph von f bei x_2 einen **Tiefpunkt**.
Beachten Sie: Hier im Beispiel ist $f'(0) = 0$, aber f′ wechselt das Vorzeichen bei $x_3 = 0$ nicht. Daher hat der Graph von f an dieser Stelle auch keinen Hoch- oder Tiefpunkt, sondern einen **Terrassenpunkt**.

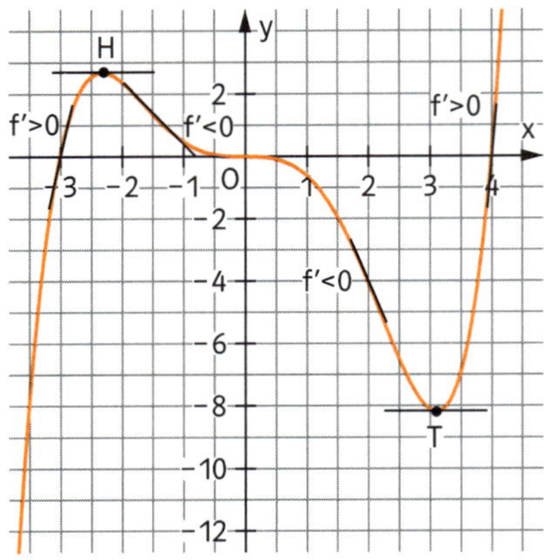

1 Untersuchen Sie die Funktion f mit $f(x) = x^3 + 3x^2 + 4$ auf lokale Extremstellen.
$f'(x) =$ ____________________

Bestimmung der Nullstellen von f′: ____________ ; $x_1 =$ ______ ; $x_2 =$ ______

x-Wert in einer Umgebung von x_1, links von x_1: ____ x-Wert in einer Umgebung von x_1, rechts von x_1: ____

Ableitung an dieser Stelle: ________ Ableitung an dieser Stelle: ________

f′ hat bei x_1 einen Vorzeichenwechsel von ☐ + nach − ☐ − nach +
f hat also bei x_1 ein ☐ lokales Maximum ☐ lokales Minimum

x-Wert in einer Umgebung von x_2, links von x_2: ____ x-Wert in einer Umgebung von x_2, rechts von x_2: ____

Ableitung an dieser Stelle: ________ Ableitung an dieser Stelle: ________

f′ hat bei x_2 einen Vorzeichenwechsel von ☐ + nach − ☐ − nach +
f hat also bei x_2 ein ☐ lokales Maximum ☐ lokales Minimum

2 Bestimmen Sie alle lokalen Extremstellen der Funktion f.
a) $f(x) = -0{,}5x^2 + 1$ b) $f(x) = 2x^2 - 6x + 3$ c) $f(x) = -x^3 + x^2 + x$
d) $f(x) = -x^3 + x^2 - x$ e) $f(x) = \frac{1}{4}x^4 - 2x^2$ f) $f(x) = x - 2\sqrt{x}$

3 a) Berechnen Sie für die Funktion f mit $f(x) = x^4 - 4x^3$ die Werte $f'(-1)$, $f'(0)$, $f'(1)$, $f'(3)$ und $f'(4)$.
b) Welche Folgerungen kann man daraus für die Stellen $x_1 = 0$ und $x_2 = 3$ ziehen?

4 Gegeben ist die Funktion f mit $f(x) = -x^4 + 2x^3 + 1$.
a) Bestimmen Sie alle Stellen, die als lokale Extremstellen der Funktion f infrage kommen.
b) Überprüfen Sie, ob an den Stellen aus Teilaufgabe a) ein lokales Maximum, ein lokales Minimum oder keine Extremstelle vorliegt.

5 Bestimmen Sie mithilfe des Rechners näherungsweise die lokalen Extremstellen und Extremwerte der Funktion f.
a) $f(x) = x^3 - 3x^2;\ x \in [-2; 3]$ b) $f(x) = \frac{x+2}{x^2+1};\ x \in \mathbb{R}$ c) $f(x) = 0{,}1x^3 - x^2 - 0{,}1x + 1;\ x \in \mathbb{R}$
d) $f(x) = \sin(x) - 2\cos(x);\ x \in [-4; 4]$ e) $f(x) = \frac{\sqrt{x}}{x+2};\ x \in \mathbb{R}^+$

6 Richtig oder falsch? Kreuzen Sie an.

Für eine Funktion f, die auf einem Intervall I abgeleitet werden kann, gilt:

	richtig	falsch
a) Ist x_0 eine lokale Extremstelle, so ist $f'(x_0) = 0$;	☐	☐
b) Ist $f'(x_0) = 0$, so ist x_0 eine lokale Extremstelle von f;	☐	☐
c) Ist $f(x) < 0$ für $x < x_0$ und $f(x) > 0$ für $x > x_0$, so liegt bei x_0 ein lokales Minimum vor;	☐	☐
d) Ist $f'(x) < 0$ für $x < x_0$ und $f'(x) > 0$ für $x > x_0$, so liegt bei x_0 ein lokales Minimum vor;	☐	☐
e) Ist $f(x_0) < 0$, so kann bei x_0 kein lokales Maximum vorliegen;	☐	☐
f) An einer Stelle mit einem lokalen Maximum wechselt f' das Vorzeichen.	☐	☐

7 Ordnen Sie jeder der Eigenschaften A bis D einen passenden Graphen von f aus den Grafiken 1 bis 6 zu.

f ist im Intervall [0; 2] streng monoton wachsend.	f hat im Intervall [0; 2] genau ein lokales Minimum und ein lokales Maximum.	f' ist im Intervall [0; 2] streng monoton wachsend.	Im Intervall [−2; 0] gilt: f'(x) > 0 und f'(x) nimmt monoton zu.
A: Graph ______	B: Graph ______	C: Graph ______	D: Graph ______

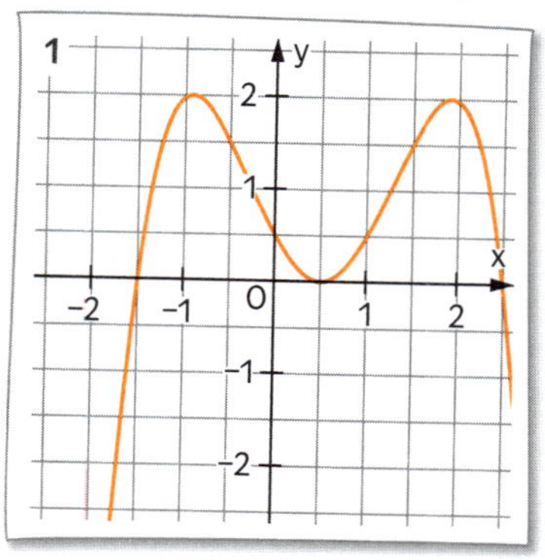

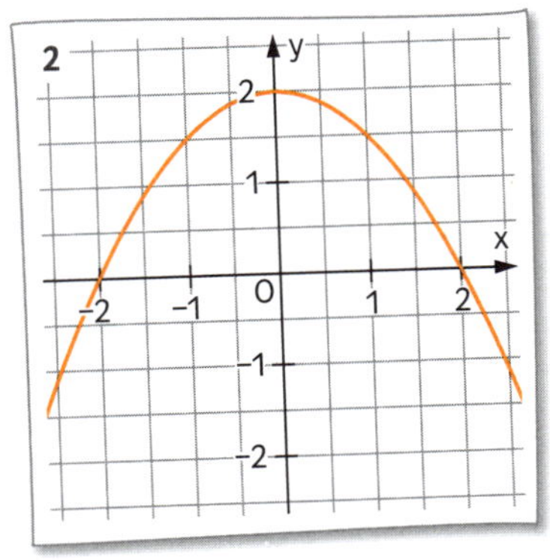

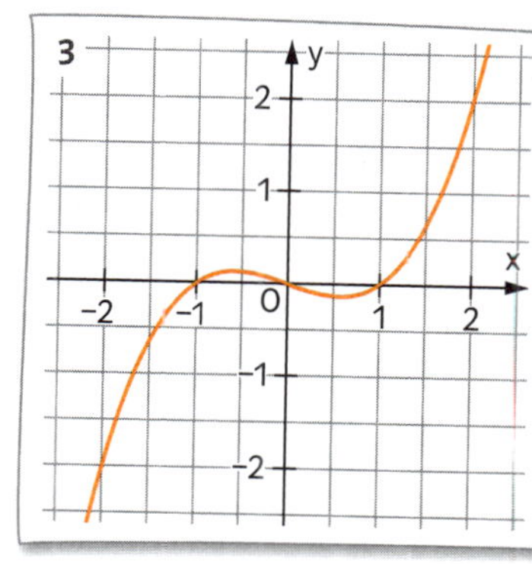

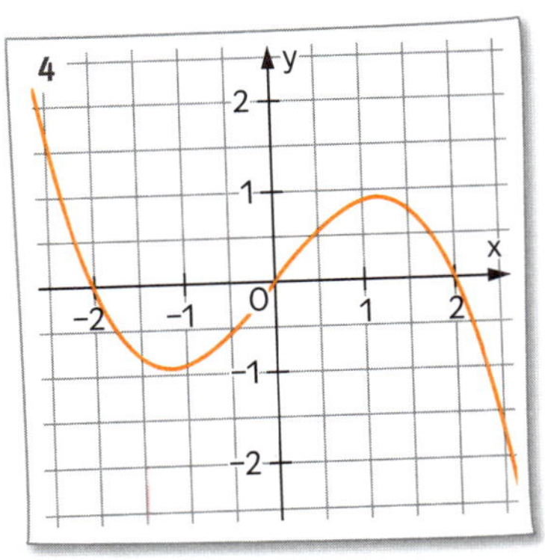

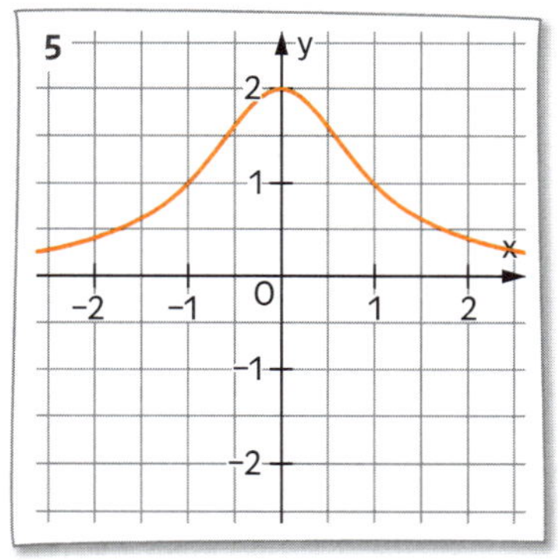

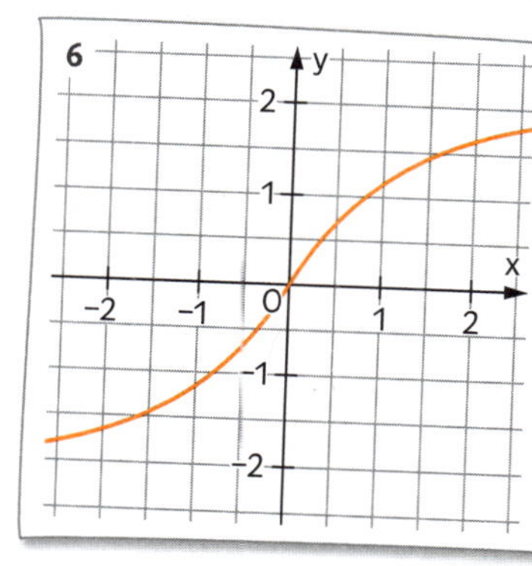

8 Gegeben ist der Graph der Ableitungsfunktion f' einer Funktion f.
Lesen Sie, soweit das möglich ist, daraus ab:

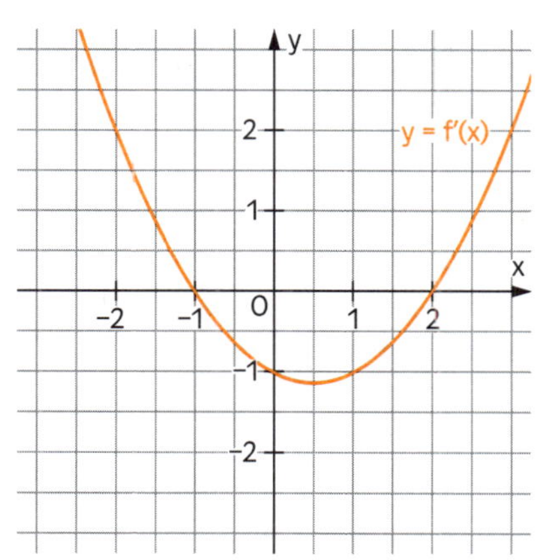

a) die Stelle des lokalen Maximums von f: ______________________;

b) die Stelle des lokalen Minimums von f: ______________________;

c) die Stelle, an der f' am kleinsten ist: ______________________;

d) das Vorzeichen von f an der Stelle 0: ______________________;

e) das Vorzeichen von f' an der Stelle 0: ______________________;

f) die Intervalle, in denen f streng monoton wachsend ist:

____;

g) die Intervalle, in denen f' streng monoton wachsend ist:

____.

Zu einer vollständigen Funktionsuntersuchung bei ganzrationalen Funktionen wie $f(x) = x^3 - 12x^2 + 45x - 54$ gehören folgende Punkte:

1. Symmetriebetrachtung
Ist $f(-x) = f(x)$ oder $f(-x) = -f(x)$? Dann ist der Graph von f achsensymmetrisch zur y-Achse bzw. punktsymmetrisch zum Ursprung. Dies ist der Fall, wenn nur gerade Exponenten bzw. nur ungerade Exponenten im Funktionsterm vorkommen.

f(x) hat sowohl gerade als auch ungerade Exponenten, der Graph weist also keine einfache Symmetrie auf.

2. Schnittpunkte mit
der y-Achse: $S(0 \mid f(0))$
der x-Achse: Lösen der Gleichung $f(x) = 0$

$f(0) = -54$, $S(0 \mid -54)$
$x^3 - 12x^2 + 45x - 54 = 0$ für $x_1 = 3$ und $x_2 = 6$.
Die Schnittpunkte sind also $N_1(3 \mid 0)$ und $N_2(6 \mid 0)$.

3. Verhalten für $x \to \pm\infty$
Betrachten des Summanden mit der höchsten Potenz von x.

Für $x \to +\infty$ gilt $x^3 \to +\infty$ und damit $f(x) \to +\infty$.
Für $x \to -\infty$ gilt $x^3 \to -\infty$ und damit $f(x) \to -\infty$.

4. Extremwerte
Lösen der Gleichung $f'(x) = 0$. Untersuchen, ob f' dann an diesen Nullstellen einen Vorzeichenwechsel hat. Wechselt f' sein Vorzeichen von + nach −, liegt ein lokales Maximum vor, wechselt das Vorzeichen von − nach +, so liegt ein lokales Minimum vor.

$f'(x) = 3x^2 - 24x + 45$
$f'(x) = 0$ für $x_1 = 3$ und $x_2 = 5$
Für $x < 3$ ist $f'(x) > 0$, für $3 < x < 5$ ist $f'(x) < 0$.
f nimmt bei $x = 3$ also ein Maximum an: $H(3 \mid 0)$.
Für $x > 5$ ist $f'(x) > 0$, f nimmt also bei $x = 5$ ein Minimum an: $T(5 \mid -4)$.

5. Monotonie
Zwischen den Extremstellen liegen die Monotoniebereiche von f.

Für $x < 3$ und für $x > 5$ ist f streng monoton zunehmend, für $3 < x < 5$ ist f streng monoton abnehmend.

1 Führen Sie eine vollständige Funktionsuntersuchung für die Funktion f mit $f(x) = x^2(3 - x)$ durch. Füllen Sie die Lücken aus und skizzieren Sie dann den Graphen von f ins gezeichnete Koordinatensystem.

1. Nach Ausmultiplizieren erhält man $f(x) =$ ____________. Da f(x) sowohl ____________ als auch ____________ Exponenten hat, liegt beim Graphen von f keine einfache Symmetrie vor.

2. Aus der Produktdarstellung von f(x) lassen sich die Nullstellen sofort ablesen: $x_1 =$ ____________ und $x_2 =$ ____________. Der Schnittpunkt mit der y-Achse ist $S(0 \mid$ ____ $)$.

3. Der Summand mit dem höchsten Exponenten ist $-x^3$. Für $x \to +\infty$ gilt $-x^3 \to$ ____________ und damit $f(x) \to$ ____________, für $x \to -\infty$ gilt $-x^3 \to$ ____________ und damit $f(x) \to$ ____________.

4. $f'(x) =$ ____________. $f'(x) = 0$ für $x_3 =$ ____________ und $x_4 =$ ____________. Für $x < 0$ ist $f'(x)$ ____________ 0, für $0 < x <$ ____ ist $f'(x)$ ____________ 0. f nimmt bei $x = 0$ ein ____________ mit dem Wert ____________ an. Für $x > 2$ ist $f'(x)$ ____________ 0. Da für $0 < x < 2$ gilt: $f'(x) > 0$, nimmt f bei $x = 2$ ein ____________ mit dem Wert ____________ an.

5. Für $x < 0$ und für $x > 2$ ist der Graph von f streng monoton ____________, für $0 < x < 2$ hingegen streng monoton ____________.

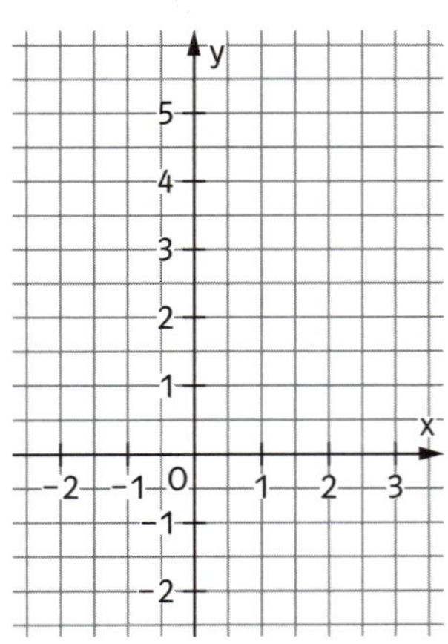

2 Führen Sie eine vollständige Funktionsuntersuchung für die Funktion f mit $f(x) = x^3(x - 2)$ durch und skizzieren Sie aus den errechneten Eigenschaften einen möglichen Graphen.

3 Bei den folgenden Funktionsuntersuchungen von f passen nicht alle Eigenschaften zusammen. Welche der berechneten Eigenschaften könnten falsch berechnet worden sein? Versuchen Sie, einen Graphen von f zu skizzieren, indem Sie die Eigenschaften einzeichnen.
a) Der Graph von f ist punktsymmetrisch zum Ursprung, er schneidet die y-Achse bei $x = 0$, Nullstellen von f sind −3; 0 und 3, es liegen keine Extremstellen vor, für $x \to +\infty$ gilt $f(x) \to +\infty$ und für $x \to -\infty$ gilt $f(x) \to -\infty$.
b) Der Graph von f ist nicht symmetrisch, er schneidet die y-Achse bei $x = 0$, Nullstellen von f sind 0; 3 und 6, T(1 | −1,2) ist der Tiefpunkt, H(3 | 0) der Hochpunkt, für $x \to \pm\infty$ gilt $f(x) \to +\infty$.

Untersucht man eine gebrochen rationale Funktion wie $f(x) = \frac{3x}{x^2 + x - 6}$, muss man zusätzlich zu den oben genannten Punkten noch den **Definitionsbereich** bestimmen und das Verhalten der Funktion an **Definitionslücken** untersuchen:
Definitionsbereich: Der Nenner von f wird Null für $x_1 = -3$ und $x_2 = 2$, daher ist der Definitionsbereich $D = \mathbb{R}\setminus\{-3; 2\}$

Verhalten von f an der Stelle $x_1 = -3$:
Für $x \to -3$, $x < -3$ ist der Zähler von f negativ, der Nenner positiv, daher gilt: $f(x) \to -\infty$.
Für $x \to -3$, $x > -3$ ist der Zähler von f negativ, der Nenner negativ, daher gilt: $f(x) \to +\infty$.

Verhalten von f an der Stelle $x_2 = 2$:
Für $x \to 2$, $x < 2$ ist der Zähler von f positiv, der Nenner negativ, daher gilt: $f(x) \to -\infty$.
Für $x \to 2$, $x > 2$ ist der Zähler von f positiv, der Nenner positiv, daher gilt: $f(x) \to +\infty$.
Der Graph von f hat also an den Definitionslücken jeweils eine senkrechte Asymptote.

Das Verhalten für $x \mapsto \pm\infty$ unterscheidet die gebrochen rationalen von den ganzrationalen Funktionen. Hierbei ist das Verhältnis von Zählergrad und Nennergrad relevant:
Ist der Nennergrad kleiner als der Zählergrad, ist die **x-Achse** ($y = 0$) **waagrechte Asymptote**.
Ist der Nennergrad gleich groß wie der Zählergrad, existiert eine von der x-Achse verschiedene waagrechte Asymptote.
Ist der Zählergrad um 1 größer als der Nennergrad, existiert eine **schräge Asymptote**. In allen anderen Fällen existiert keine Asymptote.

Der Graph von f hat also die x-Achse als waagrechte Asymptote.

4 Ordnen Sie den gebrochen rationalen Funktionen jeweils den Definitionsbereich und die Gleichungen der waagrechten, senkrechten und schrägen Asymptoten zu.

	a) $f(x) = \frac{3x^2}{(x-2)(x+3)}$	b) $g(x) = \frac{3x^2 + x}{x^2 - 2x + 6}$	c) $h(x) = \frac{x^3}{x^2 - 5x - 14}$	d) $h(x) = \frac{1}{x^2 + x - 2}$
Definitionsbereich				
Senkrechte Asymptoten				
Waagrechte/ schräge Asymptoten				

$D_1 = \mathbb{R}\setminus\{-2; 1\}$ $D_2 = \mathbb{R}\setminus\{3\}$ $D_3 = \mathbb{R}\setminus\{-3; 2\}$ $D_4 = \mathbb{R}\setminus\{-2; 7\}$ $D_5 = \mathbb{R}$ $D_6 = \mathbb{R}\setminus\{-3; 7\}$

$x = -2$ $y = 0$ $x = 3$ $x = 1$ $y = 3$ $x = 5$ $x = -3$ $y = 2x$ $y = x + 5$ $x = 2$ $y = 2$ $x = 7$

1 Bestimmen Sie für die Funktion f möglichst große Bereiche, in denen f streng monoton zunehmend bzw. streng monoton abnehmend ist.

a) $f(x) = x^2 - 4x$ b) $f(x) = \frac{1}{6}x^3 - \frac{1}{4}x^2 - 6x + 1$ c) $f(x) = \sqrt{x} - x$ für $x \geq 0$

2 Bestimmen Sie zunächst ohne Rechner die Extrempunkte des Graphen der Funktion f. Kontrollieren Sie anschließend Ihr Ergebnis mit dem Rechner.

a) $f(x) = 3x^2 - x^3$ b) $f(x) = 2x^3 - 9x^2 + 12x + 4$ c) $f(x) = 9x + \frac{1}{x}$

3 Bestimmen Sie für die Funktion f mit $f(x) = \frac{1}{8}x^4 - \frac{3}{4}x^3 + \frac{3}{2}x^2$ die Nullstellen und die Hoch- und Tiefpunkte. Geben Sie zudem die Bereiche an, in denen f streng monoton zunehmend bzw. streng monoton abnehmend ist.

4 Richtig oder falsch? Kreuzen Sie an.

Für eine Funktion f, die in einem Intervall I abgeleitet werden kann, gilt:

	richtig	falsch
a) Ist $f'(x_0) \neq 0$, so kann x_0 keine lokale Extremstelle von f sein.	☐	☐
b) Ist $f'(x) < 0$ für alle $x \in [2; 4]$, so ist $f(4) < f(2)$.	☐	☐
c) Eine Tangente an den Graphen einer Funktion f hat mit diesem Graphen immer nur einen Punkt gemeinsam.	☐	☐

5 Die nebenstehende Abbildung zeigt den Graphen der Funktion f im Intervall [−2; 4]. Lesen Sie daraus näherungsweise ab:

a) $f(0) =$ ______________; b) $f'(0) =$ ______________;

c) das Vorzeichen von $f''(0)$: $f''(0)$ ist ____ als null.

d) das Intervall, in dem $f'(x) \leq 0$ ist: I = [____; ____];

e) die Stelle, an der f ein lokales Minium hat: $x_0 =$ _____;

f) die Koordinaten des lokalen Tiefpunkts: (____ | ____);

g) die Stelle, an der f ein lokales Maximum hat: $x_1 =$ ____;

h) die Koordinaten des lokalen Hochpunkts: (____ | ____);

i) den Wert des globalen Maximums: _____;

j) den Wert des globalen Minimums: _____.

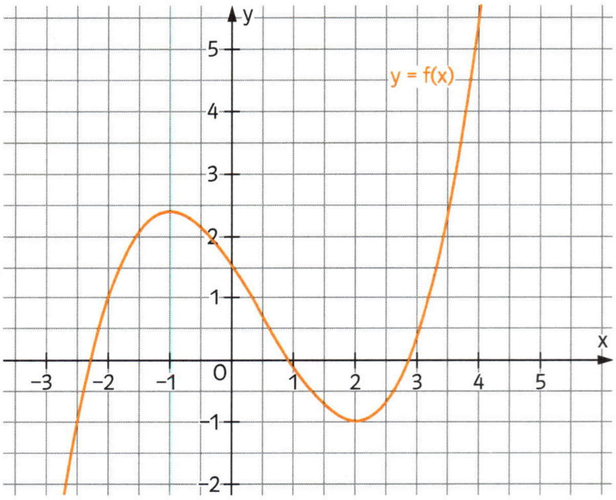

6 Gegeben ist eine Funktion f mit $f(x) = -\frac{1}{2}x^2 \cdot (x + 4)$.

Führen Sie eine vollständige Kurvenuntersuchung durch:

(1) Definitionsbereich und Wertebereich angeben
(2) Angabe zur Symmetrie
(3) Schnittpunkte mit den Koordinatenachsen bestimmen
(4) Verhalten im Unendlichen bestimmen
(5) Lokale Extrempunkte berechnen
(6) Graph skizzieren

7 Beim schiefen Wurf eines Körpers (ohne Luftreibung) unter einem Winkel von 60° wurde bei einem Experiment die Höhe h über einer waagrechten Betonfläche in Abhängigkeit von der Zeit mit der Formel $h = 1 + 50t - 5t^2$ (h in m, t in s) ermittelt.

a) Welche maximale Höhe erreicht der Körper?
b) Wie lange befindet er sich in mindestens 30 m Höhe?
c) Welche Anfangsgeschwindigkeit hat der Körper und wie ist seine Geschwindigkeit nach 3 Sekunden?
d) Nach wie viel Sekunden trifft er auf der Betonfläche auf und welche Geschwindigkeit hat er dabei?

Das dreidimensionale Koordinatensystem

Um die Lage eines Punktes P im Raum zu beschreiben, benötigt man drei **Koordinaten**.

P(2 | 3 | 4) hat die x_1-Koordinate 2, die x_2-Koordinate 3 und die x_3-Koordinate 4.

Der Punkt Q hat die Koordinaten (−3 | −2 | 3).

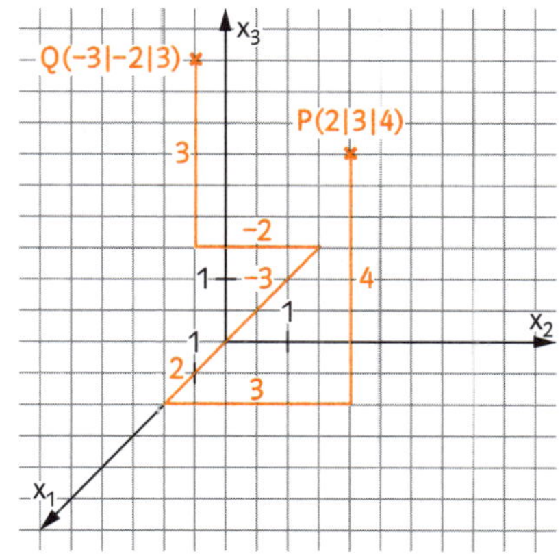

1 Tragen Sie folgende Punkte samt Hilfslinien in ein geeignetes Koordinatensystem ein:
A(3 | 2 | 1), B(−1 | 2 | 3), C(−1 | −2 | 4), D(−2 | −4 | −3).

2 Im Koordinatensystem sind die Punkte A, B und C eingetragen. Ohne Hilfslinien lassen sich die Koordinaten dieser Punkte nicht eindeutig ablesen.

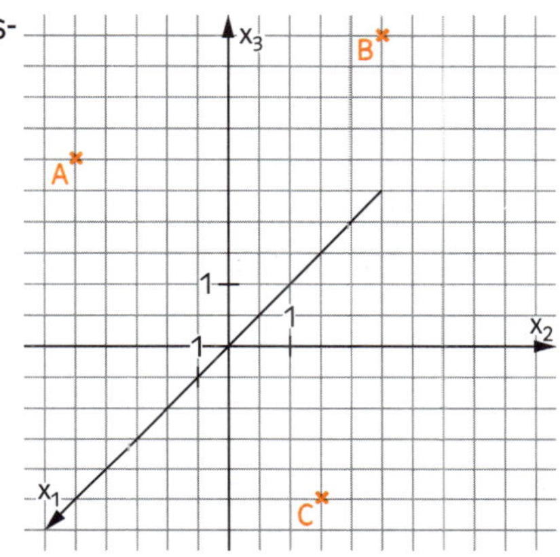

a) Kreuzen Sie für A, B und C jeweils an, wenn die Punkte die angegebenen Koordinaten haben können.

☐ A(2 | −1,5 | 4) ☐ A(−2 | −3 | 2) ☐ A(0 | −2,5 | 3) ☐ A(4 | 3 | 3)
☐ B(0 | 2,5 | 5) ☐ B(−5 | 0 | 2,5) ☐ B(3 | 4 | 6) ☐ B(5 | 5 | 7,5)
☐ C(5 | 4 | 0) ☐ C(2 | 3 | −1,5) ☐ C(−1 | 1 | −3) ☐ C(0 | 3 | −2)

b) Füllen Sie die Lücken so aus, dass die Koordinaten mit der Lage der Punkte A, B und C übereinstimmen.

A(1 | ▢ | ▢) A(▢ | 0 | ▢) A(▢ | ▢ | 1)
B(−4 | ▢ | ▢) B(4 | ▢ | ▢) B(▢ | 5 | ▢)
C(▢ | ▢ | 0)

3 Eine rechteckige (nicht regelmäßige) Pyramide, deren Grundflächenkanten parallel zu den Koordinatenachsen liegen, ist drei Einheiten hoch. Zwei gegenüberliegende Eckpunkte sind A(2 | 1 | 0) und C(4 | 4 | 0), die Spitze hat die Koordinaten S(1 | 1 | ?).

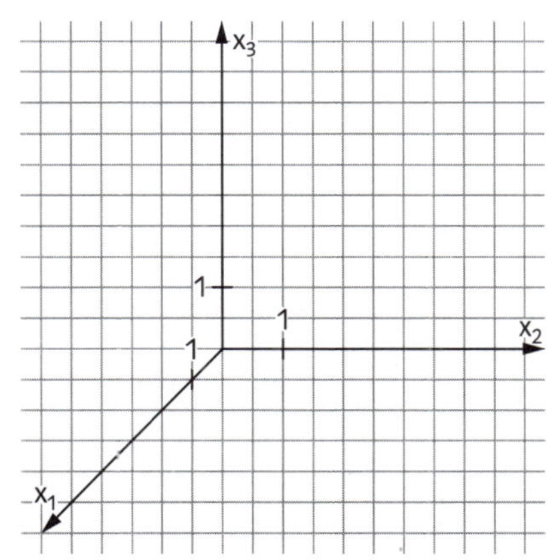

a) Zeichnen Sie die Punkte ins Koordinatensystem und ergänzen Sie diese zu der verlangten Pyramide.

b) Geben Sie die Koordinaten der beiden anderen Eckpunkte B und D sowie die dritte Koordinate der Pyramidenspitze S an:

B(▢ | ▢ | ▢), D(▢ | ▢ | ▢), S(1 | 1 | ▢)

4 In einem Koordinatensystem liegt ein Würfel der Kantenlänge 5. Geben Sie mögliche Koordinaten für die Eckpunkte an, wenn die Grundfläche des Würfels in der x_1x_2-Ebene liegt und folgende Bedingungen erfüllt:
a) der Ursprung (0 | 0 | 0) ist eine Ecke des Würfels und keine Ecke hat eine negative x_2-Koordinate.
b) der Ursprung ist eine Ecke des Würfels und alle Ecken haben x_1-Koordinaten, die nicht positiv sind.
c) der Ursprung liegt in der Mitte der Grundfläche des Würfels.

5 Wo liegen alle Punkte …
a) … deren x_2-Koordinate null beträgt?
b) … deren x_1-Koordinate 2 beträgt?
c) … deren x_3-Koordinate null und gleichzeitig die x_1-Koordinate 1 beträgt?

Mithilfe von **Vektoren** lassen sich unter anderem **Richtungen** beschreiben. Zum Beispiel beschreibt der Vektor $\begin{pmatrix}1\\3\\2\end{pmatrix}$ die Richtung $\overrightarrow{AB}$ vom Ausgangspunkt A(2 | 3 | 4) zum Zielpunkt B(3 | 6 | 6). Er beschreibt aber auch die Richtung von C(−2 | 3 | 0) nach D(−1 | 6 | 2). Man sagt: $\overrightarrow{AB}$ und $\overrightarrow{CB}$ sind **Repräsentanten** des Vektors $\begin{pmatrix}1\\3\\2\end{pmatrix}$. Allgemein erhält man die Komponenten von $\overrightarrow{AB}$, wenn man die Differenz der Koordinaten von B und A bildet:

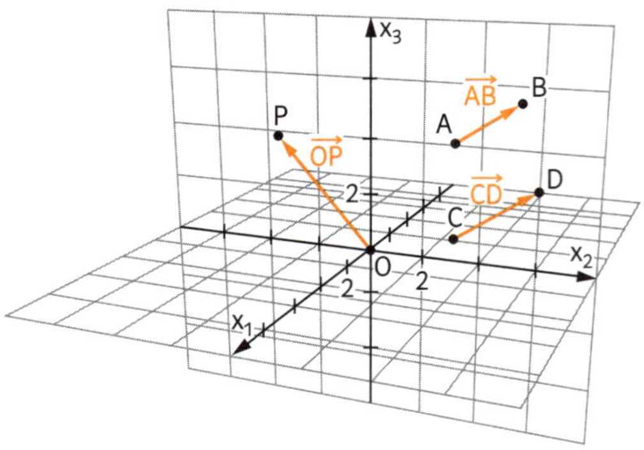

$\overrightarrow{AB} = \begin{pmatrix}b_1 - a_1\\b_2 - a_2\\b_3 - a_3\end{pmatrix}$, hier ist also $\overrightarrow{AB} = \begin{pmatrix}3-2\\6-3\\6-4\end{pmatrix} = \begin{pmatrix}1\\3\\2\end{pmatrix}$ bzw. $\overrightarrow{CD} = \begin{pmatrix}-1-(-2)\\6-3\\2-0\end{pmatrix} = \begin{pmatrix}1\\3\\2\end{pmatrix}$

Der Vektor $\overrightarrow{BA} = \begin{pmatrix}-1\\-3\\-2\end{pmatrix}$ heißt **Gegenvektor zu $\overrightarrow{AB}$**.

Ist der Ausgangspunkt eines Vektors der Ursprung O(0 | 0 | 0) des Koordinatensystems, so zeigt der Vektor $\overrightarrow{OP}$ zum Punkt P hin. Man nennt $\overrightarrow{OP}$ dann den **Ortsvektor von P** und kürzt ihn mit $\vec{P}$ ab.

Seine Komponenten sind dieselben Zahlen wie die Koordinaten von P. So ist $\vec{P} = \overrightarrow{OP} = \begin{pmatrix}1\\-3\\4\end{pmatrix}$ der Ortsvektor zum Punkt P(1 | −3 | 4).

Bemerkung: Vektoren $\overrightarrow{PQ}$ bezeichnet man oft auch mit kleinen Buchstaben, z. B. $\vec{c} = \overrightarrow{PQ}$.

1 Tragen Sie den Ortsvektor $\vec{P} = \begin{pmatrix}1\\2\\3\end{pmatrix}$ ins Koordinatensystem ein und zwei weitere Vektoren mit denselben Koordinaten sowie einen Gegenvektor dazu.

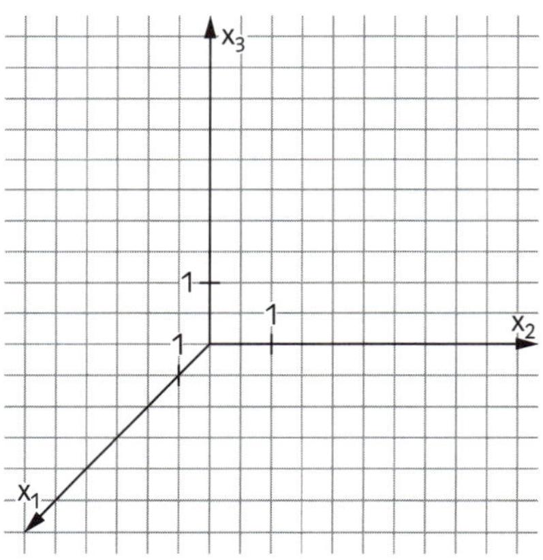

2 Bestimmen Sie den Vektor $\overrightarrow{AB}$ und geben Sie jeweils den Gegenvektor an.

a) A(2 | 3 | 4), B(5 | 4 | 5): $\overrightarrow{AB} = \begin{pmatrix}\square\\\square\\\square\end{pmatrix}$, Gegenvektor $\begin{pmatrix}\square\\\square\\\square\end{pmatrix}$
b) A(3 | 3 | 1), B(2 | 1 | 0): $\overrightarrow{AB} = \begin{pmatrix}\square\\\square\\\square\end{pmatrix}$, Gegenvektor $\begin{pmatrix}\square\\\square\\\square\end{pmatrix}$

c) A(3 | 1 | 2), B(2 | −2 | −4): $\overrightarrow{AB} = \begin{pmatrix}\square\\\square\\\square\end{pmatrix}$, Gegenvektor $\begin{pmatrix}\square\\\square\\\square\end{pmatrix}$
d) A(4 | −3 | −1), B(2 | −2 | −2): $\overrightarrow{AB} = \begin{pmatrix}\square\\\square\\\square\end{pmatrix}$, Gegenvektor $\begin{pmatrix}\square\\\square\\\square\end{pmatrix}$

3 a) Bestimmen Sie die Koordinaten von B, wenn der Punkt A(0 | −1 | 2) und der Vektor $\overrightarrow{AB} = \begin{pmatrix}3\\3\\3\end{pmatrix}$ gegeben sind.

b) Bestimmen Sie die Koordinaten von A, wenn der Punkt B(2 | 0 | 3) und der Vektor $\overrightarrow{AB} = \begin{pmatrix}3\\3\\3\end{pmatrix}$ gegeben sind.

4 Zu welchem Punkt ist $\vec{P} = \begin{pmatrix} 3 \\ -4 \\ 2 \end{pmatrix}$ der Ortsvektor?

5 Verbinden Sie die geeigneten Punkte A und B mit einem passenden Vektor.

A(2 | 0 | −1)	B(5 | 2 | 2)	A(5 | −1 | −1)	$\overrightarrow{AB} = \begin{pmatrix} 0 \\ 0 \\ 0 \end{pmatrix}$
$\overrightarrow{BA} = \begin{pmatrix} -2 \\ 0 \\ -1 \end{pmatrix}$	$AB = \begin{pmatrix} -2 \\ 0 \\ -1 \end{pmatrix}$	B(4 | 0 | 0)	A(3 | 3 | 3)
B(3 | −1 | −2)	A(5 | 2 | 2)	$\overrightarrow{BA} = \begin{pmatrix} -1 \\ -1 \\ -2 \end{pmatrix}$	B(4 | 4 | 5)

6 Füllen Sie die Lücken passend aus.

a) $A(\square \mid 2 \mid 2)$, $B(3 \mid \square \mid -1)$, $\overrightarrow{AB} = \begin{pmatrix} 1 \\ 5 \\ \square \end{pmatrix}$

b) $A(-1 \mid \square \mid -4)$, $B(1 \mid 3 \mid \square)$, $\overrightarrow{BA} = \begin{pmatrix} \square \\ 0 \\ 1 \end{pmatrix}$

7 Ein Trapez ABCD ist ein Viereck, bei dem zwei Seiten zueinander parallel sind. Bei einem Parallelogramm sind jeweils einander gegenüberliegende Seiten parallel. Untersuchen Sie, ob die vier Punkte A, B, C und D ein Trapez oder sogar ein Parallelogramm bilden.

a) A(2 | 1 | 3), B(4 | 5 | −1), C(3 | 3 | 0), D(1 | −1 | 4):

$\overrightarrow{AB} = \begin{pmatrix} \square \\ \square \\ \square \end{pmatrix}$, $\overrightarrow{BC} = \begin{pmatrix} \square \\ \square \\ \square \end{pmatrix}$, $\overrightarrow{CD} = \begin{pmatrix} \square \\ \square \\ \square \end{pmatrix}$, $\overrightarrow{DA} = \begin{pmatrix} \square \\ \square \\ \square \end{pmatrix}$

Viereck ABCD ist ein ______________________________

b) A(3 | 1 | 2), B(7 | −1 | 8), C(3 | 3 | 0), D(1 | 4 | −3):

$\overrightarrow{AB} = \begin{pmatrix} \square \\ \square \\ \square \end{pmatrix}$, $\overrightarrow{BC} = \begin{pmatrix} \square \\ \square \\ \square \end{pmatrix}$, $\overrightarrow{CD} = \begin{pmatrix} \square \\ \square \\ \square \end{pmatrix}$, $\overrightarrow{DA} = \begin{pmatrix} \square \\ \square \\ \square \end{pmatrix}$

Viereck ABCD ist ein ______________________________

c) Begründen Sie mithilfe der auszurechnenden Vektoren, dass das Viereck ABCD mit A(−3 | 4 | 0), B(−2 | −4 | 8), C(3 | 2 | 2) und D(1 | −1 | 4) weder ein Parallelogramm noch ein Trapez ist.

$\overrightarrow{AB} = \begin{pmatrix} \square \\ \square \\ \square \end{pmatrix}$, $\overrightarrow{BC} = \begin{pmatrix} \square \\ \square \\ \square \end{pmatrix}$, $\overrightarrow{CD} = \begin{pmatrix} \square \\ \square \\ \square \end{pmatrix}$, $\overrightarrow{DA} = \begin{pmatrix} \square \\ \square \\ \square \end{pmatrix}$, $\overrightarrow{AC} = \begin{pmatrix} \square \\ \square \\ \square \end{pmatrix}$, $\overrightarrow{BD} = \begin{pmatrix} \square \\ \square \\ \square \end{pmatrix}$

Begründung: ____

d) Zeigen Sie, dass das Viereck aus den Punkten A(4 | 0 | 1), B(0 | 5 | 6), C(−2 | 1 | 3) und D(6 | 4 | 4) ein Parallelogramm ist.

e) Bestimmen Sie den Punkt D so, dass das Viereck ABCD mit A(4 | 2 | −3), B(1 | 0 | 5) und C(−3 | 6 | 7) ein Parallelogramm ist.

f) Bestimmen Sie einen Punkt C so, dass das Viereck ABCD mit A(3 | 3 | 0), B(6 | 5 | 0) und D(4 | 6 | 0) ein Trapez aber kein Parallelogramm ist.

Addition und Subtraktion von Vektoren

Gegeben sind die Punkte P(2 | 1 | 0), Q(3 | 2 | −1) und R(−1 | 0 | 2)

(a) Die **Summe der Vektoren** $\vec{a} = \overrightarrow{PQ} = \begin{pmatrix} 1 \\ 1 \\ -1 \end{pmatrix}$ und $\vec{b} = \overrightarrow{QR} = \begin{pmatrix} -4 \\ -2 \\ 3 \end{pmatrix}$ berechnet man, indem man die einzelnen Komponenten der Vektoren addiert. Sie beträgt $\vec{a} + \vec{b} = \begin{pmatrix} 1 + (-4) \\ 1 + (-2) \\ -1 + 3 \end{pmatrix} = \begin{pmatrix} -3 \\ -1 \\ 2 \end{pmatrix} = \overrightarrow{PR}$.

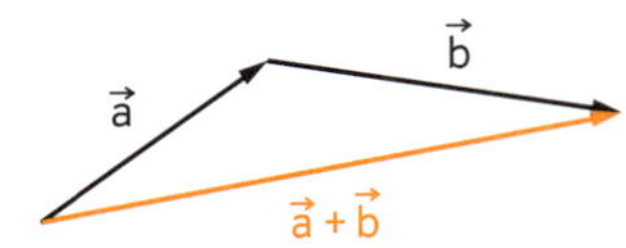

(b) Analog erhält man die Komponenten des **Differenzvektors** $\vec{a} - \vec{b}$:

$$\vec{a} - \vec{b} = \begin{pmatrix} 1 - (-4) \\ 1 - (-2) \\ -1 - 3 \end{pmatrix} = \begin{pmatrix} 5 \\ 3 \\ -4 \end{pmatrix}$$

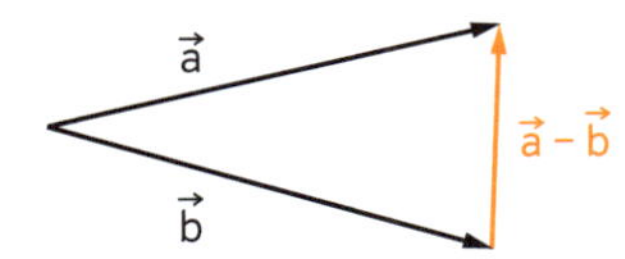

1 Gegeben sind der Ursprung O des Koordinatensystems, die Punkte A(1 | 1 | 0), B(2 | −2 | 5), C(1 | 0 | 0) und D(2 | 4 | −3) sowie die Vektoren $\vec{a} = \overrightarrow{AB}$, $\vec{b} = \overrightarrow{OB}$ und $\vec{c} = \overrightarrow{CD}$. Berechnen Sie folgende Linearkombinationen:

a) $\vec{a} + \vec{b} =$ ______

b) $\vec{c} - \vec{a} =$ ______

c) $\vec{b} - \vec{a} - \vec{c} =$ ______

2 Kreuzen Sie an, welche der Aussagen über die Vektoren $\vec{a} = \overrightarrow{PQ}$, $\vec{b} = \overrightarrow{PR}$, $\vec{c} = \overrightarrow{SR}$, $\vec{p} = \overrightarrow{RQ}$, $\vec{q} = \overrightarrow{SQ}$ und $\vec{r} = \overrightarrow{PS}$ wahr bzw. falsch sind:

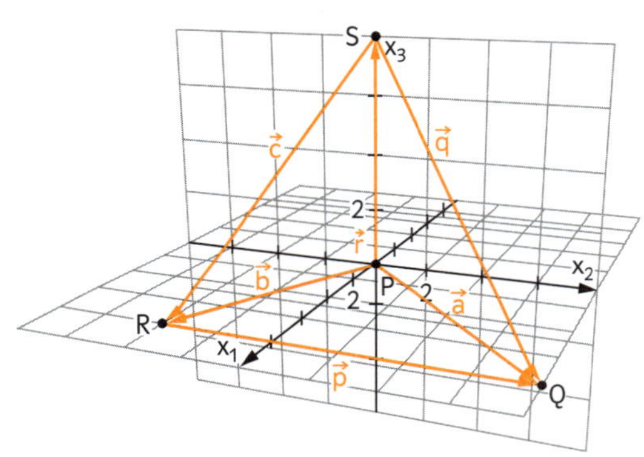

	wahr	falsch
$\vec{r} + \vec{q} = \vec{a}$	☐	☐
$\vec{p} = -\vec{b} + \vec{r} + \vec{q}$	☐	☐
$\vec{a} - \vec{p} - \vec{c} = \vec{r}$	☐	☐
$\vec{q} - \vec{p} + \vec{c} = \vec{0}$	☐	☐

3 Q ist der Punkt, der sich ergibt, wenn man den Punkt P am Punkt A spiegelt. Berechnen Sie jeweils die Koordinaten des fehlenden Punktes.

a) P(2 | 4 | 3), A(0 | 2 | −1): $\vec{q} =$ ______ Q(| |)

b) A(2 | 9 | −3), Q(−1 | 0 | 3): $\vec{p} =$ ______ P(| |)

Multiplikation eines Vektors mit einer Zahl (S-Multiplikation)

(a) Das Vierfache des Vektors $\vec{a} = \begin{pmatrix} 1 \\ 1 \\ -1 \end{pmatrix}$ berechnet man, indem man jede Komponente des Vektors vervierfacht: $4 \cdot \vec{a} = 4 \cdot \begin{pmatrix} 1 \\ 1 \\ -1 \end{pmatrix} = \begin{pmatrix} 4 \cdot 1 \\ 4 \cdot 1 \\ 4 \cdot (-1) \end{pmatrix} = \begin{pmatrix} 4 \\ 4 \\ -4 \end{pmatrix}$

(b) Eine Summe bzw. Differenz von Vielfachen von Vektoren nennt man **Linearkombination**. So sind $2\vec{a} + 3\vec{b}$ bzw. $\vec{a} - 2\vec{b}$ Linearkombinationen der Vektoren $\vec{a}$ und $\vec{b}$.

1 Gegeben sind der Ursprung O des Koordinatensystems, die Punkte A(1|1|0), B(2|−2|5), C(1|0|0) und D(2|4|−3) sowie die Vektoren $\vec{a} = \overrightarrow{AB}$, $\vec{b} = \overrightarrow{OB}$ und $\vec{c} = \overrightarrow{CD}$. Berechnen Sie folgende Linearkombinationen:

a) $2\vec{a} + \vec{b} =$ ______

b) $\frac{1}{2}\vec{c} - 3\vec{a} =$ ______

c) $-\vec{a} + 3\vec{b} - 2\vec{c} =$ ______

2 Vereinfachen Sie folgende Ausdrücke und berechnen Sie diese für $\vec{a} = \begin{pmatrix} -1 \\ 2 \\ -4 \end{pmatrix}$, $\vec{b} = \begin{pmatrix} 1 \\ -5 \\ 3 \end{pmatrix}$ und $\vec{c} = \begin{pmatrix} -5 \\ 7 \\ -1 \end{pmatrix}$.

a) $4(\vec{a} + 2\vec{b}) - 7\vec{b} - \vec{a} =$ ______

b) $(\vec{b} - 2(\vec{b} - \vec{a})) - 2(3\vec{b} - \vec{c} + \vec{a}) =$ ______

Den Ortsvektor der Mitte zwischen zwei Punkten A(2|3|3) und B(4|1|2) erhält man, indem man die Ortsvektoren der Punkte A und B addiert und diese Summe halbiert: $\vec{M} = \frac{1}{2}(\vec{a} + \vec{b})$.

Hier ist $\vec{M} = \frac{1}{2}(\vec{A} + \vec{B}) = \frac{1}{2}\left(\begin{pmatrix} 2 \\ 3 \\ 3 \end{pmatrix} + \begin{pmatrix} 4 \\ 1 \\ 2 \end{pmatrix}\right) = \begin{pmatrix} 3 \\ 2 \\ 2{,}5 \end{pmatrix}$, der Mittelpunkt M der Strecke $\overline{AB}$ hat also die Koordinaten M(3|2|2,5).

3 Berechnen Sie den Ortsvektor des Mittelpunktes der Strecke $\overline{AB}$.

a) A(1|2|4), B(6|5|9) $\vec{M} =$ ______ M(□|□|□)

b) A(2|2|4), B(−4|0|10) $\vec{M} =$ ______ M(□|□|□)

c) A(−2|4|6), B(−8|−8|4) $\vec{M} =$ ______ M(□|□|□)

4 M ist der Mittelpunkt der Strecke AB. Bestimmen Sie jeweils die fehlenden Koordinaten.

a) A(3|−1|4), M(5|0|9), B(□|□|□)

b) A(□|□|□), M(1|0|4), B(3|2|−4)

c) A(4|□|3), B(1|2|□), M(□|−2|−5)

5 M_a(a|b|c), M_b(1,5|2,5|3,5) und M_c(2|3,5|d) seien die Mittelpunkte der Seiten des Dreiecks ABC mit A(1|e|4), B(f|g|9) und C(h|3|i). Bestimmen Sie die Zahlenwerte für a bis i.

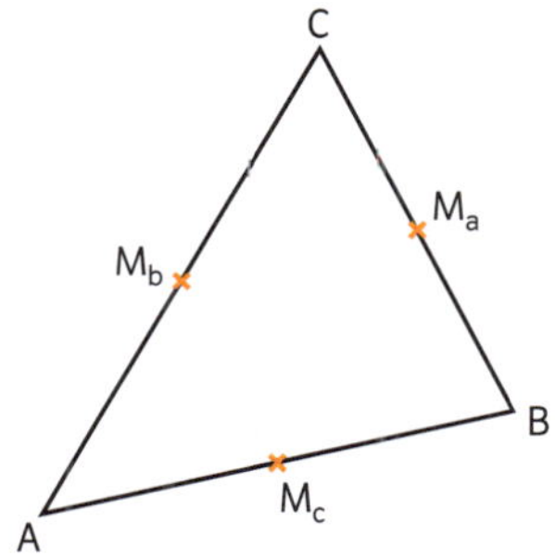

Den **Abstand d** der beiden Punkte A(2 | 1 | 1) und B(3 | 2 | −1) berechnet man mittels
$d = \sqrt{(b_1 - a_1)^2 + (b_2 - a_2)^2 + (b_3 - a_3)^2} = \sqrt{(3-2)^2 + (2-1)^2 + (-1-1)^2} = \sqrt{6}$.

Der Vektor $\overrightarrow{AB} = \begin{pmatrix} 1 \\ 1 \\ -2 \end{pmatrix}$ hat dann den **Betrag d.** Im Beispiel ist also $|\overrightarrow{AB}| = \sqrt{6}$.

1 Berechnen Sie den Abstand der Punkte A und B.

a) A(0 | 0 | 2), B(−1 | 1 | 2) b) A(3 | −2 | 5), B(2 | 2 | 3) c) $A(\sqrt{2} \mid 1 \mid -0{,}4)$, $B\left(0 \mid \frac{1}{2} \mid 0{,}1\right)$

2 d soll der Betrag des Vektors $\overrightarrow{AB}$ sein. Berechnen Sie jeweils die fehlenden Koordinaten der Punkte A und B.

a) A(1 | a | 3), B(2 | 4 | −1), $d = \sqrt{17}$ b) A(2 | 1 | 0), B(b | 0 | 1), $d = \sqrt{6}$ c) A(x | x | 2), B(1 | x | 5), d = 5

a = ________ b = ________ x = ________

3 a) Die vier Punkte A(2 | 0 | 2), B(1 | 1 | 1), C(0 | 2 | 2) und D(1 | 1 | 3) liegen in einer Ebene. Handelt es sich bei dem Viereck ABCD um eine Raute?

$\overrightarrow{AB}$ = ________, $|\overrightarrow{AB}|$ = ________, $\overrightarrow{CD}$ = ________, $|\overrightarrow{CD}|$ = ________

$\overrightarrow{BC}$ = ________, $|\overrightarrow{BC}|$ = ________, $\overrightarrow{AD}$ = ________, $|\overrightarrow{AD}|$ = ________

Antwort: ________

b) Berechnen Sie in diesem Viereck die Längen der Diagonalen $\overline{AC}$ bzw. $\overline{BD}$.

Diagonale $\overline{AC}$: ________, Diagonale $\overline{BD}$: ________

Der Vektor $\vec{a} = \begin{pmatrix} 0{,}5 \\ 0{,}5 \\ \sqrt{0{,}5} \end{pmatrix}$ hat den Betrag $|\vec{a}| = \sqrt{0{,}5^2 + 0{,}5^2 + \left(\sqrt{0{,}5}\right)^2} = 1$. $\vec{a}$ heißt deshalb **Einheitsvektor**.

Außer zum Nullvektor gibt es zu jedem Vektor $\vec{a}$ einen Einheitsvektor $\vec{a_0}$, der dieselbe Richtung hat wie $\vec{a}$.
Man berechnet ihn durch $\vec{a_0} = \frac{1}{|\vec{a}|} \cdot \vec{a}$

So ist $\vec{a_0} = \frac{1}{\sqrt{6}} \cdot \begin{pmatrix} 2 \\ 1 \\ 1 \end{pmatrix}$ der Einheitsvektor, der dieselbe Richtung hat wie $\vec{a} = \begin{pmatrix} 2 \\ 1 \\ 1 \end{pmatrix}$.

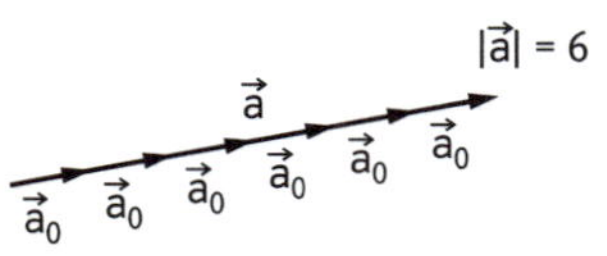

4 Bestimmen Sie den zu $\vec{a} = \begin{pmatrix} 2 \\ 5 \\ 1 \end{pmatrix}$ gehörenden Einheitsvektor.

$|\vec{a}|$ = ________, $\vec{a_0}$ = ________

5 a) Welcher Punkt zwischen A(2 | 3 | −1) und B(5 | 7 | −1) liegt von A aus eine Einheit entfernt?
b) Wie weit ist dieser Punkt von B entfernt?

Für die Vektoren $\vec{a} = \begin{pmatrix}1\\2\\3\end{pmatrix}$ und $\vec{b} = \begin{pmatrix}4\\5\\6\end{pmatrix}$ heißt der Ausdruck $\vec{a} \circ \vec{b} = \begin{pmatrix}1\\2\\3\end{pmatrix} \circ \begin{pmatrix}4\\5\\6\end{pmatrix}$ das **Skalarprodukt von $\vec{a}$ und $\vec{b}$**, das folgendermaßen berechnet wird: $\begin{pmatrix}1\\2\\3\end{pmatrix} \circ \begin{pmatrix}4\\5\\6\end{pmatrix} = 1 \cdot 4 + 2 \cdot 5 + 3 \cdot 6 = 32.$

1 Füllen Sie die Lücken passend aus.

a) $\vec{a} = \begin{pmatrix}3\\1\\\square\end{pmatrix}$; $\vec{b} = \begin{pmatrix}-1\\\square\\4\end{pmatrix}$ $\Rightarrow$ $\vec{a} \circ \vec{b} = \square \cdot \square + 1 \cdot \square - 3 \cdot 4 = \square + 5 - 12 = \square$

b) $\vec{a} = \begin{pmatrix}\square\\1\\\square\end{pmatrix}$; $\vec{b} = \begin{pmatrix}2\\3\\-1\end{pmatrix}$ $\Rightarrow$ $\vec{a} \circ \vec{b} = \square \cdot \square + \square \cdot \square + \square \cdot \square = 8 + 3 + \square = 13$

2 Gegeben sind die Vektoren $\vec{a} = \begin{pmatrix}3\\0\\1\end{pmatrix}$, $\vec{b} = \begin{pmatrix}-1\\2\\-3\end{pmatrix}$ und $\vec{c} = \begin{pmatrix}3\\1\\4\end{pmatrix}$. Berechnen Sie folgende Skalarprodukte.

a) $\vec{a} \circ \vec{b} =$ ____________ b) $\vec{a} \circ \vec{c} =$ ____________ c) $\vec{b} \circ \vec{c} =$ ____________

d) $\vec{c} \circ \vec{b} =$ ____________ e) $\vec{a} \circ \vec{a} =$ ____________ f) $\vec{b} \circ (-\vec{c}) =$ ____________

Zwei Vektoren $\vec{a}$ und $\vec{b}$ mit gleichem Anfangspunkt bilden zwei Winkel.
Der kleinere dieser beiden Winkel heißt **Winkel zwischen den Vektoren $\vec{a}$ und $\vec{b}$**.
Für den Winkel α zwischen den Vektoren $\vec{a}$ und $\vec{b}$ gilt: $\vec{a} \circ \vec{b} = |\vec{a}| \cdot |\vec{b}| \cdot \cos(\alpha)$.
Daraus lässt sich eine Formel zur Berechnung des Winkels α herleiten:

$$\cos(\alpha) = \frac{\vec{a} \circ \vec{b}}{\vec{a} \cdot \vec{b}} \quad \text{mit } 0° \le \alpha \le 180°$$

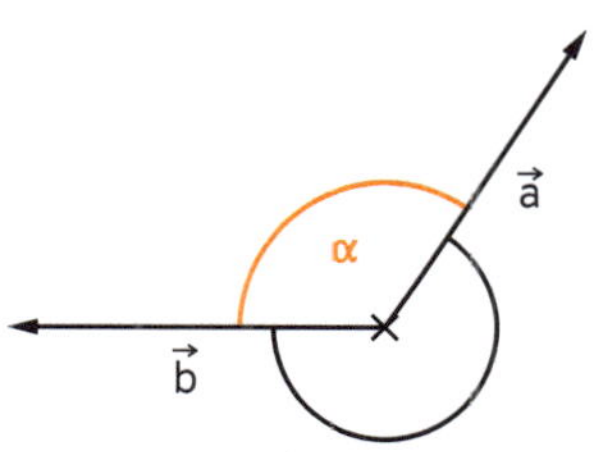

Beispiele: Berechnung des Winkels α zwischen zwei Vektoren $\vec{a}$ und $\vec{b}$

1. $\vec{a} = \begin{pmatrix}1\\2\\3\end{pmatrix}$; $\vec{b} = \begin{pmatrix}4\\5\\6\end{pmatrix}$. Es ist $|\vec{a}| = \sqrt{14}$ und $|\vec{b}| = \sqrt{77}$. $\cos(\alpha) = \frac{4+10+18}{\sqrt{14} \cdot \sqrt{77}} = \frac{32}{\sqrt{1078}} = \frac{32}{7\sqrt{22}}$; $\alpha \approx 12{,}9°$

2. $\vec{a} = \begin{pmatrix}1\\-2\\2\end{pmatrix}$; $\vec{b} = \begin{pmatrix}4\\4\\-7\end{pmatrix}$. Es ist $|\vec{a}| = 3$ und $|\vec{b}| = 9$. $\cos(\alpha) = \frac{4-8-14}{3 \cdot 9} = \frac{-18}{27} = \frac{-2}{3}$; $\alpha \approx 131{,}8°$

3 Berechnen Sie die Größe des Winkels α zwischen den Vektoren $\vec{a}$ und $\vec{b}$.

a) $\vec{a} = \begin{pmatrix}4\\0\\-3\end{pmatrix}$; $\vec{b} = \begin{pmatrix}5\\14\\2\end{pmatrix}$

b) $\vec{a} = \begin{pmatrix}8\\1\\-3\end{pmatrix}$; $\vec{b} = \begin{pmatrix}-4\\6\\1\end{pmatrix}$

4 Berechnen Sie die Länge der Vektoren und die Winkel zwischen den Vektoren. Tragen Sie die Winkel in die Tabelle ein.

$\vec{a} = \begin{pmatrix}1\\2\\-4\end{pmatrix}$; $|\vec{a}| =$ ____________

$\vec{b} = \begin{pmatrix}2\\1\\1\end{pmatrix}$; $|\vec{b}| =$ ____________

$\vec{c} = \begin{pmatrix}4\\-12\\3\end{pmatrix}$; $|\vec{c}| =$ ____________

	$\vec{a}$	$-\vec{a}$	$\vec{c}$	$-\vec{c}$
$\vec{a}$				
$\vec{b}$				
$-\vec{b}$				

5 Die Punkte A(−1 | 0 | 2), B(3 | 4 | 4) und C(4 | −3 | −2) bilden ein Dreieck.

a) Berechnen Sie die Längen der Seiten des Dreiecks ABC.
b) Weisen Sie nach, dass das Dreieck bei A einen rechten Winkel hat.
c) Bestimmen Sie die Größen der Innenwinkel des Dreiecks.
d) Berechnen Sie den Flächeninhalt des Dreiecks.

6 Wo stecken die Fehler? Korrigieren Sie und beschreiben Sie den Fehler.

Vorgegebene Vektoren:	Falsche Berechnung des Winkels zwischen den Vektoren:	Richtige Berechnung des Winkels zwischen den Vektoren:	Dieser Fehler ist unterlaufen:
$\vec{a} = \begin{pmatrix} 6 \\ -2 \\ -3 \end{pmatrix}$; $\vec{b} = \begin{pmatrix} 7 \\ 4 \\ -4 \end{pmatrix}$	$\cos(\alpha) = \frac{42 - 8 + 12}{7 + 9} = \frac{46}{16}$ GTR findet keinen Winkel α.		
$\vec{a} = \begin{pmatrix} -2 \\ 3 \\ 5 \end{pmatrix}$; $\vec{b} = \begin{pmatrix} 1 \\ 2 \\ -1 \end{pmatrix}$	$\cos(\alpha) = \frac{2 + 6 + 5}{\sqrt{38} \cdot \sqrt{6}} = \frac{11}{\sqrt{228}}$ $\alpha \approx 30{,}6°$		
$\vec{a} = \begin{pmatrix} 1 \\ 5 \\ -3 \end{pmatrix}$; $\vec{b} = \begin{pmatrix} 0 \\ -2 \\ 4 \end{pmatrix}$	$\cos(\alpha) = \frac{-10 - 12}{\sqrt{35} \cdot \sqrt{20}} = \frac{-22}{10\sqrt{7}}$ $\alpha \approx 1{,}0°$		

Zwei Vektoren $\vec{a}$ und $\vec{b}$ sind genau dann **orthogonal**, wenn $\vec{a} \circ \vec{b} = 0$ ist. Dabei darf $\vec{a}$ und $\vec{b}$ jeweils nicht der Nullvektor sein.

7 Die Vektoren $\vec{a}$ und $\vec{b}$ sind orthogonal. Bestimmen Sie, falls möglich, jeweils ein geeignetes b.

a) $\vec{a} = \begin{pmatrix} 3 \\ 1 \\ -2 \end{pmatrix}$; $\vec{b} = \begin{pmatrix} b \\ 0 \\ 1 \end{pmatrix}$ b) $\vec{a} = \begin{pmatrix} -2 \\ 3 \\ 3 \end{pmatrix}$; $\vec{b} = \begin{pmatrix} b \\ b \\ 2 \end{pmatrix}$ c) $\vec{a} = \begin{pmatrix} 4 \\ 0 \\ 9 \end{pmatrix}$; $\vec{b} = \begin{pmatrix} b \\ b \\ b \end{pmatrix}$ d) $\vec{a} = \begin{pmatrix} 4 \\ 6 \\ 6 \end{pmatrix}$; $\vec{b} = \begin{pmatrix} b \\ -1 \\ -b \end{pmatrix}$

8 Setzen Sie im entsprechenden Feld ein Kreuz, wenn die Vektoren orthogonal sind.

	$\vec{e} = \begin{pmatrix} 3 \\ 1 \\ 6 \end{pmatrix}$	$\vec{f} = \begin{pmatrix} -2 \\ 3 \\ 8 \end{pmatrix}$	$\vec{g} = \begin{pmatrix} 0 \\ 2 \\ 0 \end{pmatrix}$	$\vec{h} = \begin{pmatrix} 2 \\ 0 \\ 8 \end{pmatrix}$
$\vec{a} = \begin{pmatrix} 4 \\ 0 \\ 1 \end{pmatrix}$				
$\vec{b} = \begin{pmatrix} -4 \\ 0 \\ 2 \end{pmatrix}$				
$\vec{c} = \begin{pmatrix} -4 \\ 0 \\ -1 \end{pmatrix}$				
$\vec{d} = \begin{pmatrix} 10 \\ 36 \\ -11 \end{pmatrix}$				

Für die Vektoren $\vec{a} = \begin{pmatrix} 1 \\ 2 \\ 3 \end{pmatrix}$ und $\vec{b} = \begin{pmatrix} 4 \\ 5 \\ 6 \end{pmatrix}$ heißt der Ausdruck $a \times \vec{b} = \begin{pmatrix} 1 \\ 2 \\ 3 \end{pmatrix} \times \begin{pmatrix} 4 \\ 5 \\ 6 \end{pmatrix}$ das **Vektorprodukt** bzw. das **Kreuzprodukt** von $\vec{a}$ und $\vec{b}$. Die Komponenten dieses Vektors werden nach folgendem Schema berechnet:
$\vec{a} \times \vec{b} = \begin{pmatrix} 1 \\ 2 \\ 3 \end{pmatrix} \times \begin{pmatrix} 4 \\ 5 \\ 6 \end{pmatrix} = \begin{pmatrix} 2 \cdot 6 - 3 \cdot 5 \\ 3 \cdot 4 - 1 \cdot 6 \\ 1 \cdot 5 - 2 \cdot 4 \end{pmatrix} = \begin{pmatrix} -3 \\ 6 \\ -3 \end{pmatrix}$. $\vec{a} \times \vec{b}$ ist sowohl orthogonal zu $\vec{a}$ als auch zu $\vec{b}$.

1 Berechnen Sie das Kreuzprodukt aus folgenden Vektoren

$\times$	$\vec{e} = \begin{pmatrix} 3 \\ 1 \\ 6 \end{pmatrix}$	$\vec{f} = \begin{pmatrix} -2 \\ 3 \\ 8 \end{pmatrix}$	$\vec{g} = \begin{pmatrix} 0 \\ 2 \\ 0 \end{pmatrix}$	$\vec{h} = \begin{pmatrix} 2 \\ 0 \\ 8 \end{pmatrix}$
$\vec{a} = \begin{pmatrix} 4 \\ 0 \\ 1 \end{pmatrix}$				
$\vec{b} = \begin{pmatrix} -4 \\ 0 \\ 2 \end{pmatrix}$				
$\vec{c} = \begin{pmatrix} -4 \\ 0 \\ -1 \end{pmatrix}$				
$\vec{d} = \begin{pmatrix} 10 \\ 36 \\ -11 \end{pmatrix}$				

2 Bestimmen Sie einen Vektor $\vec{c}$, der zu $\vec{a} = \begin{pmatrix} 2 \\ 2 \\ 3 \end{pmatrix}$ und $\vec{b} = \begin{pmatrix} -1 \\ 3 \\ -2 \end{pmatrix}$ orthogonal und 3 Einheiten lang ist.

$\vec{a} \times \vec{b} = \begin{pmatrix} \square \\ \square \\ \square \end{pmatrix}$ hat den Betrag $|\vec{a} \times \vec{b}| = \sqrt{\square + \square + \square} = \square$. Damit wird $\vec{c} = 3 \cdot \frac{1}{|\vec{a} \times \vec{b}|} \cdot \vec{a} \times \vec{b} = \square \cdot \begin{pmatrix} \square \\ \square \\ \square \end{pmatrix}$.

Für den **Betrag des Kreuzproduktes** $\vec{a} \times \vec{b}$ findet man $|\vec{a} \times \vec{b}| = |\vec{a}| \cdot |\vec{b}| \cdot \sin\varphi$, wobei φ der Winkel ist, den die Vektoren $\vec{a}$ und $\vec{b}$ einschließen.
Gedeutet werden kann dieser Ausdruck als Maßzahl für den Flächeninhalt des Parallelogramms, das von $\vec{a}$ und $\vec{b}$ aufgespannt wird.

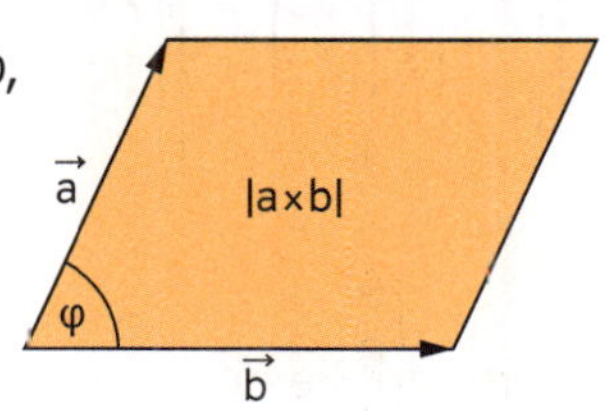

3 Mithilfe der Vektoren $\vec{a} = \begin{pmatrix} 1 \\ 2 \\ 2 \end{pmatrix}$ und $\vec{b} = \begin{pmatrix} -2 \\ 3 \\ -1 \end{pmatrix}$ kann ein Parallelogramm aufgespannt werden.

a) Berechnen Sie dessen Flächeninhalt. $\vec{a} \times \vec{b} = \begin{pmatrix} \square \\ \square \\ \square \end{pmatrix}$, $|\vec{a} \times \vec{b}| = \square$

Der Flächeninhalt des Parallelogramms beträgt also ________ Flächeneinheiten.

b) Bestimmen Sie die Innenwinkel des Parallelogramms.

$\vec{a}$ und $\vec{b}$ schließen einen Winkel φ ein, für den gilt: $\sin\varphi = \frac{\square}{\square}$. Mit $|\vec{a}| = \square$ und $|\vec{b}| = \square$ ist also:

$\sin\varphi = \frac{\square}{\square}$ und damit $\varphi = \square°$. Der andere Innenwinkel beträgt somit $\alpha = 180° - \varphi = \square°$.

4 Die drei Punkte O(0 | 0 | 0), A(1 | −1 | 3) und B(−4 | 2 | 0) bilden ein Dreieck.

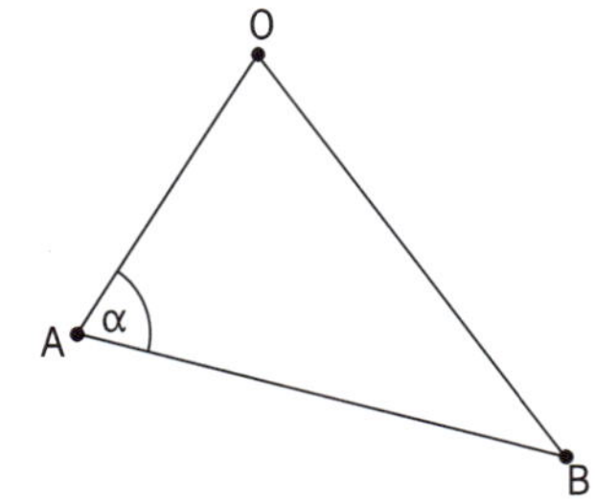

a) Wie groß ist der Winkel $\alpha = \sphericalangle OAB$?

$\overrightarrow{AB} = \begin{pmatrix}\square\\\square\\\square\end{pmatrix}$; $|\overrightarrow{AB}| = \square$; $\overrightarrow{AO} = \begin{pmatrix}\square\\\square\\\square\end{pmatrix}$; $|\overrightarrow{AO}| = \square$

1. Möglichkeit:

$\cos\alpha = \frac{|\overrightarrow{AO} \circ \overrightarrow{AB}|}{|\overrightarrow{AO}| \cdot |\overrightarrow{AB}|} = \frac{|\square + \square + \square|}{\square \cdot \square} = \frac{\square}{\square} \Rightarrow \alpha = \square°$

2. Möglichkeit:

$\sin\alpha = \frac{|\overrightarrow{AO} \times \overrightarrow{AB}|}{|\overrightarrow{AO}| \cdot |\overrightarrow{AB}|} = \frac{\left|\begin{pmatrix}\square\\\square\\\square\end{pmatrix}\right|}{\square \cdot \square} = \frac{\square}{\square} \Rightarrow \alpha = \square°$

b) Welchen Flächeninhalt A_Δ hat dieses Dreieck?

$A_\Delta =$ ______________________________

c) Berechnen Sie die Länge der Höhe auf der Grundseite [AB].

Es gilt: $A_\Delta = \frac{1}{2}\overline{AB} \cdot h_{[AB]}$. Daraus ergibt sich: $h_{[AB]} =$ ______________________________

Der Spat, der von den Vektoren $\vec{a}$, $\vec{b}$ und $\vec{c}$ aufgespannt wird, hat das Volumen mit der Maßzahl $|(\vec{a} \times \vec{b}) \circ \vec{c}|$.

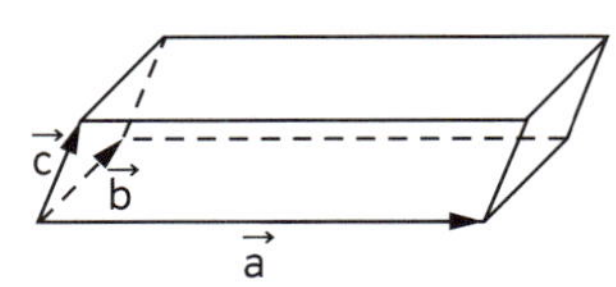

Die Maßzahl für das Volumen beträgt hier also $\left|\left(\begin{pmatrix}1\\0\\2\end{pmatrix} \times \begin{pmatrix}2\\1\\-1\end{pmatrix}\right) \circ \begin{pmatrix}-1\\1\\3\end{pmatrix}\right| = \left|\begin{pmatrix}-2\\5\\1\end{pmatrix} \circ \begin{pmatrix}-1\\1\\3\end{pmatrix}\right| = 10.$

---

5 Ein Parallelogramm aus den Vektoren $\vec{a} = \begin{pmatrix}-1\\2\\-4\end{pmatrix}$ und $\vec{b} = \begin{pmatrix}3\\-2\\5\end{pmatrix}$ wird mithilfe des Vektors $\vec{c} = \begin{pmatrix}0\\3\\6\end{pmatrix}$ zu einem Spat. Berechnen Sie die Maßzahlen F und V für den Flächeninhalt des beschriebenen Parallelogramms und für das Volumen des Spats.

$F = \left|\begin{pmatrix}\square\\\square\\\square\end{pmatrix} \times \begin{pmatrix}\square\\\square\\\square\end{pmatrix}\right| = \left|\begin{pmatrix}\square\\\square\\\square\end{pmatrix}\right| = \square$

$V = |(\overrightarrow{\square} \times \overrightarrow{\square}) \circ \overrightarrow{\square}| = \left|\begin{pmatrix}\square\\\square\\\square\end{pmatrix} \circ \begin{pmatrix}\square\\\square\\\square\end{pmatrix}\right| = \square$

6 Ordnen Sie den drei Vektoren $\vec{a}$, $\vec{b}$ und $\vec{c}$ die passenden Maßzahlen V für das Volumen des von ihnen aufgespannten Spats zu, sowie die Maßzahlen F für die Flächeninhalte der Parallelogramme, die von den Vektoren $\vec{a}$ und $\vec{b}$ gebildet werden.

$\vec{a} = \begin{pmatrix}1\\0\\0\end{pmatrix}$; $\vec{b} = \begin{pmatrix}2\\1\\0\end{pmatrix}$; $\vec{c} = \begin{pmatrix}1\\2\\3\end{pmatrix}$

$\vec{a} = \begin{pmatrix}2\\0\\0\end{pmatrix}$; $\vec{b} = \begin{pmatrix}2\\1\\0\end{pmatrix}$; $\vec{c} = \begin{pmatrix}1\\2\\3\end{pmatrix}$

$\vec{a} = \begin{pmatrix}1\\0\\0\end{pmatrix}$; $\vec{b} = \begin{pmatrix}-6\\-3\\0\end{pmatrix}$; $\vec{c} = \begin{pmatrix}1\\2\\3\end{pmatrix}$

$\vec{a} = \begin{pmatrix}2\\1\\0\end{pmatrix}$; $\vec{b} = \begin{pmatrix}1\\0\\0\end{pmatrix}$; $\vec{c} = \begin{pmatrix}10\\20\\30\end{pmatrix}$

V = 3 | F = 1 | F = 2 | V = 6

V = 30 | F = 1 | V = 9 | F = 3

Gegeben ist der Punkt M(3 | 2 | 5). Alle Punkte im Raum mit dem Ortsvektor $\vec{X}$, die von M den (festen) Abstand $r = 3$ haben, liegen auf einer **Kugel um M mit dem Radius r**. Für $\vec{X}$ gilt dann: $|\overrightarrow{MX}| = 3$ und damit $|\overrightarrow{MX}|^2 = 9$. Also lautet die Kugelgleichung $\left(\vec{X} - \begin{pmatrix} 3 \\ 2 \\ 5 \end{pmatrix}\right)^2 = 9$.

Im Zweidimensionalen liegen Punkte mit dem Ortsvektor $\vec{X}$, der die Bedingung $(\vec{X} - \vec{M})^2 = r^2$ erfüllt, auf einem **Kreis** um M mit dem Radius r.

1 Lesen Sie die Koordinaten des Mittelpunktes M der Kugel ab und bestimmen Sie deren Radius.

a) $\left(\vec{X} - \begin{pmatrix} 1 \\ -2 \\ 2 \end{pmatrix}\right)^2 = 16$; M($\square$ | $\square$ | $\square$); r = $\square$

b) $\left(\vec{X} + \begin{pmatrix} -2 \\ 3 \\ 5 \end{pmatrix}\right)^2 = 225$; M($\square$ | $\square$ | $\square$); r = $\square$

2 P(2 | 1 | −1) ist ein Punkt auf der Kugel um den Punkt M(4 | 2 | −3).

a) Geben Sie eine Kugelgleichung in Vektordarstellung und in Koordinatendarstellung an.

Radius $r = |\overrightarrow{MP}| = \left|\begin{pmatrix} \square \\ \square \\ \square \end{pmatrix}\right| = \sqrt{\square^2 + \square^2 + \square^2} = \square$; Kugelgleichung in Vektordarstellung: $\left(\vec{X} - \begin{pmatrix} \square \\ \square \\ \square \end{pmatrix}\right)^2 = \square$

Dies bedeutet umgeschrieben $\begin{pmatrix} x_1 - \square \\ x_2 - \square \\ x_3 + \square \end{pmatrix}^2 = \square$, also $(x_1 - \square)^2 + (x_2 - \square)^2 + (x_3 + \square)^2 = \square$.

b) Zeigen Sie, dass der Punkt R(5 | 0 | −1) auf der Kugel liegt, S(4 | 3 | 3) und T(2 | 2 | −3) jedoch nicht.

Berechnen des Abstandes von R zu M: $|\overrightarrow{MR}| = \left|\begin{pmatrix} \square \\ \square \\ \square \end{pmatrix}\right| = \square = r$

Abstand von S zu M: $|\overrightarrow{MS}| = \left|\begin{pmatrix} \square \\ \square \\ \square \end{pmatrix}\right| = \square$

Abstand von T zu M: $|\overrightarrow{MT}| = \left|\begin{pmatrix} \square \\ \square \\ \square \end{pmatrix}\right| = \square$

Damit liegt S ______________________ der Kugel.

Damit liegt T ______________________ der Kugel.

3 Ein Würfel ist durch die vier Eckpunkte O(0 | 0 | 0), A(4 | 0 | 0), B(4 | 4 | 0) und C(4 | 4 | 4) festgelegt. Dem Würfel wird eine Kugel einbeschrieben, die sämtliche Würfelflächen berührt.

a) Bestimmen Sie eine Kugelgleichung in Vektor- und Koordinatendarstellung.

Mittelpunkt der Kugel: M($\square$ | $\square$ | $\square$), Radius der Kugel: r = $\square$. Kugel in Vektordarstellung:

$\left(\vec{X} - \begin{pmatrix} \square \\ \square \\ \square \end{pmatrix}\right)^2 = \square$ und in Koordinatendarstellung: $(x_1 - \square)^2 + (x_2 - \square)^2 + (x_3 + \square)^2 = \square$

b) Geben Sie die Berührpunkte der Kugel mit den Würfelflächen an.

P_1($\square$ | $\square$ | $\square$), P_2($\square$ | $\square$ | $\square$), P_3($\square$ | $\square$ | $\square$), P_4($\square$ | $\square$ | $\square$), P_5($\square$ | $\square$ | $\square$), P_6($\square$ | $\square$ | $\square$)

c) Nun fällt paralleles Licht in Richtung $\begin{pmatrix} 0 \\ 0 \\ -1 \end{pmatrix}$ auf die Kugel. Geben Sie eine Vektorgleichung für den in der x_1x_2-Ebene entstehenden Schattenkreis an.

Mittelpunkt des Kreises: M($\square$ | $\square$), Radius des Kreises: r = $\square$. Kreis in Vektordarstellung: $\left(\vec{X} - \begin{pmatrix} \square \\ \square \end{pmatrix}\right)^2 = \square$.

1 Gegeben sind die Punkte A(1 | 2 | 3), B(3 | −2 | −1) und C(0 | 4 | −1).
a) Bestimmen Sie die Vektoren $\vec{p} = \overrightarrow{AB}$, $\vec{q} = \overrightarrow{BC}$, $\vec{r} = \overrightarrow{CA}$ sowie deren Beträge.
b) Bestimmen Sie $2\vec{p} + \vec{q} - 3\vec{r}$ und $0{,}5\vec{r} - 1{,}5\vec{p}$.
c) Welcher Einheitsvektor hat dieselbe Richtung wie $-\vec{p}$?
d) Untersuchen Sie, welche der Vektoren $\vec{p}$, $\vec{q}$ und $\vec{r}$ orthogonal zueinander sind.

2 a) Füllen Sie die Lücken so aus, dass das Viereck ABCD mit A(2 | 1 | $\square$), B(5 | 0 | 1), C(9 | $\square$ | 6) und D($\square$ | 1 | 8) ein Parallelogramm ist.
b) Bestimmen Sie die Koordinaten der Mittelpunkte M_1, M_2, M_3 und M_4 der Parallelogrammseiten.
c) Weisen Sie mithilfe geeigneter Vektoren nach, dass das Viereck $M_1M_2M_3M_4$ wieder ein Parallelogramm ist.

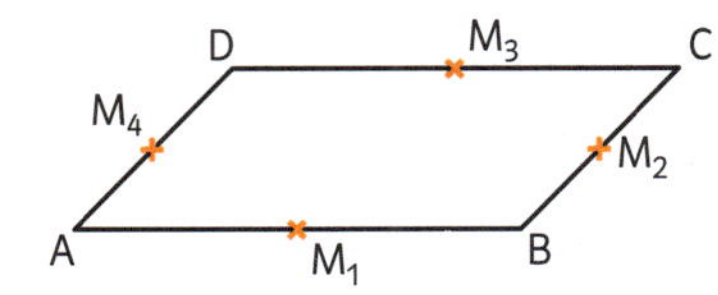

3 a) Füllen Sie die Lücken so aus, dass die beiden Vektoren $\vec{a} = \begin{pmatrix} \square \\ 2 \\ -1 \end{pmatrix}$ und $\vec{b} = \begin{pmatrix} 1 \\ \square \\ 3 \end{pmatrix}$ orthogonal sind.
b) Berechnen Sie den Winkel, den die beiden Vektoren $\vec{a} = \begin{pmatrix} 2 \\ 1 \\ 0 \end{pmatrix}$ und $\vec{b} = \begin{pmatrix} -3 \\ -2 \\ 9 \end{pmatrix}$ einschließen.

4 Bestimmen Sie die Koordinaten des Punktes, der von A(3 | −1 | 5) aus 5 Einheiten in Richtung $\begin{pmatrix} 2 \\ 3 \\ \sqrt{3} \end{pmatrix}$ liegt.

5 Die Punkte A(3 | 0 | 1), B(2 | 5 | 4) und C(−2 | 2 | 5) bilden ein Dreieck.
a) Welche Maßzahl hat der Flächeninhalt des Dreiecks?
b) Die Strecken, die von einer Ecke zum Mittelpunkt der gegenüberliegenden Seite verlaufen, heißen Seitenhalbierenden. Wie lang sind die Seitenhalbierenden des Dreiecks?
c) Die Seitenhalbierenden schneiden sich alle im Schwerpunkt S, der von den Ecken des Dreiecks $\frac{2}{3}$ der Länge der entsprechenden Seitenhalbierenden entfernt liegt.
Bestimmen Sie die Koordinaten des Schwerpunktes.

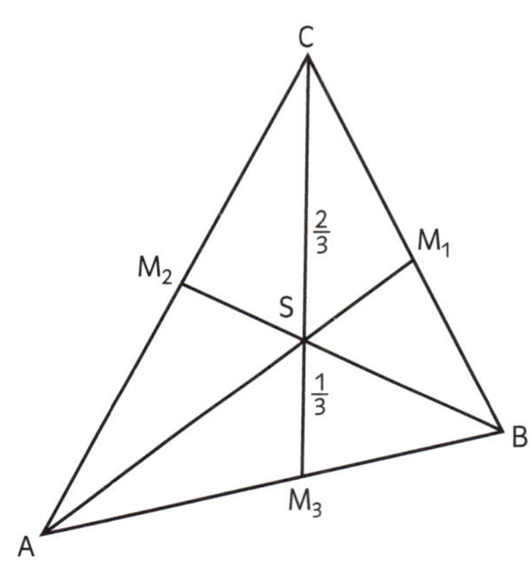

6 Die Punkte A(3 | 0 | 1), B(2 | 5 | 4), C(−2 | 2 | 5) und D(−1 | 3 | 8) legen einen Spat fest.
a) Berechnen Sie jeweils die Seitenlängen.
b) Bestimmen Sie die Winkelweiten α, β und γ.
c) Berechnen Sie die Maßzahlen für die Flächeninhalte der auftauchenden Flächen.
d) Wie groß ist der Oberflächeninhalt des Spats?
e) Berechnen Sie die Maßzahl für das Volumen des Spats.

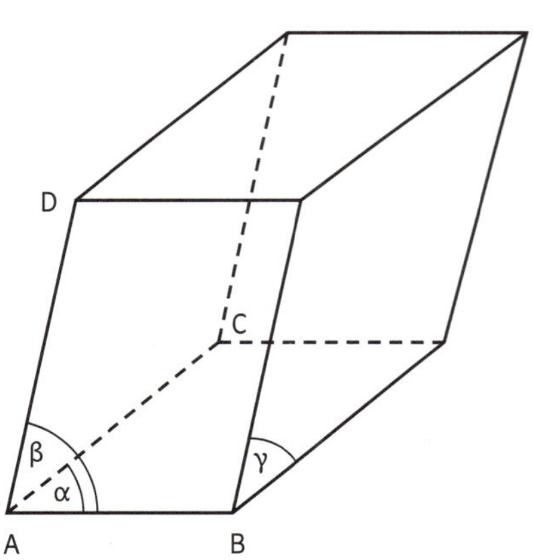

7 Ein Würfel der Kantenlänge 6 ist so im Koordinatensystem platziert, dass der Ursprung eine Ecke des Koordinatensystems ist und drei Kanten des Würfels entlang der Koordinatenachsen verlaufen.
a) Dem Würfel soll eine möglichst große Kugel einbeschrieben werden.
Geben Sie die Kugelgleichung in Vektordarstellung an.
b) Um den Würfel wird eine zweite Kugel gelegt, so dass die Würfelecken auf der Kugeloberfläche liegen. Geben Sie auch von dieser Kugel eine Gleichung in Vektordarstellung an und berechnen Sie, welches Volumen diese Kugel hat.

Leitet man die **Sinusfunktion** ab, so erhält man die Kosinusfunktion: für $f(x) = \sin x$ ist $f'(x) = \cos x$.
Für die **Ableitung der Kosinusfunktion** gilt dagegen: für $f(x) = \cos x$ ist $f'(x) = -\sin x$.

Für Funktionen der Form $f(x) = 5 \cdot \sin x$ benötigt man die Faktorregel. Es gilt: $f'(x) = 5 \cdot \cos x$.
Für $f(x) = -\sin x = -1 \cdot \sin x$ gilt daher, dass $f'(x) = -1 \cdot \cos x = -\cos x$.
Für $f(x) = -\cos x = -1 \cdot \cos x$ gilt, dass $f'(x) = -1 \cdot (-\sin x) = \sin x$.
Weitere Beispiele: für $f(x) = 4 \cdot \cos x$ gilt: $f'(x) = -4 \cdot \sin x$ und für $f(x) = -8\cos x$ gilt:
$f'(x) = -8 \cdot (-\sin x) = 8\sin x$.
Generell gilt: Bei der Ableitung der Kosinusfunktion ändert sich das Vorzeichen, bei der Ableitung der Sinusfunktion nicht.

Für die Funktion f mit $f(x) = x^4 \cdot \cos x$ benötigt man für die Ableitung die Produktregel.
Mit $f'(x) = u'(x) \cdot v(x) + u(x) \cdot v'(x)$, wobei $u(x) = x^4$ und $v(x) = \cos x$ ist, erhält man für die Ableitung

$$f'(x) = 4x^3 \cdot \cos x + x^4 \cdot (-\sin x) = 4x^3 \cdot \cos x - x^4 \cdot \sin x.$$

1 Bestimmen Sie f'(x).

a) $f(x) = -7\sin x$ $f'(x) =$ ______
b) $f(x) = 4\cos x$ $f'(x) =$ ______
c) $f(x) = x^2 - 0{,}5\cos x$ $f'(x) =$ ______
d) $f(x) = \sin x - \cos x$ $f'(x) =$ ______

2 Bestimmen Sie f'(x) mithilfe der Produktregel.

a) $f(x) = 2x^3 \cdot \sin x$
b) $f(x) = -\sin x \cdot x$
c) $f(x) = \frac{1}{x} \cdot \cos(x)$
d) $f(x) = -\frac{3}{2}x^2 \cdot (-\cos x)$

3 Bestimmen Sie die Gleichung der Tangente an f im Punkt P. Ergänzen Sie dazu die Lücken.

a) $f(x) = 2 \cdot \cos x$, $P\left(\frac{3}{2}\pi \middle| 0\right)$.

1. $f'(x) =$ ______ 2. $f'\left(\frac{3}{2}\pi\right) =$ ______
3. $y =$ ______ $x + t$
4. Einsetzen des Punktes P: ______
   Auflösen nach t: ______
5. Gleichung der Tangente: $y =$ ______

b) $f(x) = 2x + \sin x$, $P(\pi \mid 2\pi)$.

1. ______ 2. ______
3. ______
4. ______
   ______
5. Gleichung der Tangente: $y =$ ______

c) Bestimmen Sie die Gleichung der Normalen an f mit $f(x) = x + \cos x$ im Punkt $P\left(-\frac{\pi}{2} \middle| f\left(-\frac{\pi}{2}\right)\right)$.
Ergänzen Sie dazu die Lücken.

$f\left(-\frac{\pi}{2}\right) =$ ______, $f'(x) =$ ______, $f'\left(-\frac{\pi}{2}\right) =$ ______.
Für die Steigung der Normalen gilt: $m =$ ______. Ansatz: $y =$ ______ $x + t$. Einsetzen des Punktes P liefert ______. Mit $t =$ ______ erhält man die Gleichung der Normalen: $y =$ ______.

4 Bestimmen Sie die Gleichung der Tangente und der Normale an den Graphen von f im Punkt P.

a) $f(x) = 3 + \cos x$; $P\left(\frac{\pi}{2} \middle| f\left(\frac{\pi}{2}\right)\right)$
b) $f(x) = 4 + 4\sin x$; $P\left(\frac{\pi}{4} \middle| \;\square\;\right)$

5 Bestimmen Sie die Nullstellen und Extrema der Funktionen im Intervall $[0; 2\pi]$. Skizzieren Sie anschließend die Graphen im Intervall $[0; 2\pi]$.

a) $f(x) = \sin x + \pi$
b) $f(x) = \sin(x + \pi)$
c) $f(x) = \sin x \cdot \cos x$

Die Umkehrfunktion

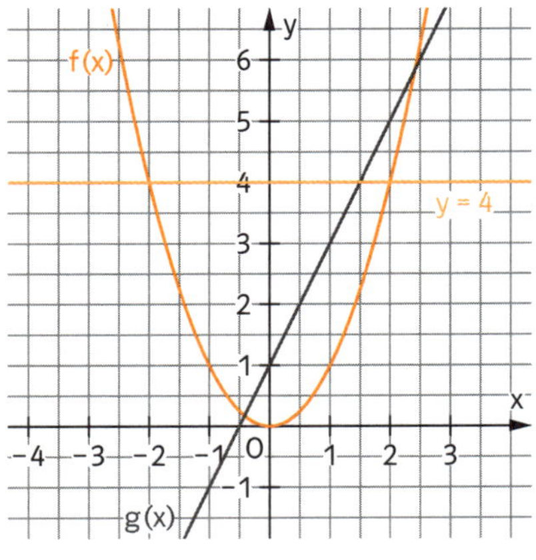

Bei der Funktion f mit $f(x) = x^2$ wird jedem x-Wert eindeutig ein y-Wert zugeordnet. Jedoch gibt es z. B. zum y-Wert 4 zwei x-Werte: $x_1 = 2$ und $x_2 = -2$ (siehe Grafik). Die Funktion ist daher nicht umkehrbar.
Bei der Funktion g mit $g(x) = 2x + 1$ gibt es auch zu jedem y-Wert nur genau einen x-Wert. Daher ist diese Funktion umkehrbar.
Am Graphen erkennt man dies daran, dass jede Parallele zur x-Achse den Graphen von g höchstens einmal schneidet, was beim Graphen von f nicht der Fall ist (siehe Grafik).

Eine Funktion f heißt **umkehrbar**, wenn es zu jedem y-Wert nur genau einen x-Wert gibt. Falls es zu einem y-Wert mehrere x-Werte gibt, ist f nicht umkehrbar. Die Umkehrfunktion wird mit f^{-1} bezeichnet.

1 Zeichnen Sie die Graphen folgender Funktionen mithilfe eines Funktionsplotters. Begründen Sie jeweils, ob der Graph zu einer umkehrbaren Funktion gehört oder nicht.

a) $f(x) = x$ b) $f(x) = x^4$ c) $f(x) = \sin x$ d) $f(x) = \frac{1}{x-3};\ x \neq 3$ e) $f(x) = x^3 + 2x$

Den Funktionsterm $f^{-1}(x)$ einer Funktion f mit z. B. $f(x) = \frac{3}{x-2}$ bestimmt man so:

1. Auflösen der Funktionsgleichung nach x: $y = \frac{3}{x-2}$ $\quad | \cdot (x-2) \quad \Rightarrow \quad y(x-2) = 3 \quad | : y \quad \Rightarrow \quad x = \frac{3}{y} + 2$
2. Vertauschen der Variablen x und y: $y = \frac{3}{x} + 2.$

Man erhält den Funktionsterm der Umkehrfunktion $f^{-1}(x) = \frac{3}{x} + 2.$

Das Beispiel zeigt auch, dass sich bei der Umkehrfunktion gegenüber der Ausgangsfunktion die Definitionsmenge ändern kann: $D_f = \mathbb{R}\setminus\{2\}$ und $D_{f^{-1}} = \mathbb{R}\setminus\{0\}$.

2 Die Funktion f ist im angegebenen Bereich umkehrbar. Bestimmen Sie die Umkehrfunktion f^{-1} sowie die Definitionsmenge $D_{f^{-1}}$.

a) $f(x) = 2x + 4;\ x \in \mathbb{R}$ b) $f(x) = \frac{1}{2(x+2)};\ D_f = \mathbb{R}\setminus\{-2\}$ c) $f(x) = \frac{x+1}{2x-4};\ D_f = \mathbb{R}\setminus\{2\}$

Zur Überprüfung, ob eine Funktion f umkehrbar ist, untersucht man die Funktion auf Monotonie.
Es gilt: Ist eine Funktion f streng monoton steigend oder streng monoton fallend, so ist sie umkehrbar. Ist eine Funktion f nur in einem Intervall streng monoton steigend oder streng monoton fallend, so ist die Funktion auch nur in diesem Intervall umkehrbar.

Beispiel: Die Funktion f mit $f(x) = x^2$ ist nicht im gesamten Definitionsbereich, also für $x \in \mathbb{R}$, umkehrbar. Schränkt man den Definitionsbereich von f mit $f(x) = x^2$ auf $x > 0$ ein, so ist f in diesem Intervall streng monoton steigend, also umkehrbar. Ebenso ist die Funktion f umkehrbar, wenn man den Definitionsbereich auf $x < 0$ einschränkt, da f in diesem Intervall streng monoton fallend ist.

3 Bestimmen Sie mithilfe der ersten Ableitung alle Intervalle, auf die man die Definitionsmenge einschränken kann, sodass die Funktion umkehrbar ist.

a) $f(x) = x^2 + 4$ b) $f(x) = x^5 + x$ c) $f(x) = \frac{1}{3}x^3 - 4x$ d) $f(x) = \frac{1}{3}x^3 + \frac{1}{2}x^2 - 2x - 1$

4 Gegeben sei die Funktion f mit $f(x) = f(x) = 2(x+1)^2$.

a) Zeigen Sie, dass die Funktion f für $x > -1$ umkehrbar ist.
b) Geben Sie die Umkehrfunktion f^{-1} sowie die Definitionsmenge $D_{f^{-1}}$ für diesen eingeschränkten Bereich an.

Sind die Funktionen u und v mit $u(x) = x^2$ und $v(x) = \cos(x)$ gegeben, so erhält man die **Verkettung** $(u \circ v) = u(v(x))$ dieser beiden Funktionen, indem man in $u(x) = x^2$ an die Stelle von x den Term $\cos(x)$ einsetzt:

$$u(v(x)) = (\cos(x))^2.$$

Dabei ist $v(x) = \cos(x)$ die **innere Funktion** und $u(x) = x^2$ die **äußere Funktion**.

Umgekehrt setzt man bei der Verkettung $v(u(x))$ in $v(x) = \cos(x)$ an die Stelle von x den Term x^2 ein:

$$v(u(x)) = \cos(x^2).$$

Nun ist $u(x) = x^2$ die **innere Funktion** und $v(x) = \cos(x)$ die **äußere Funktion**.

Für $u(x) = \frac{1}{x}$ und $v(x) = 2x + 3$ ist die Verkettung $u(v(x)) = \frac{1}{2x+3}$ und $v(u(x)) = 2 \cdot \frac{1}{x} + 3$.

1 Ergänzen Sie für die Funktionen u, v und w mit $u(x) = \sin(2x)$, $v(x) = 2x^2$ und $w(x) = \frac{1}{2x}$.

$u(v(x)) = \sin(2 \cdot$ ______ $)$, dabei ist u die äußere Funktion und v die innere Funktion,

$v(u(x)) = 2 \cdot ($ ______ $)^2$, dabei ist ______ die äußere Funktion und ______ die innere Funktion,

$v(w(x)) = 2 \cdot ($ ______ $)^2$, dabei ist v ______ und w ______,

$w(u(x)) = \frac{1}{2 \cdot \square}$, dabei ist u ______ und w ______,

$u(w(x)) = \sin($ ______ $)$, dabei ist u ______ und w ______,

$w(v(x)) = \frac{1}{2 \cdot \square}$, dabei ist v ______ und w ______.

2 Gegeben sind die Funktionen u, v und w mit $u(x) = \cos(x)$, $v(x) = \frac{1}{x}$ und $w(x) = x^3$. Bilden Sie

$u(v(x)) =$ ______, $v(u(x)) =$ ______, $u(w(x)) =$ ______,

$w(u(x)) =$ ______, $v(w(x)) =$ ______, $w(v(x)) =$ ______

Die Funktion f mit $f(x) = (2x + 1)^3$ kann als Verkettung aufgefasst werden, dabei ist $v(x) = 2x + 1$ die innere Funktion und $u(x) = x^3$ die äußere Funktion.

Für die Funktion g mit $g(x) = \frac{2}{(x+1)^2}$ gibt es **mehrere Zerlegungsmöglichkeiten**.

1. Innere Funktion $v(x) = x + 1$, äußere Funktion $u(x) = \frac{2}{x^2}$.
2. Innere Funktion $v(x) = (x + 1)^2$, äußere Funktion $u(x) = \frac{2}{x}$.

3 Geben Sie Funktionen u und v an, sodass $f(x) = u(v(x))$ ist.

a) $f(x) = (4x + 5)^2$, $u(x) =$ ______, $v(x) =$ ______,

b) $f(x) = \frac{1}{4x+5}$, $u(x) =$ ______, $v(x) =$ ______,

c) $f(x) = \sin(x^2 + 8)$, $u(x) =$ ______, $v(x) =$ ______.

4 Stellen Sie die Funktion f auf zwei Weisen als Verkettung $f(x) = u(v(x))$ dar.

a) $f(x) = \frac{8}{(x^2+1)^4}$ 1. ______ 2. ______

b) $f(x) = (3x + 6)^2$ 1. ______ 2. ______

Eine Funktion f wie z. B. $f(x) = (5x - 6)^3$, die als **Verkettung** geschrieben werden kann, leitet man so ab:

1. Innere und äußere Funktion festlegen und deren Ableitung bilden:
   Innere Funktion v mit $v(x) = 5x - 6$ — Ableitung $v'(x) = 5$
   Äußere Funktion u mit $u(x) = x^3$ — Ableitung $u'(x) = 3x^2$
2. $u'(v(x))$ bilden: — $u'(v(x)) = 3(5x - 6)^2$
3. Ableitung f′ mithilfe der **Kettenregel** bilden: — $\mathbf{f'(x) = u'(v(x)) \cdot v'(x)} = 3\,(5x - 6)^2 \cdot 5 = 15(5x - 6)^2$

Für die Funktion f mit $f(x) = 4\sin(2x - 3)$ gilt:

1. Innere Funktion v mit $v(x) = 2x - 3$, — Ableitung $v'(x) = 2$
   Äußere Funktion u mit $u(x) = 4\sin(x)$, — Ableitung $u'(x) = 4\cos(x)$
2. $u'(v(x)) = 4\cos(2x - 3)$
3. $f'(x) = u'(v(x)) \cdot v'(x) = 4\cos(2x - 3) \cdot 2 = 8\cos(2x - 3)$

Für die Funktion f mit $f(x) = \frac{4}{3 - x^2}$ gilt:

1. Innere Funktion v mit $v(x) = 3 - x^2$, — Ableitung $v'(x) = -2x$
   Äußere Funktion u mit $u(x) = \frac{4}{x}$, — Ableitung $u'(x) = -\frac{4}{x^2}$
2. $u'(v(x)) = -\frac{4}{(3 - x^2)^2}$
3. $f'(x) = u'(v(x)) \cdot v'(x) = -\frac{4}{(3 - x^2)^2} \cdot (-2x) = \frac{8x}{(3 - x^2)^2}$

1 Füllen Sie die Tabelle für $f(x) = u(v(x))$ aus.

f(x)	v(x)	v′(x)	u(x)	u′(x)	u′(v(x))	f′(x)
$\sin(x^2 + 3)$	$x^2 + 3$		$\sin(x)$			
$(2x + 9)^4$	$2x + 9$					
$3 \cdot (3x - 5)^{-2}$	$3x - 5$		$3 \cdot x^{-2}$			
$2\cos(3x)$			$2\cos(x)$			
$\frac{3}{(1 - 2x)^4}$			$\frac{3}{x^4}$			
$\frac{1}{\sin(x)}$	$\sin(x)$					

2 Ergänzen Sie.

a) $f(x) = 2\sin(3x^2)$ $f'(x) = 2\cos(3x^2) \cdot$ ________

b) $g(x) = 2\cos(5x - 3)$ $g'(x) = -10 \cdot$ ________

c) $h(x) = 2 \cdot (7 - 3x^2)^4$ $h'(x) = 8 \cdot$ ________

d) $i(x) = \frac{1}{2x + 5}$ $i'(x) = -2 \cdot$ ________

3 Leiten Sie ab und vereinfachen Sie das Ergebnis.

a) $f(x) = (x^3 - 4)^5$

b) $f(x) = \frac{1}{3}(4 - 3x)^3$

c) $f(x) = (4x + 5)^{-2}$

d) $f(x) = x^2 + (2x + 1)^4$

e) $f(x) = \cos(8x + 8)$

f) $f(x) = 8\sin(5x - 3)$

g) $f(x) = \frac{5}{2x + 7}$

h) $f(x) = \frac{5}{(2x + 7)^3}$

4 Wo steckt der Fehler? Verbessern Sie.

a) $f(x) = \frac{3}{(x + 1)^2}$, $f'(x) = \frac{-6}{x + 1}$

b) $f(x) = 8\sin(x^2 + 1)$, $f'(x) = 16x \cdot \cos(x)$

Funktionen wie z.B. $f(x) = 2 \cdot x^{\frac{1}{2}}$ oder $g(x) = -3 \cdot x^{-\frac{2}{3}}$, also Funktionen der Form $f(x) = a \cdot x^{\frac{p}{q}}$ mit $a \in \mathbb{R}$, $p \in \mathbb{Z}$ und $q \in \mathbb{N}$ heißen **Potenzfunktionen mit rationalem Exponenten.**

Jede Potenzfunktion kann man auch als Wurzel schreiben. Es gilt: $x^{\frac{p}{q}} = \sqrt[q]{x^p}$ mit $p \in \mathbb{Z}$ und $q \in \mathbb{N}$.

Beispielsweise gilt dann: $f(x) = x^{\frac{2}{3}} = \sqrt[3]{x^2}$, $g(x) = 2x^{\frac{4}{3}} = 2\sqrt[3]{x^4}$, $h(x) = x^{-\frac{1}{3}} = \frac{1}{x^{\frac{1}{3}}} = \frac{1}{\sqrt[3]{x}}$.

Speziell die Funktion f mit $f(x) = x^{\frac{1}{2}} = \sqrt[2]{x^1} = \sqrt{x}$ heißt **Wurzelfunktion** (bzw. auch Quadratwurzelfunktion).

Bei Potenzfunktionen mit rationalem Exponent ist zudem die Definitionsmenge wichtig, da $\sqrt{x}$ nur für $x \geq 0$ definiert ist. Beispiel: Die Funktion f mit $f(x) = 2 \cdot \sqrt{x+4}$ ist nur definiert, wenn $x + 4 \geq 0$, d.h. $x \geq -4$ ist. $D_f = [-4; \infty[$.

1 Bestimmen Sie die maximale Definitionsmenge von f.

a) $f(x) = \sqrt{x-2}$ $D_f =$ ________ b) $f(x) = \frac{1}{\sqrt{x-2}}$ $D_f =$ ________ c) $f(x) = \sqrt{4x+8}$ $D_f =$ ________

Bekannt ist die Ableitungsregel für Potenzfunktionen der Form $f(x) = c \cdot x^n$, $c \in \mathbb{R}$, $n \in \mathbb{Z}$.
Es gilt: $f'(x) = n \cdot c \cdot x^{n-1}$. Diese Ableitungsregel lässt sich analog auf Potenzfunktionen mit rationalen Exponenten übertragen:

Für Funktionen der Form $f(x) = a \cdot x^{\frac{p}{q}} = a \cdot \sqrt[q]{x^p}$ mit $a \in \mathbb{R}$, $p \in \mathbb{Z}$ und $q \in \mathbb{N}$ gilt: $f'(x) = \frac{p}{q} \cdot a \cdot x^{\frac{p}{q}-1}$.

Für $f(x) = 3x^{\frac{2}{3}}$ gilt: $f'(x) = \frac{2}{3} \cdot 3 \cdot x^{\frac{2}{3}-1} = 2x^{-\frac{1}{3}}$. Für $g(x) = 2\sqrt[3]{x^4}$ gilt: $g(x) = 2x^{\frac{4}{3}}$ und $g'(x) = \frac{8}{3}x^{\frac{1}{3}} = \frac{8}{3} \cdot \sqrt[3]{x}$.

Für die Funktion h mit $h(x) = \sqrt[3]{2x-1}$ benötigt man für die Ableitung die Kettenregel.

Es gilt: $h(x) = (2x-1)^{\frac{1}{3}}$ und $h'(x) = \frac{1}{3}(2x-1)^{-\frac{2}{3}} \cdot 2 = \frac{2}{3}(2x-1)^{-\frac{2}{3}}$.

2 Bestimmen Sie f'(x).

a) $f(x) = x^{\frac{3}{2}}$ $f'(x) =$ ________ b) $f(x) = 5x^{\frac{3}{5}}$ $f'(x) =$ ________ c) $f(x) = \frac{1}{2}x^{-\frac{1}{4}}$ $f'(x) =$ ________

d) $f(x) = \sqrt[3]{x^5} =$ ________ $f'(x) =$ ________ e) $f(x) = -\sqrt{x^5} =$ ________ $f'(x) =$ ________

3 Leiten Sie ab. Manchmal benötigt man die Kettenregel bzw. die Produktregel.

a) $f(x) = \sqrt{4x+1}$ b) $f(x) = \sqrt[5]{x^3-4}$ c) $f(x) = (2x+1)^{\frac{3}{2}}$ d) $f(x) = (1+\sqrt{x})^{\frac{1}{2}}$

e) $f(x) = \cos x \cdot \sqrt{x}$ f) $f(x) = \frac{1}{\sqrt[3]{2x}}$ g) $f(x) = \sqrt[3]{\cos x}$ h) $f(x) = x^2 \cdot \sqrt{4x+4}$

Für eine Stammfunktion F einer Funktion der Form $f(x) = a \cdot x^{\frac{p}{q}}$ mit $a \in \mathbb{R}$, $p \in \mathbb{Z}$ und $q \in \mathbb{N}$ gilt: $F(x) = \frac{1}{\frac{p}{q}+1} \cdot a \cdot x^{\frac{p}{q}+1}$. Für g mit $g(x) = 2\sqrt[3]{x^4} = 2x^{\frac{4}{3}}$ gilt dann:

$G(x) = \frac{1}{\frac{4}{3}+1} \cdot 2 \cdot x^{\frac{4}{3}+1} = \frac{3}{7} \cdot 2 \cdot x^{\frac{7}{3}} = \frac{6}{7} \cdot x^{\frac{7}{3}}$

4 Bestimmen Sie eine Stammfunktion F(x) und vereinfachen Sie soweit wie möglich.

a) $f(x) = 5 \cdot x^{\frac{3}{2}}$ $F(x) = \frac{1}{\square} x^{\square} =$ ________ b) $f(x) = \sqrt[3]{x^5} =$ ________ $F(x) =$ ________ $=$ ________

c) $f(x) = 0{,}2x^{-\frac{1}{4}}$ $F(x) =$ ________ $=$ ________ d) $f(x) = \sqrt[4]{x^{-3}} =$ ________ $F(x) =$ ________ $=$ ________

1 Bestimmen Sie die Ableitungsfunktion f′ und eine Stammfunktion F der Funktion f.

a) $f(x) = 2 \cdot \sin x + 2 \cdot \cos x$
b) $f(x) = x^{\frac{3}{4}} - \cos x$
c) $f(x) = \sqrt{x} + 2x^{-3}$
d) $f(x) = \frac{1}{\sqrt[4]{x^5}}$

2 Bestimmen Sie die Ableitungsfunktion f′.

a) $f(x) = (1 - 3x)^5$
b) $f(x) = 0{,}8 \cdot \sin(7 + 5x)$
c) $f(x) = \frac{5}{(x^2 - 4x)^4}$
d) $f(x) = 2\sqrt{2x^2 - 4x}$
e) $f(x) = 3x^2 \cdot \cos x$
f) $f(x) = x^2 \cdot \sin(2x + 1)$
g) $f(x) = \frac{1}{x} \cdot \sqrt{2x}$
h) $f(x) = \sqrt[3]{x} \cdot \cos(3x^3)$

3 Gegeben sind die Funktionen u und v mit $u(x) = \sqrt{2x + 2}$ und $v(x) = x^2$.
a) Bilden Sie $f(x) = u(v(x))$ und $g(x) = v(u(x))$ und geben Sie die Definitionsmengen von f und g an.
b) Berechnen Sie f(1) und g(1) sowie f′(1) und g′(1).

4 Gegeben sind die Funktionen f, g und h mit $f(x) = \frac{1}{x}$, $g(x) = 2 - 5\sin(x)$ und $h(x) = x^3 + 1$.
Wurde hier richtig verkettet? Geben Sie gegebenenfalls die richtige Verkettung an.

a) $f(g(x)) = \frac{1}{2 - 5\sin(x)}$
b) $g(f(x)) = 2 - 5 \cdot \frac{1}{x}$
c) $f(h(x)) = \frac{1}{x^3} + 1$
d) $h(f(x)) = \frac{1}{x^3} + 1$
e) $g(h(x)) = 2 - 5\sin(x^3 + 1)$
f) $h(g(x)) = (2 - 5\sin(x))^3$

5 Gegeben sei die Funktion f mit $f(x) = \frac{1}{x} + 2$.
a) Geben Sie die maximale Definitionsmenge der Funktion f an.
b) Begründen Sie, dass die Funktion f für $x > 0$ umkehrbar ist und geben Sie die Umkehrfunktion f^{-1} für diesen eingeschränkten Bereich an.
c) Geben Sie den Definitionsbereich und den Wertebereich der Umkehrfunktion f^{-1} aus Teilaufgabe b) an.

6 Gegeben sei die Funktion f mit $f(x) = 2 \cdot \sqrt{4x + 4}$.
a) Geben Sie die maximale Definitionsmenge der Funktion f an.
b) Geben Sie zwei Funktionen u und v an, sodass $f(x) = u(v(x))$ ist.
c) Bestimmen Sie die Gleichung der Tangente und der Normalen an den Graphen von f im Punkt $P(0\,|\,f(0))$.
d) Bestimmen Sie die Nullstellen der Funktion.
e) Zeigen Sie mithilfe der ersten Ableitung, dass die Funktion f keine Extremstellen besitzt.

7 Gegeben sei die Funktion f mit $f(x) = 2\sin(x - 0{,}5\pi) + 1$.
a) Bestimmen Sie die Extrempunkte der Funktion im Intervall $[-2\pi; 2\pi]$.
b) Bestimmen Sie die Gleichung der Tangente an den Graphen von f an der Stelle $x = -\frac{\pi}{2}$.

8 An den Graphen der Funktion f mit $f(x) = \sqrt{x}$ soll eine Tangente mit Steigung $m = \frac{1}{4}$ gelegt werden. Geben Sie die Koordinaten des Berührpunkts an und bestimmen Sie die Gleichung der Tangente an den Graphen von f.

Die **natürliche Exponentialfunktion** f mit $f(x) = e^x$ hat die Ableitung $f'(x) = e^x$.
Wird die natürliche Exponentialfunktion mit anderen Funktionen zusammengesetzt, so braucht man beim Ableiten die **Ableitungsregeln**.

Potenzregel:	$f(x) = x^3$	$f'(x) = 3x^2$
Faktorregel:	$f(x) = 0{,}2e^x$	$f'(x) = 0{,}2e^x$
Summenregel:	$f(x) = e^x + x^2$	$f'(x) = e^x + 2x$

Oft müssen mehrere Ableitungsregeln kombiniert werden.

$f(x) = e^x + x^2$	Potenzregel und Summenregel liefern:	$f'(x) = e^x + 2x$
$f(x) = 0{,}4e^x + 0{,}2x^5$	Potenzregel, Faktorregel und Summenregel liefern:	$f'(x) = 0{,}4e^x + x^4$

1 Leiten Sie ab.

a) $f(x) = e^x + x^3$ $f'(x) =$ __________ b) $f(x) = 4x^2 - e^x$ $f'(x) =$ __________ c) $f(x) = 2e^x - \frac{1}{4}x^4$ $f'(x) =$ __________ d) $f(x) = -e^x + 4$ $f'(x) =$ __________

2 Leiten Sie ab.

a) $f(x) = -e^x + \frac{1}{2}x^2$ b) $f(x) = 3e^x + 2x^3 - x + 5$ c) $f(x) = \frac{2}{x} - 3e^x$ d) $f(x) = 0{,}3e^x - \sqrt{x}$

3 Geben Sie eine Funktion f an, deren Ableitung f'(x) ist.

a) $f'(x) = 3x^2 - e^x$ b) $f'(x) = e^x + x \cdot e^x$ c) $f'(x) = \frac{e^x \cdot x - e^x}{x^2}$ d) $f'(x) = e^x - 3e^{-x}$

Mithilfe der ersten Ableitung f' kann man die Gleichungen der Tangenten und Normalen an den Graphen von f bestimmen.
Beispiel: $f(x) = x^2 - e^x$; $f'(x) = 2x - e^x$

1. Tangentengleichung: Es ist $f(1) = 1 - e \approx -1{,}7183$ und $f'(1) = 2 - e \approx -0{,}7183$.
Für die Gleichung der Tangente an den Graphen von f im Punkt $P(1\,|\,1 - e)$ gilt somit: $y = (2 - e)x + n$.
Mit den Koordinaten von P ergibt sich: $1 - e = 2 - e + n$, also $n = -1$.
Die Gleichung der Tangente lautet: $y = (2 - e)x - 1 \approx -0{,}7183x - 1$

2. Normalengleichung: Die Normale im Punkt $P(1\,|\,1 - e)$ hat die Steigung $m_n = -\frac{1}{f'(1)} = -\frac{1}{2 - e} \approx 1{,}3922$.
Also gilt für sie: $y = -\frac{1}{2 - e}x + n$ und mit den Koordinaten von P ergibt sich: $1 - e = -\frac{1}{2 - e} + n$.
Somit ist $n = 1 - e + \frac{1}{2 - e} \approx -3{,}1105$.
Die Gleichung der Normalen lautet: $y = -\frac{1}{2 - e}x + 1 + e - \frac{1}{2 - e} \approx 1{,}3922x - 3{,}1105$.

4 Gegeben ist die Funktion f mit $x \mapsto e^x - x$.
a) Berechnen Sie die Tangentensteigung in den Punkten $P(1\,|\,f(1))$, $Q(0\,|\,f(0))$ und $R(-1\,|\,f(-1))$.
b) Geben Sie die Tangentengleichung in den Punkten P und R an.
c) Bestimmen Sie die Monotonie-Intervalle des Graphen von f.
d) Berechnen Sie die Extrempunkte des Graphen von f.

5 Bestimmen Sie die Gleichungen der Tangente und der Normale an den Graphen von f im Punkt P.

a) $f(x) = 2e^x$; $P(1\,|\,2e)$ b) $f(x) = 2e^x$; $P\left(-1\,\middle|\,\frac{2}{e}\right)$ c) $f(x) = -e^x$; $P(0\,|\,-1)$

6 Bestimmen Sie die Gleichung der Tangente an den Graphen von f im Punkt P.
a) $f(x) = 3e^x - x$; $P(-2\,|\,f(-2))$ b) $f(x) = x^3 + e^x$; $P(1\,|\,f(1))$ c) $f(x) = x^3 - e^x$; $P(2\,|\,f(2))$

1. Die **Exponentialgleichung** $e^x = 2$ hat die Lösung $x = \ln(2)$.
   Dabei heißt $\ln(2)$ der **natürliche Logarithmus** von 2.
2. Die Gleichung $e^{3x} = 5$ löst man so: $3x = \ln(5)$, also $x = \frac{1}{3}\ln(5)$.
3. Die Gleichung $2 \cdot e^{3x} = 5$ wird zunächst umgeformt:
   $e^{3x} = 2{,}5$, damit ist $x = \frac{1}{3}\ln(2{,}5)$.

1 Lösen Sie die Gleichung. Geben Sie die Lösung mithilfe des ln an.

a) $e^x = 15$ ______ b) $\frac{1}{2}e^x = 8{,}5$ ______ c) $4e^x = 9$ ______ d) $e^{3x} = 4$ ______

e) $e^{2x-1} = 8$ ______ f) $2e^{1-x} = 3$ ______ g) $3e^{\frac{1}{2}x-1} = 6$ ______ h) $1 + e^{2x} = 15$ ______

Es ist $\mathbf{e^{\ln(a)} = a}$ und $\mathbf{\ln(e^b) = b}$. Damit kann man manche Terme vereinfachen.

Beispiel 1

a) $e^{\ln(3)} = 3$, $\ln(e^3) = 3$; b) $e^{\ln\left(\frac{1}{2}\right)} = \frac{1}{2}$, $\ln\left(e^{\frac{1}{2}}\right) = \frac{1}{2}$;

c) $e^{\ln(1)} = 1$, $\ln(e) = \ln(e^1) = 1$

Beispiel 2

$e^{-\ln(2)} = \frac{1}{e^{\ln(2)}} = \frac{1}{2}$; $\ln\left(\frac{1}{e}\right) = \ln(e^{-1}) = -1$

2 Vereinfachen Sie.

a) $e^{\ln(1{,}3)} =$ ______ b) $e^{-\ln(6)} =$ ______ c) $e^{-\ln\left(\frac{1}{2}\right)} =$ ______ d) $2e^{\ln(3)} =$ ______

e) $e^{\ln(1)} =$ ______ f) $\ln(e^5) =$ ______ g) $\ln\left(\frac{1}{e^3}\right) =$ ______ h) $2\ln(e^2) =$ ______

Die Funktion g mit $g(x) = \ln(x)$, die jeder positiven reellen Zahl x ihren natürlichen Logarithmus $\ln(x)$ zuordnet, heißt **natürliche Logarithmusfunktion**.
Sie ist die **Umkehrfunktion** der natürlichen Exponentialfunktion f mit $f(x) = e^x$, das heißt, wenn $y = e^x$ ist, dann ist $\ln(y) = x$.

3 a) Zeichnen Sie den Graphen der natürlichen Exponentialfunktion $f(x) = e^x$ und den der natürlichen Logarithmusfunktion $g = \ln(x)$ in das Koordinatensystem.

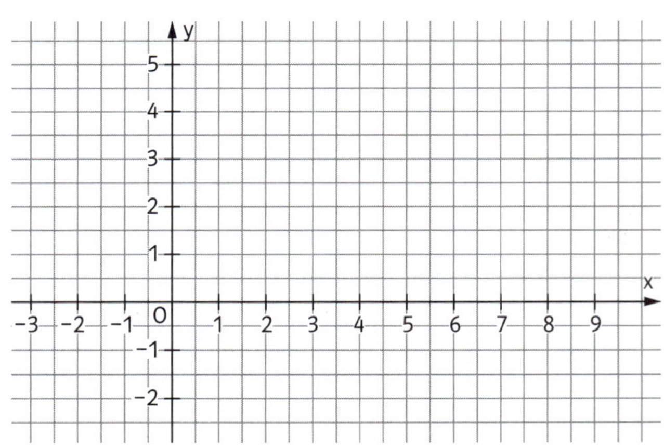

b) Die Definitions- und Wertemengen sind:

bei f: D = ______ und W = ______

bei g: D = ______ und W = ______

c) Zeichnen Sie die Punkte A(1 | ?) und B(e | ?) des Graphen von g und die Punkte C(? | 1) und D(? | e) des Graphen von f ein.

d) Die beiden Graphen liegen achsensymmetrisch zur Geraden mit der Gleichung ______.

4 Entscheiden Sie, ob folgende Aussagen für $f: x \mapsto e^x$ und $g: x \mapsto \ln(x)$ wahr oder falsch sind.

a) Die Funktion f hat nur positive Funktionswerte.
b) Die Funktion g hat nur negative Funktionswerte.
c) Der Graph der Funktion g hat eine Tangente, die parallel zur Tangente an den Graphen von f an der Stelle 0 verläuft.
d) Es ist $\lim\limits_{x \to \infty} f(x) = \lim\limits_{x \to \infty} g(x)$.

Die **Ableitung der natürlichen Logarithmusfunktion** f mit $f(x) = \ln(x)$ ist f′ mit $f'(x) = \frac{1}{x}$ $(x \in \mathbb{R},\ x > 0)$.

5 Gegeben ist die Funktion f mit $f(x) = \ln(x)$. Füllen Sie die Tabelle aus.

x	1	e						10	
f(x)			ln(2)				2		$\ln\left(\frac{1}{3}\right)$
f′(x)				0,2	2	$\frac{1}{e^3}$			

6 Leiten Sie ab.

a) $f(x) = \ln(x) - 5x$
$f'(x) =$ ____________

b) $f(x) = 3 \cdot \ln(x) + \frac{1}{x}$
$f'(x) =$ ____________

c) $f(x) = -\ln(x) + x^3 - \frac{1}{x^3}$
$f'(x) =$ ____________

d) $f(x) = e^x - \ln(x)$
$f'(x) =$ ____________

7 Bestimmen Sie die Gleichung der Tangente an den Graphen von f im Punkt $P(x_0 \mid f(x_0))$.

a) $f(x) = \ln(x);\ x_0 = 3$

b) $f(x) = 2 \cdot \ln(x) + 3;\ x_0 = 1$

c) $f(x) = -\ln(x) + x;\ x_0 = 2$

8 Gegeben ist die Funktion f mit $f(x) = \ln(x) + 5$.

a) Begründen Sie, dass die Funktion von f streng monoton steigend ist.

b) Wie ist das Monotonieverhalten von f′? Begründen Sie Ihre Antwort.

c) In welchem Bereich sind die Funktionswerte von f kleiner als 5? ____________

d) In welchem Bereich sind die Funktionswerte von f größer als 10? ____________

e) In welchem Bereich ist die Steigung des Graphen von f größer als 1? ____________

f) In welchem Bereich ist die Steigung des Graphen von f kleiner als 0,25? ____________

9 Ermitteln Sie eine Stammfunktion der Funktion f.

a) $x \mapsto e^{x+1}$

b) $x \mapsto \ln(e^x)$

c) $x \mapsto \frac{1}{x} + e^{-x}$

d) $x \mapsto \frac{3}{x} + 2$

10 Gegeben ist die Funktion $f: x \mapsto 2\ln(x)$ $(x > 0)$.

a) Erstellen Sie eine Wertetabelle und zeichnen Sie den Graphen der Funktion in das nebenstehende Koordinatensystem ein.

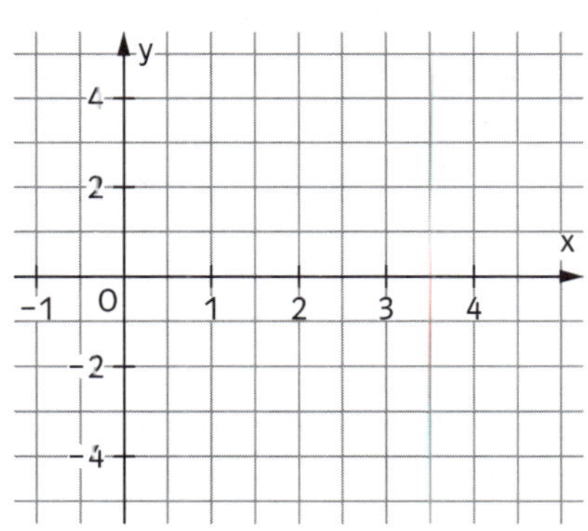

x	0,1	0,5	0,75	1	2	3	4
f(x)							

b) Durch den Punkt $P(0 \mid 1)$ verläuft eine Gerade, die Tangente an den Graphen von f ist. Zeichnen Sie diese Gerade ein und berechnen Sie den Berührpunkt und den Funktionsterm dieser Geraden.

c) Weisen Sie nach, dass der Graph der Ableitungsfunktion von f im gesamten Definitionsbereich monoton fallend ist.

11 Weisen Sie rechnerisch nach, dass F eine Stammfunktion von f ist.

a) $F(x) = \ln|x| + e^x;$ $f(x) = \frac{1}{x} + e^x$

b) $F(x) = \frac{\ln|x|}{e^x} + e;$ $f(x) = \frac{1 - x \cdot \ln|x|}{x \cdot e^x}$

c) $F(x) = e^x \cdot \ln|x| + 1;$ $f(x) = \frac{e^x}{x} \cdot (x \cdot \ln|x| + 1)$

d) $F(x) = \frac{2}{3} \cdot \ln|x| + 2;$ $f(x) = \frac{2}{3x}$

Durch Addition, Subtraktion, Multiplikation, Division und Verkettung verschiedener Funktionsterme lassen sich **zusammengesetzte Funktionen** bilden. Bei der Ableitung solcher zusammengesetzter Funktionen sind die entsprechenden Ableitungsregeln zu beachten.

Beispiel: $f: x \mapsto x^3 + e^{2x^2-3}$

Der Funktionsterm ist die Summe aus einer Potenzfunktion und einer Exponentialfunktion, also kommt zunächst die Summenregel zur Anwendung. Der erste Summand wird nach der Potenzregel differenziert, und beim zweiten Summanden ist die Verkettung der Exponentialfunktion zu beachten.

$$f'(x) = 3x^2 + (4x) \cdot e^{2x^2-3}$$

- e^{2x^2-3} → äußere Ableitung
- $(4x)$ → innere Ableitung
- $3x^2$ → Potenzregel

1 Bestimmen Sie zuerst, ob f eine Summe (S), ein Produkt (P), ein Quotient (Q) oder eine Verkettung (V) ist. Leiten Sie dann ab.

Funktionsterm	S	P	Q	V	Ableitung
$f(x) = x^2 - e^{2x}$					$f'(x) =$
$g(x) = \frac{x^3-1}{e^x}$					$g'(x) =$
$h(x) = x^2 \cdot e^x$					$h'(x) =$
$k(x) = \frac{1-e^x}{e^{-x}}$					$k'(x) =$
$m(x) = e^x + 3\ln\left(\frac{x}{3}\right)$					$m'(x) =$
$n(x) = \frac{1}{3}e^x + 2x$					$n'(x) =$
$v(x) = (5x-2) \cdot e^x$					$v'(x) =$
$w(x) = \frac{e^x}{3x-1}$					$w'(x) =$
$z(x) = e^{2x-6}$					$z'(x) =$

2 Gegeben ist die Funktion $f: x \mapsto \frac{x}{e^x}$.

a) An der Stelle $x_0 = -1$ soll eine Tangente an den Graphen der Funktion f gelegt werden. Berechnen Sie ihre Gleichung.
b) Geben Sie die Koordinaten des Hochpunktes des Graphen der Funktion f an.
c) Ermitteln Sie das Verhalten der Funktion f für $x \to -\infty$ und $x \to +\infty$.
d) Skizzieren Sie den Graphen der Funktion f in ein geeignetes Koordinatensystem.

3 Natalie behauptet, dass die Funktionen $x \mapsto \ln(x)$, $x \mapsto \ln(2x)$, $x \mapsto \ln(3x)$, … mit $x > 0$ alle die gleiche Ableitungsfunktion haben. Prüfen Sie nach, ob Natalie Recht hat. Max glaubt, dass der Faktor vor dem x eine beliebige reelle Zahl sein kann. Wie beurteilen Sie seine Verallgemeinerung?

4 Begründen Sie, dass F eine Stammfunktion der Funktion f für $x \neq 0$ ist.

a) $f: x \mapsto \frac{4x+1}{2x}$
$F: x \mapsto 2x + \frac{1}{2}\ln|x|$

b) $f: x \mapsto -\frac{3e}{x^2}$
$F: x \mapsto e^{1-\ln\left(\frac{x}{3}\right)}$

c) $f: x \mapsto \frac{x+\frac{1}{2}}{\sqrt{x}} \cdot e^x$
$F: x \mapsto \sqrt{x} \cdot e^{2x}$

5 Welche der Funktionen ist eine Stammfunktion von $x \to \frac{2}{x} \cdot \ln(x) + 2;\ (x > 0)$?

(1) $F(x) = 2 \cdot \ln(x^2)$

(2) $F(x) = \ln(x^2)$

(3) $F(x) = \ln(x) \cdot (\ln(x) + x)$

(4) $F(x) = 2\left(\frac{(\ln(x))^2}{2} + x\right)$

Enthält eine **Gleichung** e^x und e^{2x}, so sind folgende Lösungsstrategien häufig nützlich:

1. $e^{2x} - 3e^x = 0$ **Strategie: e^x ausklammern**

$e^x(e^x - 3) = 0$

1. $e^x = 0$

Keine Lösung

2. $e^x - 3 = 0$

$x_1 = \ln(3)$

2. $e^{2x} - 3e^x + 2 = 0$ **Strategie: Substituieren**

Substituieren Sie $e^x = u$:

$u^2 - 3u + 2 = 0$

$u_1 = 2;\ u_2 = 1$

Rücksubstitution liefert

1. $e^x = 2,\ x_1 = \ln(2)$
2. $e^x = 1,\ x_2 = \ln(1) = 0$

Enthält eine **Gleichung** e^x und e^{-x}, so sind folgende Lösungsstrategien häufig nützlich:

3. $e^x - 3e^{-x} = 0$ **Strategie: Multiplizieren mit e^x**

$e^{2x} - 3 = 0$

$x_1 = \frac{1}{2}\ln(3)$

4. $e^x - 2e^{-x} + 1 = 0$ **Strategie: Multiplizieren mit e^x**

$e^{2x} + e^x - 2 = 0$ **Strategie: Substituieren**

Substituieren Sie $e^x = u$:

$u^2 + u - 2 = 0$

$u_1 = 1;\ u_2 = -2$

Rücksubstitution liefert

1. $e^x = 1,\quad x_1 = 0$
2. $e^x = -2$, keine Lösung

1 Lösen Sie die Gleichung. Geben Sie die Lösung mithilfe des ln an.

a) $e^x - e^{2x} = 0$ b) $e^{2x} = -e^x$ c) $2e^{3x} - e^x = 0$ d) $e^{2x} - 2e^x = 3$

e) $e^x - 3e^{-x} + 2 = 0$ f) $e^x \cdot (x - 6) = 0$ g) $(x - 1) \cdot (e^x - 1) = 0$ h) $\left(e^x - \frac{1}{2}\right) \cdot (1 - e^x) = 0$

2 Lösen Sie die Gleichung näherungsweise mithilfe des GTR.

a) $x \cdot e^x = 15$ b) $x^2 + 15 = e^{2x}$ c) $e^x - e^{2x} = -3$ d) $e^x - 1{,}2e^{2x} = x$

3 Bestimmen Sie die Koordinaten der eingezeichneten Schnittpunkte mithilfe des GTR.

a)

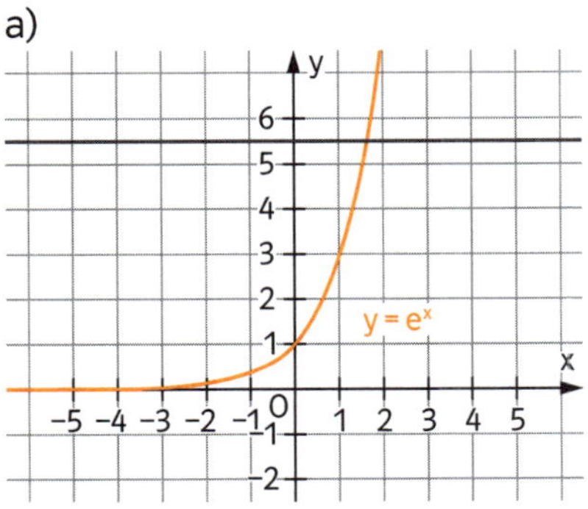

b)

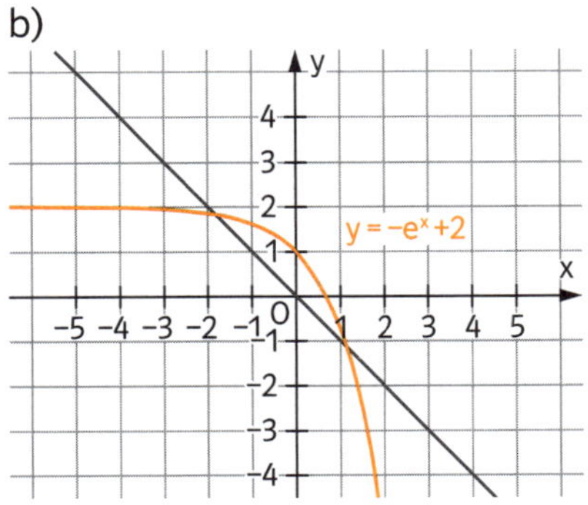

c)

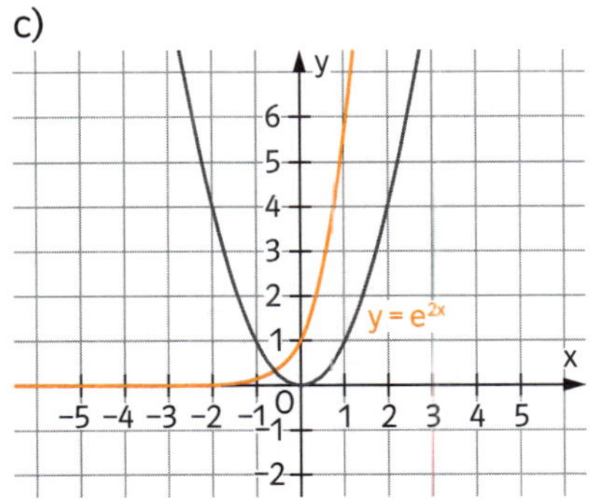

4 Bestimmen Sie die Koordinaten des Punktes P mithilfe des GTR.

a) Die Graphen der Funktionen f und g mit $f(x) = e^{\frac{1}{2}x + 1}$ und $g(x) = 2x^2$ schneiden sich in den Punkten $P_1($____|____$)$ und $P_2($____|____$)$.

b) Die Steigung des Graphen der Funktion h mit $h(x) = e^{x+2}$ im Punkt $P_h($____|____$)$ ist e.

c) Der Graph von i mit $i(x) = 2x \cdot e^{-x}$ hat im Punkt $P_i($____|____$)$ eine waagrechte Tangente.

d) Der Graph von i mit $i(x) = 2x \cdot e^{-x}$ hat im Punkt $P_k($____|____$)$ eine Tangente, die parallel zur Geraden mit der Gleichung $y = x$ ist.

Beim **Verschieben, Spiegeln bzw. Strecken des Graphen der natürlichen Exponentialfunktion** erhält man wieder einen Graphen einer Exponentialfunktion.

1. Spiegeln an der x-Achse
   $f(x) = -e^x$

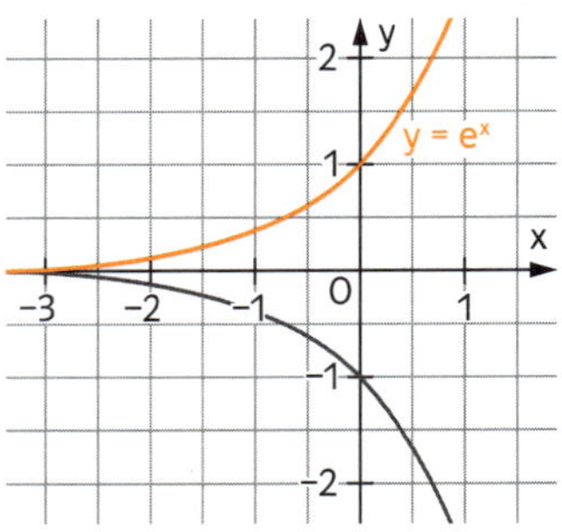

2. Spiegeln an der y-Achse
   $f(x) = e^{-x}$

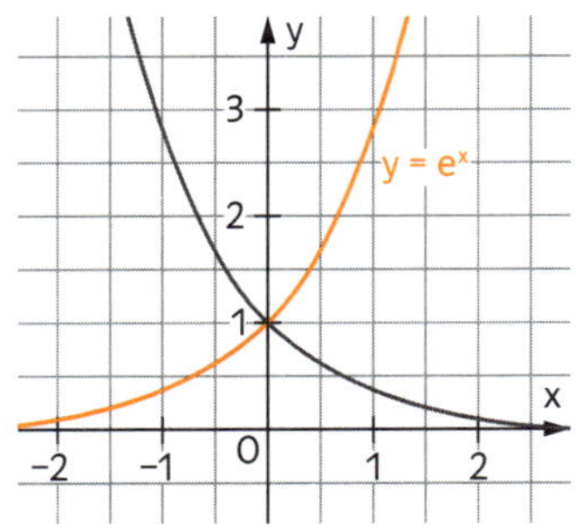

3. Verschieben in y-Richtung um 1
   $f(x) = e^x + 1$

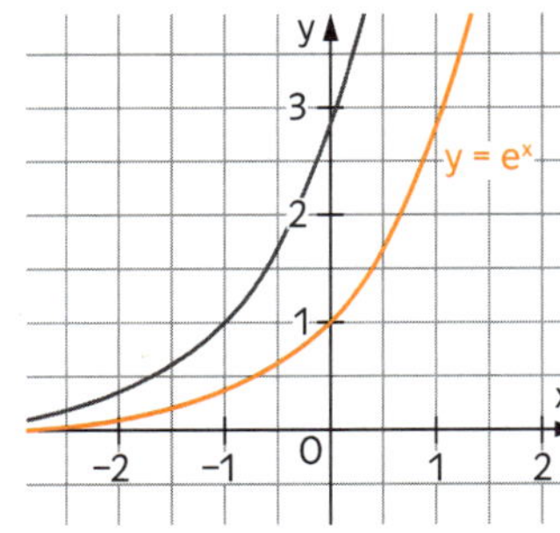

4. Verschieben in x-Richtung um −1
   $f(x) = e^{(x+1)}$

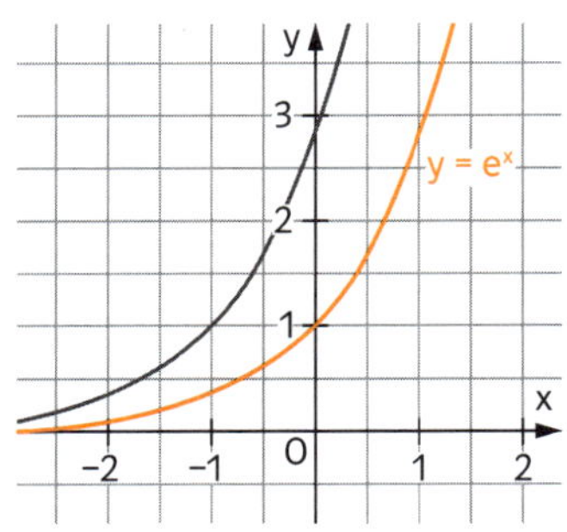

5. Strecken in y-Richtung mit Streckfaktor 2
   $f(x) = 2e^x$

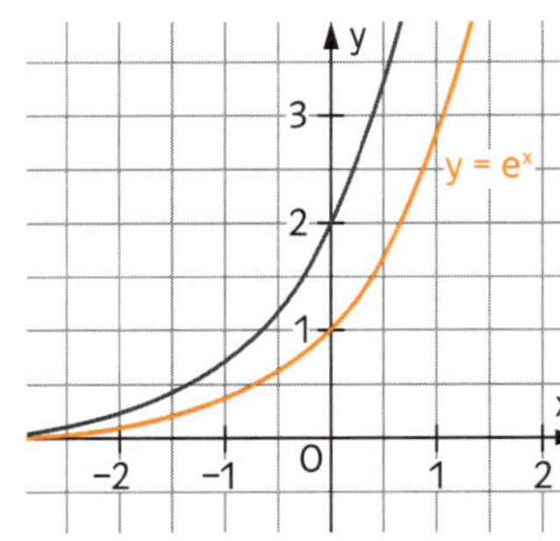

Da $f(x) = e^{(x+1)} = e^x \cdot e^1$ ist, ist das Verschieben in x-Richtung um −1 dasselbe wie das Strecken in y-Richtung mit dem Streckfaktor e^1.

1 Gegeben ist der Graph der natürlichen Exponentialfunktion. Geben Sie jeweils den veränderten Funktionsterm an, wenn der Graph

a) um −1 in y-Richtung verschoben wird: __________. b) um 3 in x-Richtung verschoben wird: __________.

c) mit dem Faktor 0,5 in y-Richtung gestreckt wird: __________.

d) mit dem Faktor 2 in y-Richtung gestreckt und um −0,5 in x-Richtung verschoben wird: ______________.

2 Wie entsteht der Graph der Funktion f aus dem Graphen der natürlichen Exponentialfunktion?

a) $f(x) = e^{x-5}$ b) $f(x) = e^x - 3$ c) $f(x) = 2e^{x+5}$ d) $f(x) = -e^{x+3}$

e)

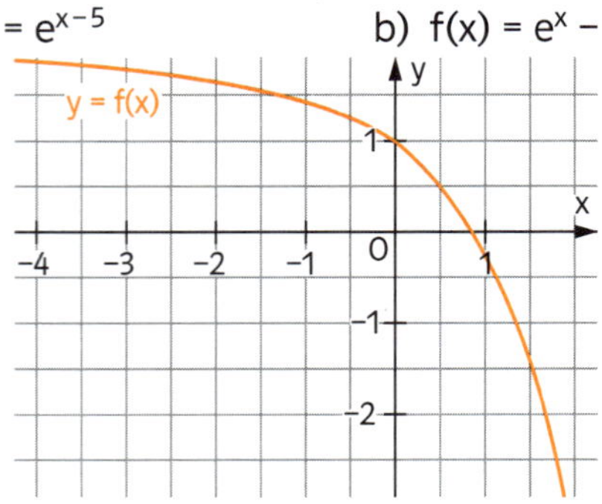

f)

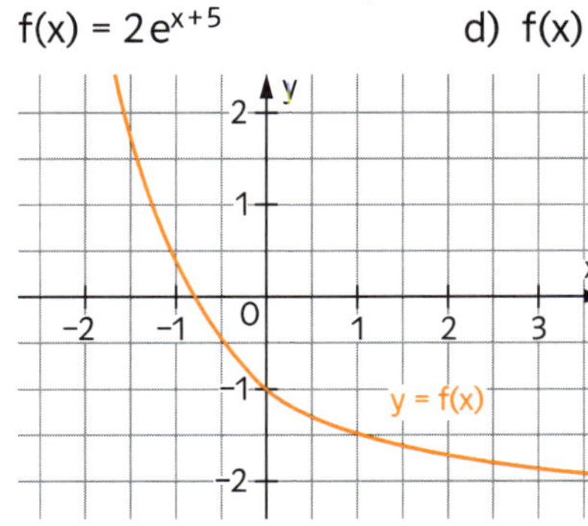

3 Geben Sie den entstehenden Funktionsterm der Funktion an, die aus der Funktion $f: x \mapsto \ln(x)$ entsteht durch

a) Spiegelung an der y-Achse.
b) Verschiebung in x-Richtung um 2 nach rechts und in y-Richtung um 3 nach unten.
c) durch Streckung um 2 und Spiegelung an der x-Achse.
d) durch Spiegelung an der y-Achse und Verschiebung in x-Richtung nach links um 1.

4 Bestimmen Sie die Koordinaten des Punktes P mithilfe des GTR.

a) Die Graphen der Funktionen f und g mit $f(x) = \ln(2x^2 + 1)$ und $g(x) = \frac{1}{2}x^2 - 3$ schneiden sich in den Punkten P_1(____ | ____) und P_2(____ | ____).

b) Der Graph der Funktion h mit $h(x) = \frac{x}{2\ln(x)}$ hat in P_3(____ | ____) eine waagerechte Tangente und in P_4(____ | ____) und P_5(____ | ____) Tangenten, die parallel zur Geraden $y = -x$ verlaufen. Berechnen Sie nun die genauen Koordinaten der Punkte P_3 und P_4.

c) Der Graph der Funktion i mit $i(x) = \frac{2x}{e^x}$ hat in P_6(____ | ____) eine Normale, die parallel zur Geraden $y = -\frac{1}{2}x + 3$ verläuft.

Funktionsterme wie z. B. $f(x) = \frac{e^x}{x^2}$ kann man nicht kürzen.

Es lässt sich zeigen, dass **die Exponentialfunktion** e^x für $x \to \pm\infty$ über x^2 (und auch allen höheren Potenzen von x) **dominiert**.
Damit gilt: $f(x) \to +\infty$ für $x \to +\infty$ und $f(x) \to 0$ für $x \to -\infty$.

Weitere Beispiele:

Für $x \to +\infty$ gilt: $\frac{e^x}{x^4} \to \infty$.

Für $x \to -\infty$ gilt: $e^x \cdot x^3 \to 0$

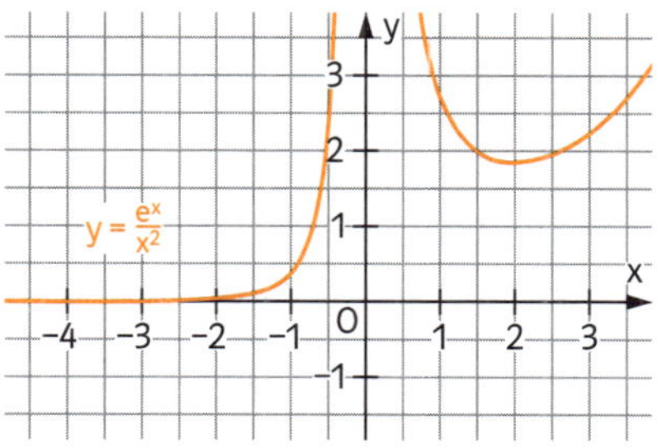

5 Bestimmen Sie das Verhalten für $x \to \pm\infty$ und geben Sie gegebenenfalls die Asymptote an.

a) Für $x \to -\infty$ gilt: $\frac{e^x}{x^3 + 2} \to$ ________

b) Für $x \to +\infty$ gilt: $\frac{-x^3}{e^x + 1} \to$ ________

c) Für $x \to +\infty$ gilt: $5e^x - 7x^2 \to$ ________

d) Für $x \to +\infty$ gilt: $90x^3 - 3e^x \to$ ________

e) Für $x \to -\infty$ gilt: $x^3 \cdot e^x \to$ ________

f) Für $x \to -\infty$ gilt: $2 \cdot e^x \cdot x^2 \to$ ________

6 Bestimmen Sie die Extremstellen der folgenden Funktionen.

Funktion f	Ableitung f'	Lösungen von $f'(x_0) = 0$	VZW von f'	Extrema (min/max)
$x \mapsto x^2 \cdot e^x + e^x$				
$x \mapsto \frac{e^x}{2 \cdot x^2}$				
$x \mapsto x \cdot e^x$				
$x \mapsto e^{4x} - 8x$				
$x \mapsto x^2 \cdot e^x - e^x$				
$x \mapsto -(x^2 - 2) \cdot e^x$				

7 Gegeben ist die Funktion $f: x \mapsto x^2 \cdot \ln(x^2)$.

a) Bestimmen Sie ihren größtmöglichen Definitionsbereich und zeigen Sie, dass die Definitionslücke hebbar ist.

b) Geben Sie die Nullstellen der Funktion f an.

c) Weisen Sie nach, dass der Graph der Funktion f achsensymmetrisch zur y-Achse ist.

d) Berechnen Sie die lokalen Extrempunkte des Graphen der Funktion und fertigen Sie eine Skizze dieses Graphen an.

1 Der Graph der Funktion f mit $f(x) = c \cdot a^x$ geht durch P und Q. Bestimmen Sie den Funktionsterm.
a) $P(0|3)$, $Q(2|0{,}75)$ b) $P(2|18)$, $Q(3|54)$ c) $P(1|-3)$, $Q(2|-4{,}5)$ d) $P(-1|20)$, $Q(1|1{,}8)$

2 Kreuzen Sie die richtige Antwort an.

	-4	-1	$-\frac{1}{4}$	0	$\frac{1}{4}$	1	4
$e^{\ln(4)} =$							
$e^{-\ln(4)} =$							
$\ln(e^4) =$							
$\ln\left(e^{\frac{1}{4}}\right) =$							
$4\ln\left(\frac{1}{e}\right) =$							
$\ln\left(\frac{1}{e^4}\right) =$							

3 Gegeben ist der Graph der natürlichen Exponentialfunktion f mit $f(x) = e^x$. Geben Sie jeweils den veränderten Funktionsterm an, wenn der Graph von f

a) an der x-Achse gespiegelt und 1 in x-Richtung verschoben wird: $g(x) =$ ______

b) mit dem Faktor 0,2 in y-Richtung gestreckt, um −4 in x-Richtung und um 2 in y-Richtung verschoben wird:

$h(x) =$ ______

4 Der Graph von f entsteht aus dem Graphen der natürlichen Exponentialfunktion durch Verschieben und/oder Spiegeln. Geben Sie den Funktionsterm von f an.

a) 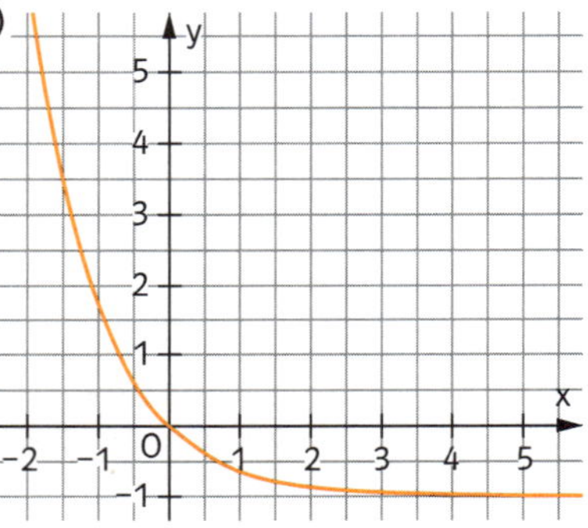

b) 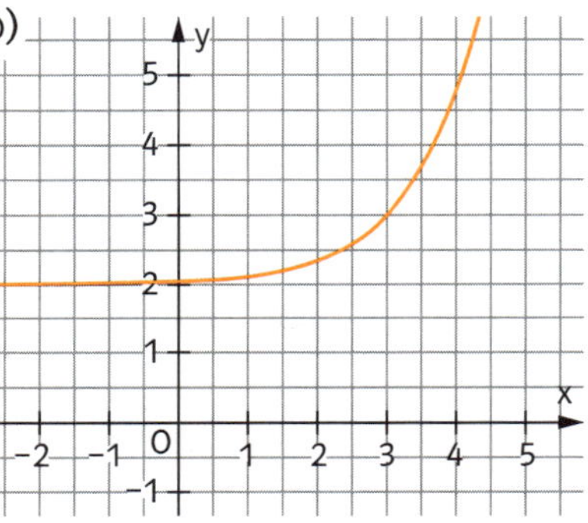

c) 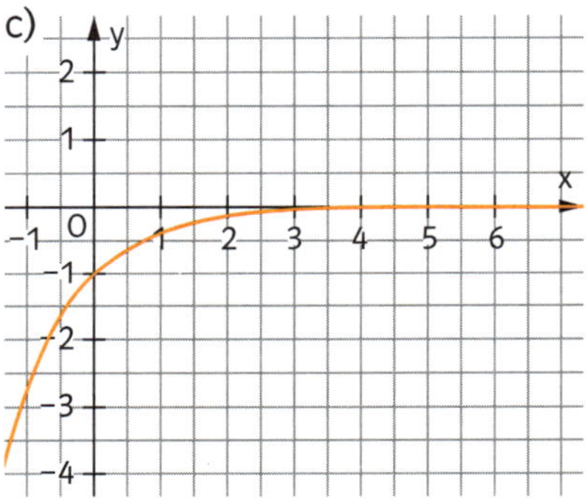

5 Geben Sie die Lösung der Gleichung mithilfe des ln an und bestimmen Sie dann einen Näherungswert.
a) $e^x = 42$ b) $2e^x = 36$ c) $4e^{-x} = 28$ d) $3e^{5x-7} = 9$

6 Leiten Sie ab.
a) $f(x) = 2e^{0{,}1x}$ b) $f(x) = -0{,}3e^{2x}$ c) $f(x) = 3e^{-0{,}5x} + 5x$ d) $f(x) = 2{,}5e^{\frac{2}{5}x} - x^2$
e) $f(x) = 1000e^{-0{,}002x} + 25$ f) $f(x) = \frac{2}{e^{4x}}$ g) $f(x) = 0{,}2 \cdot 4^x$ h) $f(x) = -5\ln(x) - x$

7 Bestimmen Sie die Gleichung der Tangente an den Graphen von f im Ursprung.
a) $f(x) = 2e^x + 2x$ b) $f(x) = 10e^{-0{,}25x} - 0{,}12x^3$ c) $f(x) = e^x - x$

8 Gegeben ist die Funktion $f\colon x \mapsto \frac{3}{2} \cdot x^2 + e^{-x}$ $(x \in D_f)$. Bestimmen Sie eine Gleichung der Stammfunktion F von f so, dass der Graph von F durch den Punkt $A(0|2)$ verläuft.

9 Gegeben ist die Funktion $f\colon x \mapsto (x-2) \cdot \ln\left(\frac{2}{x}\right)$ $(x \in D_f)$.
a) Geben Sie den größtmöglichen Bereich D_f an und untersuchen Sie den Graphen von f auf Asymptoten.
b) Berechnen Sie die Nullstelle der Funktion und weisen Sie nach, dass der Graph der Funktion f die x-Achse an der Nullstelle berührt.

Zusammengesetzte Ereignisse

Manchmal ist es günstig, die Wahrscheinlichkeit eines Ereignisses über das **Gegenereignis** zu bestimmen.

Beispiel: Ein Würfel wird viermal geworfen. Gesucht ist die Wahrscheinlichkeit des Ereignisses E: „Es fällt mindestens eine Sechs". Diese direkt zu berechnen ist relativ aufwendig. Einfacher ist es, das Gegenereignis $\overline{E}$ zu betrachten. $\overline{E}$ besteht aus allen Ergebnissen, die nicht zu E gehören. Hier ist $\overline{E}$: „Es fällt keine Sechs".

Es ist $P(\overline{E}) = \left(\frac{5}{6}\right)^4 = \frac{625}{1296} = 0{,}4823$. Es gilt $\mathbf{P(E) = 1 - P(\overline{E})} = 1 - 0{,}4823 = 0{,}5177$.

1 Eine Münze wird dreimal geworfen.

a) Geben Sie die Wahrscheinlichkeitsverteilung an (K steht für „Kopf" und Z für „Zahl").

e	KKK	KKZ	KZK					
P(e)								

b) Bestimmen Sie die Wahrscheinlichkeit der folgenden Ereignisse. Geben Sie zunächst jeweils das Gegenereignis an und überlegen Sie, ob es günstig ist, die Wahrscheinlichkeit von E mithilfe des Gegenereignisses $\overline{E}$ zu berechnen.

Ereignis E	Gegenereignis $\overline{E}$	P(E) mithilfe von $\overline{E}$ berechnen?	P(E)
Es fällt mindestens einmal Kopf.			
Es fällt nur Kopf.			
Es fällt höchstens zweimal Kopf.			
Es fällt mindestens zweimal Kopf.			

Aus zwei Ereignissen E und F kann man neue Ereignisse bilden:
- die **Schnittmenge E ∩ F**: Sie enthält alle Ergebnisse, die in E **und** in F liegen.
- die **Vereinigungsmenge E ∪ F**: Sie enthält alle Ergebnisse, die in E **oder** in F liegen.

(Das „oder" ist hier nicht ausschließend, d.h. kein „entweder-oder".)

Beispiel: Man würfelt mit einem Würfel. E sei „Die Zahl ist ungerade" und das F sei „Die Zahl ist eine Primzahl", als Mengen: $E = \{1, 3, 5\}$ und $F = \{2, 3, 5\}$. Dann ist $E \cap F$ das Ereignis „Die Zahl ist ungerade und eine Primzahl", als Menge $E \cap F = \{3, 5\}$. Und $E \cup F$ ist „Die Zahl ist ungerade oder eine Primzahl", als Menge $E \cup F = \{1, 2, 3, 5\}$.

2 Eine Urne enthält vier Kugeln, die mit den Zahlen 1 bis 4 beschriftet sind. Es werden zwei Kugeln mit Zurücklegen gezogen. Das Ereignis E sei „Die erste Kugel ist die 1" und das Ereignis F sei „Die Summe der gezogenen Zahlen ist gerade".

a) Die Ereignisse lauten in Mengenschreibweise: E = {11; 12; ______________________} und

F = {______________________}.

b) Für die Schnittmenge und die Vereinigungsmenge von E und F gilt dann:

	in Worten	als Menge	Wahrscheinlichkeit
E ∩ F			
E ∪ F			

c) Beschreiben Sie die Gegenereignisse von E ∩ F und von E ∪ F in Worten und geben Sie ihre Wahrscheinlichkeiten an.

Der Additionssatz

Um für zwei Ereignisse E und F die Wahrscheinlichkeit $P(E \cup F)$ zu bestimmen, zählt man alle Ergebnisse, die zu E oder zu F gehören. Dabei zählt man die Ergebnisse, die zu E und zu F gehören, doppelt. Deshalb kann man dann $P(E \cup F)$ mithilfe des **Additionssatzes** berechnen:
$\mathbf{P(E \cup F) = P(E) + P(F) - P(E \cap F)}$.

Beispiel: Eine Urne enthält fünf rote, drei weiße und zwei schwarze Kugeln. Man zieht zwei Kugeln mit Zurücklegen. Gesucht ist die Wahrscheinlichkeit, dass die erste Kugel schwarz oder die zweite Kugel rot ist.

Das Ereignis E sei „Die erste Kugel ist schwarz" und F sei „Die zweite Kugel ist rot". Dann gilt für die Wahrscheinlichkeiten: $P(E) = \frac{2}{10} = \frac{1}{5}$ und $P(F) = \frac{5}{10} = \frac{1}{2}$.

$E \cap F$ ist das Ereignis „Die erste Kugel ist schwarz und die zweite ist rot", also ist $P(E \cap F) = \frac{1}{5} \cdot \frac{1}{2} = \frac{1}{10}$.

Also folgt: $P(E \cup F) = P(E) + P(F) - P(E \cap F) = \frac{1}{5} + \frac{1}{2} - \frac{1}{10} = \frac{6}{10} = \frac{3}{5}$.

1 Ein Würfel und eine Münze werden geworfen. Wie groß ist die Wahrscheinlichkeit, dass der Würfel eine 3 oder die Münze Zahl zeigt?

Die Ereignisse E und F sind hier E: „____"

und F: „____".

Die Wahrscheinlichkeiten sind $P(E)$ = __________ und $P(F)$ = __________ und $P(E \cap F)$ = __________.

Damit ist die gesuchte Wahrscheinlichkeit $P(E \cup F)$ = ______________________________.

2 Eine Urne enthält 10 Kugeln, die mit den Zahlen von 1 bis 10 beschriftet sind. Berechnen Sie die folgenden Wahrscheinlichkeiten, füllen Sie dazu die Tabelle aus.

a) Es wird eine Kugel gezogen. Wie groß ist die Wahrscheinlichkeit, dass die gezogene Zahl ungerade oder größer als 6 ist?

b) Es werden zwei Kugeln mit Zurücklegen gezogen. Wie groß ist die Wahrscheinlichkeit, dass die erste Zahl gerade oder die zweite Zahl kleiner als 4 ist?

c) Es werden zwei Kugeln mit Zurücklegen gezogen. Wie groß ist die Wahrscheinlichkeit, dass die erste oder die zweite Zahl durch 3 teilbar ist?

	E	F	P(E)	P(F)	$P(E \cap F)$	$P(E \cup F)$
a)						
b)						
c)						

d) Es wird eine Kugel gezogen. Geben Sie zwei Ereignisse E und F an, bei denen man die Wahrscheinlichkeit für die Vereinigungsmenge $P(E \cup F)$ berechnen kann, indem man die Wahrscheinlichkeiten P(E) und P(F) addiert.

E: ______________________________, F: ______________________________.

e) Welche Eigenschaft müssen E und F haben, damit die Formel $P(E \cup F) = P(E) + P(F)$ gilt?

____

3 Von den 184 Schülern der Klasse 12 eines Gymnasiums besuchen 67 den Englisch-Kurs und 38 den Französisch-Kurs. Darunter sind 32 Schüler, die sowohl Englisch als auch Französisch haben.

a) Wie groß ist die Wahrscheinlichkeit, dass ein zufällig ausgewählter Schüler der Klasse 12 den Englisch- und den Französisch-Kurs besucht?

b) Wie groß ist die Wahrscheinlichkeit, dass ein zufällig ausgewählter Schüler der Klasse 12 den Englisch- oder den Französisch-Kurs besucht?

Unabhängigkeit von Ereignissen

Es gibt Ereignisse, bei denen die Wahrscheinlichkeit für das eine Ereignis vom Wissen darüber abhängt, ob das andere Ereignis eingetreten ist oder nicht. Für zwei Ereignisse E und F bezeichnet man mit $P_E(F)$ die Wahrscheinlichkeit von F unter der Voraussetzung, dass E eingetreten ist. Sie heißt die **bedingte Wahrscheinlichkeit** von F unter der Bedingung E.
Wenn $\mathbf{P_E(F) = P(F)}$ gilt, nennt man die Ereignisse E und F **unabhängig**. Man kann dies wie folgt interpretieren: Das Eintreten von E beeinflusst die Wahrscheinlichkeit von F nicht.

Beispiel: In einer Box befinden sich fünf Kugeln, die mit den Zahlen von 1 bis 5 beschriftet sind. Man zieht zwei Kugeln. Das Ereignis E ist: „Im ersten Zug wird eine Kugel mit einer geraden Zahl gezogen."
Das Ereignis F ist: „Im zweiten Zug wird eine Kugel mit einer geraden Zahl gezogen."
Es ist $P(E) = \frac{2}{5}$. Dagegen ist P(F) abhängig davon, ob die erste Kugel zurückgelegt wird oder nicht.

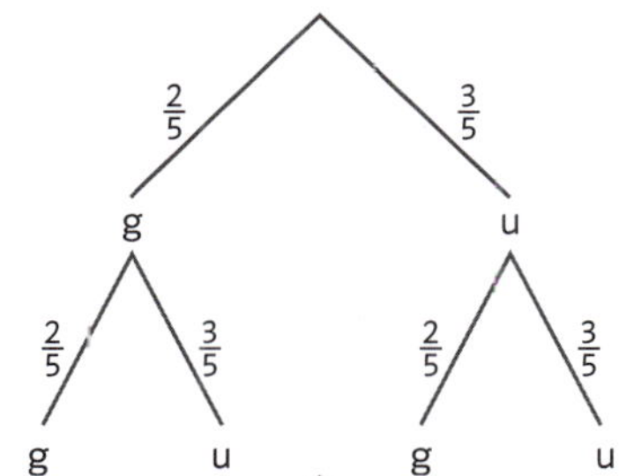

Ziehen mit Zurücklegen:

$P_E(F) = P(gg) = \frac{2}{5}$ und $P(F) = P(gg) + P(ug) = \frac{2}{5} \cdot \frac{2}{5} + \frac{3}{5} \cdot \frac{2}{5} = \frac{4}{25} + \frac{6}{25} = \frac{10}{25} = \frac{2}{5}$.

Also gilt: $P_E(F) = P(F)$ und die Ereignisse E und F sind unabhängig.

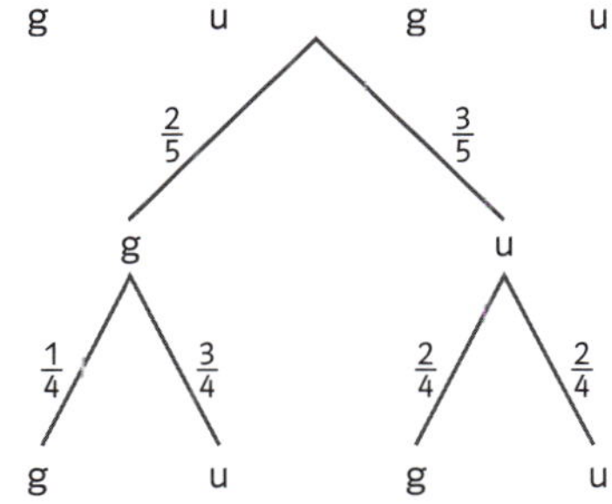

Ziehen ohne Zurücklegen:

$P_E(F) = P(gg) = \frac{1}{4}$ und $P(F) = P(gg) + P(ug) = \frac{2}{5} \cdot \frac{1}{4} + \frac{3}{5} \cdot \frac{2}{4} = \frac{2}{20} + \frac{6}{20} = \frac{8}{20} = \frac{2}{5}$.

Also gilt: $P_E(F) \neq P(F)$ und die Ereignisse E und F sind abhängig.

1 Gegeben ist das Baumdiagramm rechts.

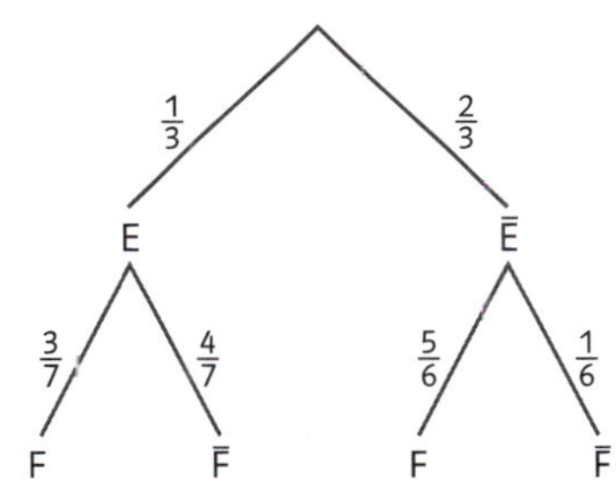

a) Geben Sie die folgenden Wahrscheinlichkeiten an.

P(E) = ______________________, $P_E(F)$ = ______________________.

b) Begründen Sie, dass die Ereignisse E und F abhängig sind.

c) Verändern Sie die Wahrscheinlichkeiten im Baumdiagramm so, dass E und F unabhängig sind.

Für die Ereignisse E und F bezeichnet man mit $E \cap F$ das Ereignis, das aus allen Ergebnissen besteht, die in E und in F liegen (**Schnittmenge**). In obigem Beispiel ist $E \cap F$ das Ereignis: „Im ersten und im zweiten Zug wird eine Kugel mit einer geraden Zahl gezogen." Nach der Pfadregel gilt: $P(E \cap F) = P(E) \cdot P_E(F)$.
Aus dieser Gleichung folgen zwei nützliche Formeln.

1. Zur Berechnung der bedingten Wahrscheinlichkeit: $\mathbf{P_E(F) = \frac{P(E \cap F)}{P(E)}}$.
2. Zwei Ereignisse E und F sind genau dann unabhängig, wenn $\mathbf{P(E \cap F) = P(E) \cdot P(F)}$ gilt.

2 Im Baumdiagramm aus Aufgabe 1 ist $P(E \cap F)$ = ______________________, damit ergibt sich erneut

$P_E(F) = \frac{P(E \cap F)}{P(E)}$ = ____.

3 Eine Münze wird zweimal geworfen. E sei: „Der erste Wurf zeigt Kopf." F sei: „Es fallen zwei verschiedene Seiten der Münze."

Es ist P(E) = ________________, P(F) = ________________ und $P(E) \cdot P(F)$ = ________________.

Da $P(E \cap F)$ = ________________ ist, sind die Ereignisse E und F ________________________.

Wenn man zu zwei Ereignissen E und F Wahrscheinlichkeiten berechnen möchte, kann man statt eines Baumdiagramms auch eine **Vierfeldertafel** erstellen.
In obigem Beispiel (Ziehen ohne Zurücklegen aus einer Box mit den Kugeln 1, 2, 3, 4, 5) ergibt sich die Vierfeldertafel rechts.

	E	$\overline{E}$	
F	$P(E \cap F) = \frac{2}{20}$	$P(\overline{E} \cap F) = \frac{6}{20}$	$P(F) = \frac{2}{5}$
$\overline{F}$	$P(E \cap \overline{F}) = \frac{6}{20}$	$P(\overline{E} \cap \overline{F}) = \frac{6}{20}$	$P(\overline{F}) = \frac{3}{5}$
	$P(E) = \frac{2}{5}$	$P(\overline{E}) = \frac{3}{5}$	1

Die bedingten Wahrscheinlichkeiten kann man nun als Verhältnisse berechnen, z. B. $P_E(F) = \frac{P(E \cap F)}{P(E)} = \frac{\frac{2}{20}}{\frac{2}{5}} = \frac{1}{4}$ (erste Spalte).
Die Abhängigkeit der Ereignisse E und F erkennt man daran, dass $P(E \cap F) = \frac{2}{20} \neq \frac{4}{25} = P(E) \cdot P(F)$ ist.

4 a) Vervollständigen Sie die Vierfeldertafel.
b) Berechnen Sie $P_A(B)$, $P_{\overline{A}}(B)$, $P_B(A)$ und $P_{\overline{B}}(A)$.
c) Untersuchen Sie A und B auf Unabhängigkeit.

	A	$\overline{A}$	
B			0,8
$\overline{B}$	0,1		
	0,3		

5 Gegeben ist eine Vierfeldertafel. Kreuzen Sie an.

	richtig	falsch
a) Im Feld C steht die Summe aus Feld A und B.	☐	☐
b) Die Summe aus Feld A und D ergibt 1.	☐	☐
c) Die Summe aus Feld I und J ergibt 1.	☐	☐
d) Der Quotient $\frac{A}{C}$ ist die bedingte Wahrscheinlichkeit $P_E(F)$.	☐	☐
e) Wenn der Quotient $\frac{A}{I}$ gleich dem Eintrag in C ist, dann sind die Ereignisse E und F unabhängig.	☐	☐

	E	$\overline{E}$	
F	A	B	C
$\overline{F}$	D	G	H
	I	J	

6 Das Glücksrad rechts wird zweimal gedreht. E sei das Ereignis: „Beim ersten Drehen erscheint die 1.“ F sei das Ereignis: „Die Summe der Zahlen ist gerade.“
a) Zeichnen Sie ein Baumdiagramm.
b) Erstellen Sie die zugehörige Vierfeldertafel.
c) Sind die Ereignisse E und F unabhängig? Begründen Sie Ihre Antwort auf verschiedene Arten.

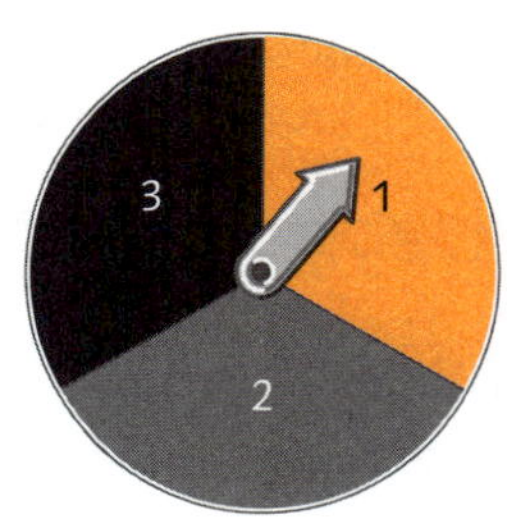

7 Gegeben ist die Vierfeldertafel rechts.
a) Die Information kann man auch in einem Baumdiagramm darstellen. Dafür gibt es zwei Möglichkeiten. Worin unterscheiden sie sich? Erstellen Sie beide Baumdiagramme.
b) Lesen Sie an den Baumdiagrammen $P_E(F)$, $P_{\overline{E}}(F)$, $P_E(\overline{F})$, $P_{\overline{E}}(\overline{F})$, $P_F(E)$, $P_{\overline{F}}(E)$, $P_F(\overline{E})$ und $P_{\overline{F}}(\overline{E})$ ab.

	E	$\overline{E}$	
F	0,1	0,3	0,4
$\overline{F}$	0,1	0,5	0,6
	0,2	0,8	1

8 Etwa 30 % aller Männer (M) schnarchen (S). Bei den Frauen (F) beträgt der Anteil nur ca. 10 %.
a) Erstellen Sie eine Vierfeldertafel. Gehen Sie von gleich vielen Männern wie Frauen aus.
b) Berechnen Sie die bedingte Wahrscheinlichkeit $P_{\overline{S}}(M)$ und interpretieren Sie sie.
c) Sie liegen im Hotelzimmer. Im Zimmer links neben Ihrem ist eine Frau. Mit welcher Wahrscheinlichkeit schnarcht sie? Im Zimmer rechts neben Ihrem hören Sie jemanden schnarchen. Mit welcher Wahrscheinlichkeit ist es eine Frau?

Mithilfe eines linearen Gleichungssystems kann man die **Funktionsvorschrift einer ganzrationalen Funktion bestimmen**, wenn genügend Eigenschaften bekannt sind.
Beispiel: Der Graph einer ganzrationalen Funktion dritten Grades hat in $P(-3\,|\,0)$ eine Tangente mit der Steigung 3 und der Graph berührt im Ursprung die x-Achse. Zur Lösung geht man folgendermaßen vor:

1. Aufstellen der allgemeinen Form der Funktionsgleichung einer Funktion dritten Grades und ihrer Ableitung:
   $f(x) = a \cdot x^3 + b \cdot x^2 + c \cdot x + d$ und damit ist $f'(x) = 3a \cdot x^2 + 2b \cdot x + c$
2. Ansatz der Bedingungen und Aufstellen des linearen Gleichungssystems:

	Bedingungen	Zugehöriges LGS
P liegt auf Graph von f	$f(-3) = 0$	I $-27a + 9b - 3c + d = 0$
Steigung der Tangente in P ist 3	$f'(-3) = 3$	II $27a - 6b + c = 3$
Ursprung liegt auf Graph von f	$f(0) = 0$	III $d = 0$
Berührt die x-Achse im Ursprung	$f'(0) = 0$	IV $c = 0$

Einsetzen von III und IV liefert

I* $-27a + 9b = 0$
II* $27a - 6b = 3$ (I* + II*)
I* $-27a + 9b = 0$
II* $-3b = 3$

Man erhält als Lösungen $a = \frac{1}{3}$, $b = 1$ und $c = d = 0$
und damit die Funktionsgleichung der gesuchten Funktion
$f(x) = \frac{1}{3} \cdot x^3 + x^2$

1 Der Graph einer ganzrationalen Funktion dritten Grades schneidet die y-Achse im Punkt $P(0\,|\,2)$ und hat einen Hochpunkt bei $Q(1\,|\,4)$ und eine Nullstelle bei $x_0 = -1$. Bestimmen Sie die Funktionsgleichung, indem Sie die Lücken ausfüllen:

– Aufstellen der allgemeinen Form der Funktionsgleichung einer Funktion 3. Grades:
  $f(x) = a \cdot x^3 + b \cdot x^2 + c \cdot x + d$
  und damit ist $f'(x) =$ ______________________

– Ansatz der Bedingungen:

		Zugehöriges LGS
P liegt auf dem Graph von f	____________	I $d = 2$
Für die Nullstelle gilt dann:	$f(-1) = 0.$	II $-a + b - c + 2 = 0$
Q liegt auf dem Graphen von f:	$f(1) = 4.$	III ____________
Q ist Hochpunkt	____________	IV $3a + 2b + c = 0$
Addition der Gleichungen II und III:	$2b + 4 = 4$; $b =$ ______	
Addition der Gleichungen II und IV:	____________; wegen $b =$ ____ ist $a =$ ____.	
Einsetzen in Gleichung IV:	____________; $c =$ ____	

Mit $a =$ ____, $b =$ ____, $c =$ ____ und $d = 2$ ergibt sich die Funktionsgleichung der gesuchten Funktion f mit $f(x) =$ ______________________.

2 Bestimmen Sie die ganzrationale Funktion dritten Grades, deren Graph die y-Achse bei 2 schneidet und die x-Achse an der Stelle $x = 2$ berührt und bei $x = -1$ eine weitere Nullstelle hat.

Ansatz: Schnittpunkt mit der y-Achse bei 2: (I) f(____) = ______;
Berührpunkt bei $(2\,|\,0)$ liefert: (II) f(____) = 0 und (III) f'(2) = ______
Weitere Nullstelle bei $x = -1$: (IV) f(____) = 0.

3 Bestimmen Sie die ganzrationale Funktion dritten Grades, deren Graph ein Extremum in P(1 | 2) hat und durch den Koordinatenursprung sowie Q(4 | 2) verläuft.

Ansatz: Da der Graph durch den Koordinatenursprung verläuft, reicht der Funktionsansatz $f(x) =$ __________.

P(1 | 2) ist Extrempunkt: (I) $f(1) =$ _________ und (II) $f'($____$) = 0$.

Q ist Punkt des Graphen von f: (III) $f($____$) =$ _____.

4 Unten sehen Sie die Graphen ganzrationaler Funktionen dritten Grades. Bestimmen Sie die Funktionsgleichung, indem Sie dem Graph genügend geeignete Eigenschaften entnehmen.

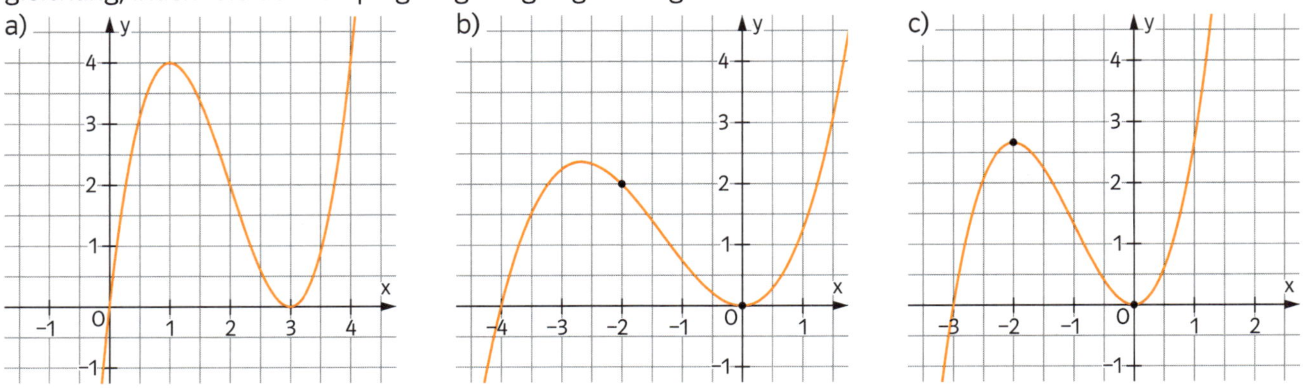

Das LGS ist deutlich einfacher, wenn man **Symmetrieeigenschaften** der Funktionen mit einbezieht.

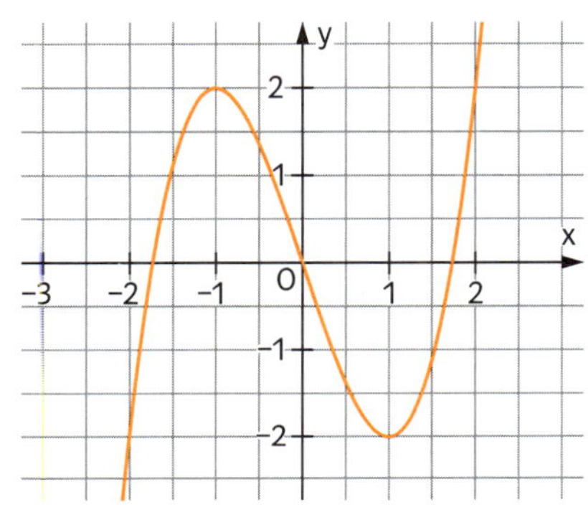

Beispiel:
Bestimmen Sie die Funktionsgleichung der Funktion mit nebenstehendem Graphen.
Lösung:
Es handelt sich um eine Funktion dritten Grades, die punktsymmetrisch zum Ursprung ist. Damit treten nur ungerade Hochzahlen im Term auf: $f(x) = a \cdot x^3 + c \cdot x$ und $f'(x) = 3a \cdot x^2 + c$. Aus dem Schaubild kann man z. B. den Tiefpunkt T(1 | −2) ablesen. Das führt mit dem Ansatz $f(1) = -2$ und $f'(1) = 0$ zu dem LGS: I $a + c = -2$
II $3a + c = 0$. Man erhält als Lösungen $a = 1$ und $c = -3$, d. h. $f(x) = x^3 - 3x$.

5 Bestimmen Sie eine Funktionsgleichung.

a) Der Graph einer ganzrationalen Funktion dritten Grades ist punktsymmetrisch zum Ursprung. Er hat ein Extremum bei $x = 2$ und geht durch den Punkt P(1 | 1).

b) Der Graph einer ganzrationalen Funktion vierten Grades ist achsensymmetrisch zur y-Achse. Er hat im Punkt P(2 | −2) die Steigung 2 und verläuft durch den Koordinatenursprung.

c) Der Graph einer ganzrationalen Funktion vierten Grades, der durch den Punkt Q(4 | −44) verläuft, hat im Ursprung die Steigung 1 und im Punkt P(2 | 4) die Steigung 0.

d) Der Graph einer ganzrationalen Funktion zweiten Grades ist symmetrisch zur y-Achse und hat den Scheitel S(0 | 1,5).

6 Der Anlauf der nebenstehenden Skisprungschanze soll näherungsweise mithilfe einer Parabel zweiten Grades beschrieben werden. Die Koordinaten des Schanzenkopfes sind gegeben durch S(−100 | 50). Der Schanzentisch liegt im Ursprung und die Steigung am Schanzentisch T ist −0,2.
Bestimmen Sie die Gleichung der Funktion, deren Schaubild den Anlauf der Skisprungschanze beschreibt.

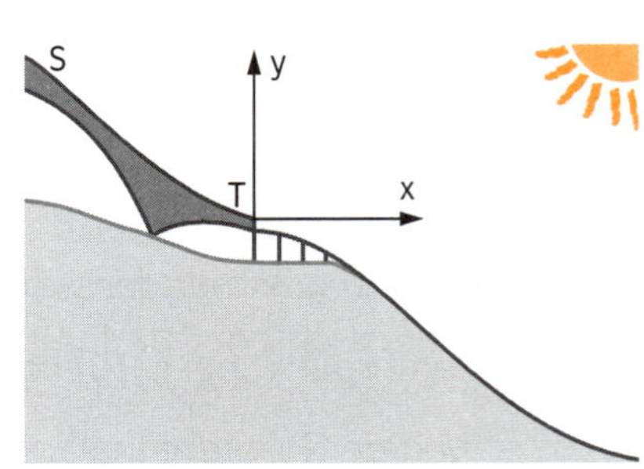

In vielen Anwendungssituationen kann eine Größe von zwei Variablen abhängen. Kennt man einen Zusammenhang zwischen diesen beiden Variablen, so kann man die Größe als Funktion einer Variablen beschreiben und diese auf Extremwerte untersuchen.

1. Formel aufstellen für die Größe, die extremal werden soll.
2. Zusammenhang zwischen den beiden Variablen (**Nebenbedingung**) beschreiben.
3. Nach einer Variablen auflösen.
4. **Zielfunktion** bestimmen durch Einsetzen in die Ausgangsformel.
5. **Definitionsbereich** bestimmen.
6. **Lokale Extremstellen** bestimmen (mit dem GTR oder über die Ableitung).
7. Verhalten an den **Rändern des Definitionsbereichs** untersuchen.
8. Ergebnis formulieren.

Beispiel: Bei einem Rechteck mit dem Flächeninhalt 20 sollen die Seitenlängen so bestimmt werden, dass die Diagonale möglichst kurz wird.

1. $d = \sqrt{a^2 + b^2}$; a, b: Seitenlängen des Rechtecks
2. $a \cdot b = 20$
3. $b = \frac{20}{a}$
4. $d(a) = \sqrt{a^2 + \left(\frac{20}{a}\right)^2}$
5. $D_d = (0; +\infty)$
6. Mit GTR: Stelle des lokalen Minimums: $a_0 \approx 4{,}47$
   Lokales Minimum: 6,32
7. Für $a \to 0$ und für $a \to \infty$ gilt: $d(a) \to \infty$
8. Für die Seitenlängen $a \approx 4{,}47$ und $b = \frac{20}{4{,}47} \approx 4{,}47$ wird die Diagonale am kürzesten (≈ 6,32)

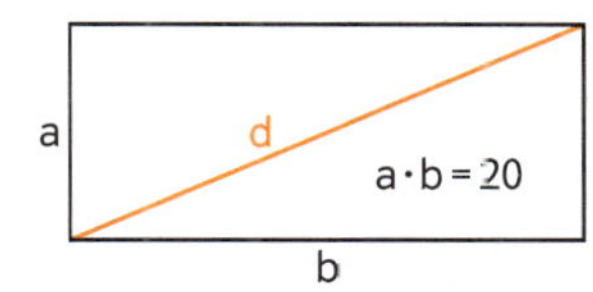

1 Ein Quader mit quadratischer Grundfläche hat ein Volumen von $1000\,cm^3$.
a) Bestimmen Sie die Maße des Quaders, wenn sein Oberflächeninhalt minimal sein soll. Wie groß ist dieser minimale Oberflächeninhalt?

Formel für den Oberflächeninhalt (Seitenlängen a und h): ____________; Nebenbedingung: ____________

Zielfunktion: O(a) = __________; a ∈ ________; Ableitungen: O′(a) = __________; VZW von ______ nach ______;

lokale Minimalstelle: __________; lokales Minimum: __________; Verhalten an den Rändern: ___________;

Ergebnis: ____

b) Wie verändert sich das Ergebnis aus Teilaufgabe a), wenn der Quader oben offen sein soll?

2 Zwei Seiten eines Rechtecks liegen auf den Koordinatenachsen, ein Eckpunkt auf der Parabel mit der Gleichung $y = -0{,}25x^2 + 4$.
a) Wie lang müssen die Seitenlängen des Rechtecks sein, damit sein Flächeninhalt maximal wird?
b) Wie lang müssen die Seitenlängen des Rechtecks sein, damit sein Umfang maximal wird?

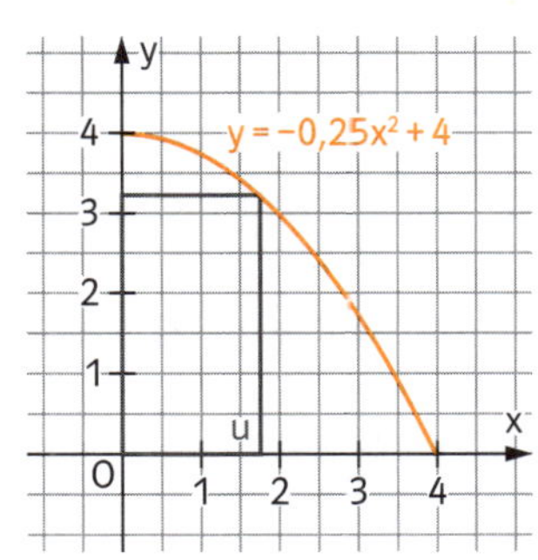

3 Bestimmen Sie mit dem GTR die Koordinaten des Punktes auf der Geraden mit der Gleichung $y = 5 - 2x$, der vom Ursprung den kürzesten Abstand hat.

4 Die nebenstehende Figur ist aus einem Rechteck und zwei rechtwinkligen Dreiecken zusammengesetzt.
a) Wie lang und wie breit muss das Rechteck sein, wenn der Flächeninhalt der Figur $100\,cm^2$ ist und der Umfang minimal sein soll?
b) Wie lang und wie breit muss das Rechteck sein, wenn der Umfang der Figur 50 cm ist und der Flächeninhalt maximal sein soll?

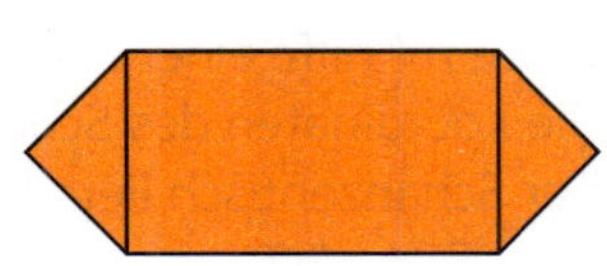

5 Gegeben sind die Funktionen $f: x \mapsto x^2 + 3$ und $g: x \mapsto -(x+4)^2 + 9$. Zwischen dem Scheitelpunkt des Graphen von f und dem Scheitelpunkt des Graphen von g gibt es eine Stelle u, für die die Differenz der Funktionswerte am kleinsten ist.

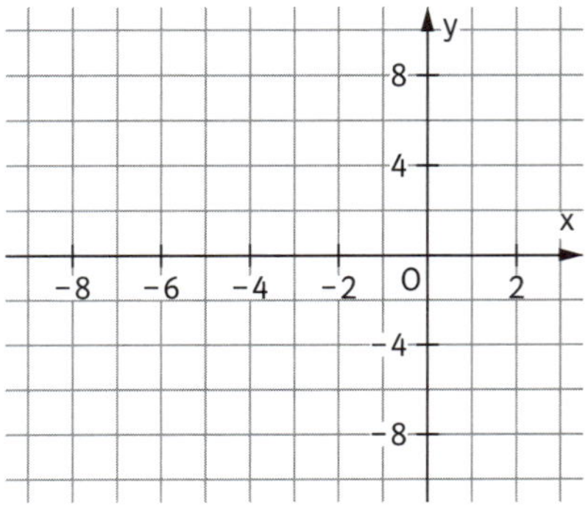

a) Skizzieren Sie beide Graphen in das Koordinatensystem und zeichnen Sie die gesuchte Differenz als Strecke so ein, dass Sie einen Schätzwert für u ablesen können.

b) Berechnen Sie diesen Wert u.

6 Ein Betrieb stellt DVD-Rekorder her. In einer Wochenproduktion von x DVD-Rekordern entstehen fixe Kosten von 2000 € und variable Kosten, die durch $60x + 0{,}8x^2$ (in €) näherungsweise beschrieben werden können.

a) Bestimmen Sie die wöchentlichen Gesamtkosten.

b) Die Firma verkauft alle wöchentlich produzierten Geräte zu einem Preis von 180 € je Stück. Geben Sie den wöchentlichen Gewinn an. Stellen Sie den Graphen der Kosten- und Gewinnfunktion dar.

c) Bei welchen Produktionszahlen macht die Firma Gewinn? Bei welcher Produktionszahl ist der Gewinn am größten?

d) Wegen eines Überangebotes auf dem Markt muss die Firma den Preis senken. Ab welchem Preis macht die Firma keinen Gewinn mehr?

7 Eine Elektronikfirma verkauft monatlich 5000 Stück eines Bauteils zum Stückpreis von 25 €. Die Marktforschungsabteilung dieser Firma hat festgestellt, dass sich der durchschnittliche monatliche Absatz bei einer Stückpreissenkung von 1 € um jeweils 300 Stück erhöhen würde.
Bei welchem Stückpreis sind die monatlichen Einnahmen am größten?

8 An einer gerade verlaufenden Straße soll eine gemeinsame Bushaltestelle H für die Ortschaften A und B eingerichtet werden. Die Orte A und B sollen mit H durch geradlinige Wege verbunden werden. Die Kosten für einen Kilometer Weg betragen 50 000 €.

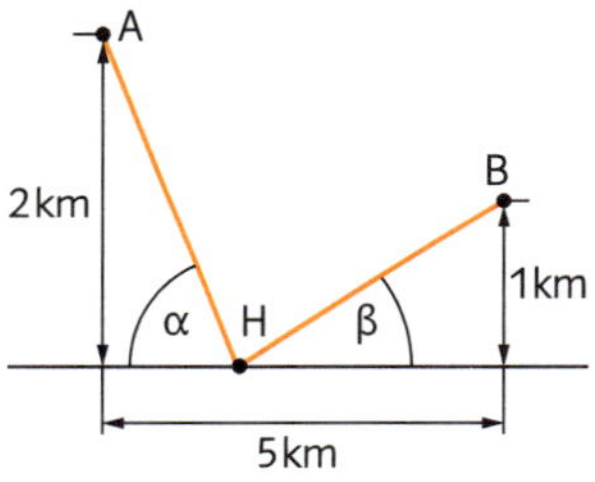

a) Geben Sie die Kosten in Abhängkeit von der Lage der Haltestelle H an.

b) Für welche Lage von H werden die Kosten am kleinsten?

c) Berechnen Sie für den Fall minimaler Kosten die Winkel α und β.

9 Ein Wanderer will von A nach B, wobei er den Teilweg [AP] seines Weges auf einer gerade verlaufenden Straße gehen kann. Auf der Straße hält er die Geschwindigkeit $v_1 = 6\frac{km}{h}$, auf dem Rest des Weges nur $v_2 = 4\frac{km}{h}$.

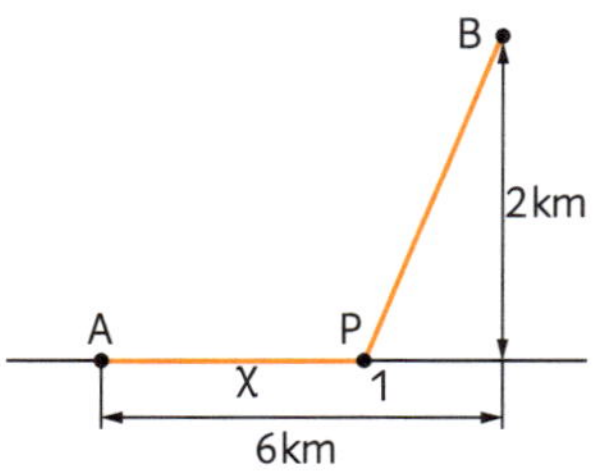

a) Stellen Sie eine Funktion für die von A über P nach B benötigte Zeit auf.

b) An welcher Stelle P muss er abbiegen, wenn er B möglichst schnell erreichen will?

10 Ein Druckbehälter für eine chemische Reaktion besteht aus einem Zylinder, der beiderseits durch angesetzte Halbkugeln abgeschlossen ist. Der zylindrische Teil soll ein Volumen V_z (in m^3) erhalten.
Um Wärmeverluste während der Reaktion gering zu halten, soll die gesamte Oberfläche möglichst klein sein. (Die Wandstärke des Behälters ist bei der Rechnung nicht zu berücksichtigen.)

a) Bestimmen Sie den Radius r des Zylinders in Abhängigkeit von V_z für den Fall, dass der gesamte Oberflächeninhalt des Druckbehälters minimal wird.

b) Weisen Sie nach, dass bei minimalem Oberflächeninhalt des Druckbehälters das Verhältnis von Radius r und Höhe h des Zylinders 1 : 4 beträgt.

Der Funktionsterm $f_t(x) = tx^2 + 1$ enthält zwei Variable t und x.
Dabei ist x die **Funktionsvariable** und t der **Parameter**.
Für jeden festen Wert von t, den man in den Funktionsterm $f_t(x)$ einsetzt, erhält man eine Funktion.

$t = -2$: $f_{-2}(x) = -2x^2 + 1$ $t = 1$: $f_1(x) = x^2 + 1$ $t = \frac{1}{2}$: $f_{\frac{1}{2}}(x) = \frac{1}{2}x^2 + 1$

Stellt man die Graphen dieser Funktionen in einem gemeinsamen Koordinatensystem dar, so kann man Gemeinsamkeiten und Unterschiede erkennen.
- Alle Graphen dieser Schar sind Parabeln.
- Alle Graphen dieser Schar gehen durch P(0 | 1).
- Für $t > 0$ sind die Parabeln nach oben geöffnet, P ist der Tiefpunkt
- Für $t < 0$ sind die Parabeln nach unten geöffnet, P ist der Hochpunkt.

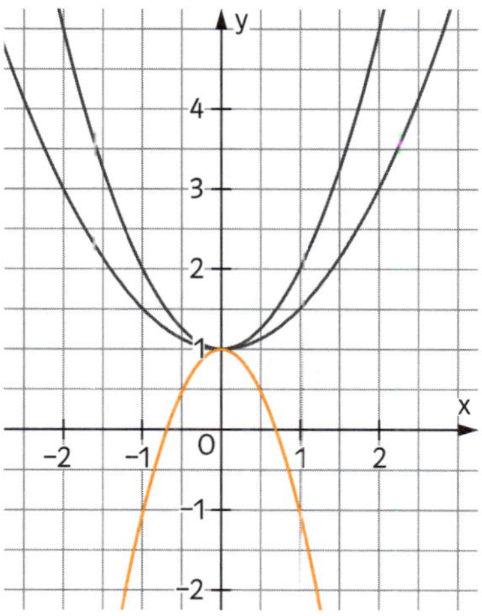

1 Nennen Sie Gemeinsamkeiten und Unterschiede dieser Graphen.

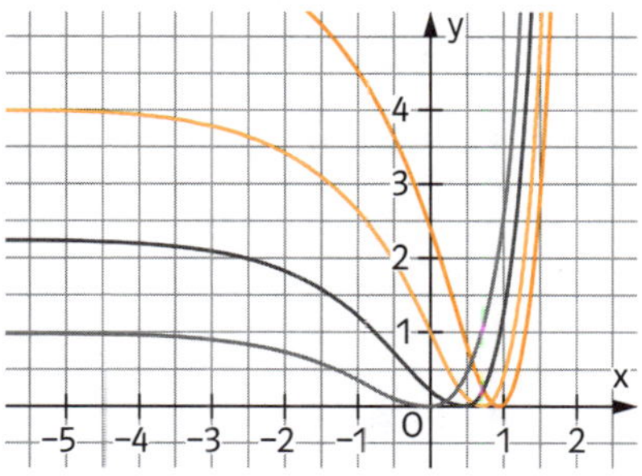

2 Skizzieren Sie die Graphen der Schar für die verschiedenen Werte des Parameters.
Nennen Sie Gemeinsamkeiten und Unterschiede der Graphen.
Wie verändern sich die Graphen, wenn der Parameter erhöht wird? (GTR)

a) $f_t(x) = \frac{1}{2}x + t$
$t = -2; -1; 0; 1; 2$

b) $f_t(x) = tx - 1$
$t = -2; -1; 0; 1; 2$

c) $f_a(x) = x^3 + a$
$a = -1{,}5; -1; 0; 1; 1{,}5$

Gemeinsamkeiten und Unterschiede:

Erhöhung des Parameters:

Beim **Lösen von Gleichungen** und beim **Ableiten** wird der Parameter wie eine Zahl behandelt.

Ist $f_t(x) = tx^2 + x$ $(t \neq 0)$, so ergibt sich

1. für die Ableitungen: $f_t'(x) = 2tx + 1$.
2. für die Schnittpunkte mit der x-Achse:
   $f_t(x) = 0$, also $tx^2 + x = 0$ bzw. $x(tx + 1) = 0$ liefert $x_1 = 0$ mit $N_1(0|0)$ oder $x_2 = -\frac{1}{t}$ mit $N_2\left(-\frac{1}{t}\middle|0\right)$.
3. für Punkte mit waagrechter Tangente:
   $f_t'(x) = 0$ also $2tx + 1 = 0$ liefert $x_3 = -\frac{1}{2t}$ mit $f_t\left(-\frac{1}{2t}\right) = \frac{t}{4t^2} - \frac{1}{2t} = \frac{1}{4t} - \frac{2}{4t} = -\frac{1}{4t}$.
   Damit ist $P\left(-\frac{1}{2t}\middle|-\frac{1}{4t}\right)$ der einzige Punkte mit waagrechter Tangente.

3 Lösen Sie die Gleichung.

a) $tx - 7 = 0$ $(t \neq 0)$: ____________________

b) $x^2 + ax + 0{,}25a^2 = 0$: ____________________

c) $e^{ax} = a$ $(a > 0)$: ____________________

d) $(e^{ax} - 1) \cdot (x - a) = 0$: ____________________

4 Leiten Sie ab.

a) $f_t(x) = t \cdot e^{2x}$ ____________________

b) $f_t(x) = 2tx + x^2$ ____________________

c) $f_t(x) = \sin(tx) + t^2$ ____________________

d) $f_t(x) = \frac{1}{t}x$ ____________________

5 Wo stecken die Rechenfehler? Korrigieren Sie und beschreiben Sie den Fehler.

Funktion f_a mit:	Falsche Ableitung f_a' mit:	Richtige Ableitung f_a' mit:	Dieser Fehler ist unterlaufen:
a) $f_a(x) = 3 \cdot e^{a^2x}$	$f_a'(x) = 3 \cdot 2a \cdot e^{a^2x}$		
b) $f_a(x) = a^2 \cdot e^{2x}$	$f_a'(x) = 2a \cdot e^{2x} + a^2 \cdot 2e^{2x}$		
c) $f_a(x) = ax^3 + a^2$	$f_a'(x) = 3ax^2 + 2a$		
d) $f_a(x) = \frac{e^{4x}}{2a}$	$f_a'(x) = \frac{4e^{4x} \cdot 2a - e^{4x} \cdot 2}{(2a)^2}$		

6 Gegeben ist die Funktionenschar f_t mit $f_t(x) = (x - t) \cdot x^2$.

a) Skizzieren Sie die Graphen für 3 verschiedene Werte des Parameters.

b) Berechnen Sie die Schnittpunkte der Graphen mit der x-Achse und den Schnittpunkt mit der y-Achse.

c) Hat jeder Graph Schnittpunkte mit der x- bzw. y-Achse, wenn $t \in \mathbb{R}$ ist?

d) Wie verändert sich die Lage der Schnittpunkte mit der x-Achse, wenn t größer wird?

(GTR)

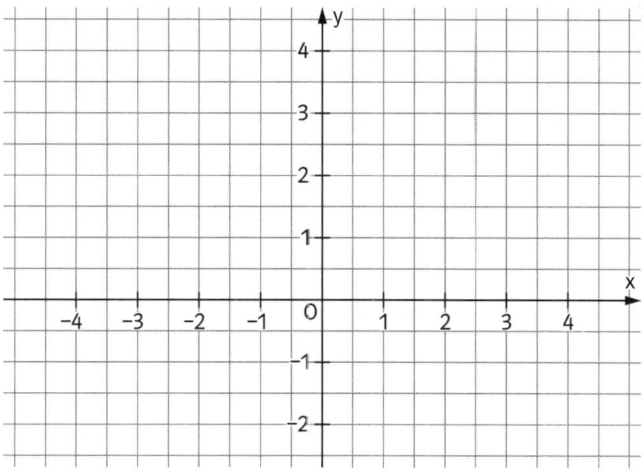

7 Gegeben ist die Funktionenschar f_t mit $f_t(x) = e^x - t,\ t > 0$.
Berechnen Sie die Schnittpunkte der Graphen der Schar mit der x-Achse und den Schnittpunkt mit der y-Achse. Warum muss t eingeschränkt werden?

8 Gegeben ist die Funktionenschar f_a mit $f_a(x) = e^{2x} - a^2 e^x$.
Berechnen Sie die Schnittpunkte der Graphen der Schar mit der x-Achse und den Schnittpunkt mit der y-Achse. Kann $a \in \mathbb{R}$ sein?

9 Gegeben ist die Funktionenschar $f_t(x) = tx^3 - tx\ (t > 0)$.

a) Untersuchen Sie die Graphen von f_t auf Extrempunkte.

b) Skizzieren Sie für verschiedene Werte von t die Graphen und markieren Sie die Extrempunkte.
Was kann man über die Lage der Punkte im Koordinatensystem sagen?

10 Untersuchen Sie die Graphen von $f_t(x) = (t - x) \cdot e^x$ auf Punkte mit waagrechter Tangente.

11 Untersuchen Sie die Graphen von $f_t(x) = t^2 e^x - t^2 x$ auf Extrempunkte.
Welche besondere Lage haben alle diese Punkte im Koordinatensystem?

12 Untersuchen Sie die Graphen von $f_t(x) = x^2 \cdot e^{tx}$ auf Punkte mit waagrechter Tangente.
Für welche Werte von $t \in \mathbb{R}$ gibt es genau eine Lösung?

13 Bei einer Bakterienkultur nimmt die Anzahl der Bakterien stündlich um 4% zu.
Zu Beginn sind a Bakterien vorhanden. (GTR)

a) Geben Sie eine Exponentialfunktion mit Basis e an, die die Anzahl der Bakterien zum Zeitpunkt t (t in h nach Beobachtungsbeginn) beschreibt.

b) Skizzieren Sie die Graphen für $a = 100;\ 200;\ 500$. Wann haben sich jeweils 1000 Bakterien gebildet?

c) Für welchen Wert von a haben sich nach 10 Stunden ungefähr 1000 Bakterien gebildet?

d) Für welchen Wert von a ist die momentane Wachstumsgeschwindigkeit zu Beobachtungsbeginn ca. 100 Bakterien pro Stunde?

Aus dem Graphen einer Funktion lässt sich der Funktionsterm bestimmen, wenn man bestimmte Eigenschaften des Graphen berücksichtigt.

Folgende Eigenschaften sind zu beachten:
- Verhalten der Funktion für $x \to \infty$ bzw. $x \to -\infty$
- Vorhandensein von Asymptoten und anderen Definitionslücken
- Definitionsbereich
- Nullstellen der Funktion, Extrempunkte und bereits bekannte Punkte des Graphen
- Symmetrieeigenschaften

1 Gegeben sind die Graphen einiger Funktionen.

f_1

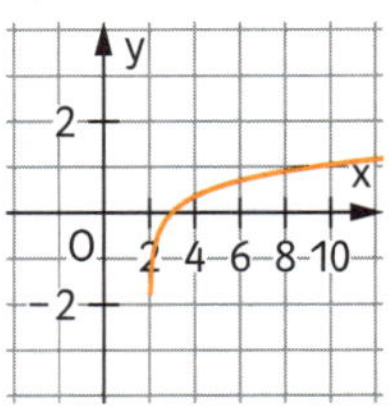

f_2

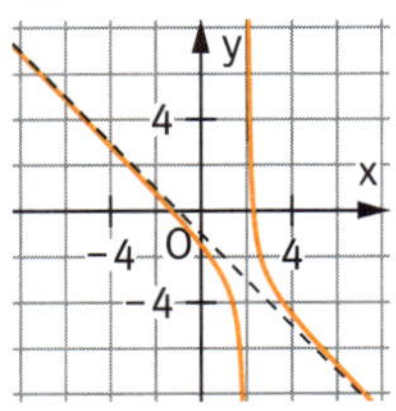

f_3

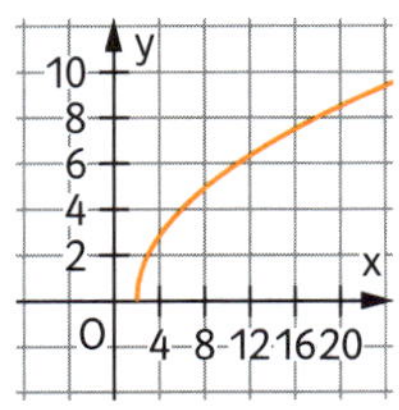

f_4

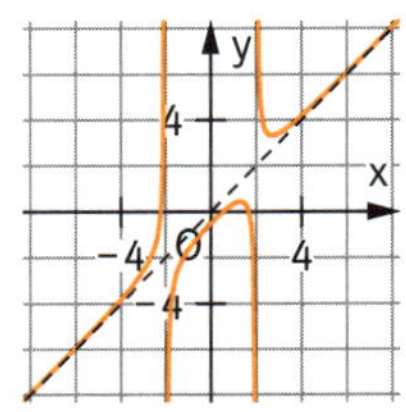

f_5

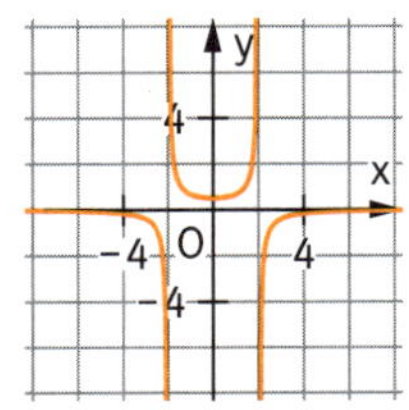

Notieren Sie zu jedem Graphen die abzulesenden Eigenschaften.

Ordnen Sie geeignete Funktionsterme zu.

A | $x \mapsto \frac{a}{x^2 + b}$

B | $x \mapsto \frac{x^3 + bx + c}{x^2 + d}$

C | $x \mapsto \frac{-x^2 + x + a}{x - 6}$

D | $x \mapsto a \cdot \ln(x + b)$

E | $x \mapsto a \cdot \sqrt{x + b}$

Ermitteln Sie nun die zugehörigen Parameter.

Term A
a = ____
b = ____

Term B
b = ____
c = ____
d = ____

Term C
a = ____

Term D
a = ____
b = ____

Term E
a = ____
b = ____

2 Wahr oder falsch?

	wahr	falsch
a) Der Graph jeder echt gebrochen rationalen Funktion hat die x-Achse als Asymptote.	☐	☐
b) Graphen ganzrationaler Funktionen haben keine Asymptoten.	☐	☐
c) Funktionen, deren Graphen eine waagrechte Asymptote haben, sind Exponentialfunktionen.	☐	☐
d) Es gibt Wurzelfunktionen, die nur in einem abgeschlossenen Intervall definiert sind.	☐	☐
e) Funktionen, deren Graphen eine senkrechte Asymptote haben, können Logarithmusfunktionen sein.	☐	☐

3 Ermitteln Sie den Funktionsterm einer Funktion f, deren Graph folgende Eigenschaften besitzt:
- Nullstellen bei −4 und 4
- Schräge Asymptote $y = x + 1$
- Senkrechte Asymptote $x = 1$

Mithilfe von Messreihen sollen funktionale Zusammenhänge erfasst und dann beschrieben werden. Dabei geht man in folgenden Schritten vor:
- Erfassung der Messdaten in einer Wertetabelle
- Eintragen der Wertepaare als Punkte in einem Koordinatensystem
- Vermutung eines Funktionstyps
- Berechnung der Parameter durch Einsetzen von Punkten
- Kontrolle der Eignung des gefundenen funktionalen Zusammenhangs

Beispiel: Ein Gefäß mit einer Flüssigkeit wird bei 0 °C abgestellt und die Temperaturveränderung beobachtet:

Zeit t in s	0	10	20	30	40	50
Temperatur in °C	80,0	59,3	43,9	32,5	24,0	17,8

Punkte im Koordinatensystem

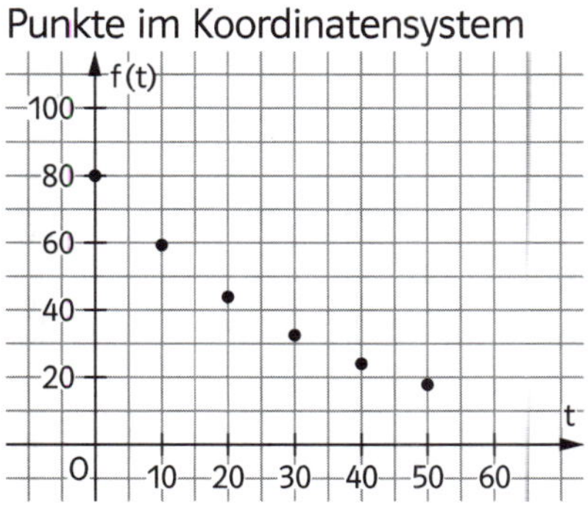

Modell 1
Gebrochen rationale Funktion

$f(t) = \frac{a}{t+b}$

Aus (0 | 80) und (40 | 24) folgt

$\frac{a}{b} = 80$ und $\frac{a}{40+b} = 24$ mit der

Lösung $a = 1371$ und $b = 17{,}1$.

$t \to \frac{1371}{x + 17{,}1}$

Modell 2
Exponentialfunktion

$f(x) = a \cdot e^{-bt}$

Aus (0 | 80) und (40 | 24) folgt

$a = 80$ und wegen

$24 = 80 \cdot e^{-40b}$ ist $b = 0{,}03$.

$t \to 80 \cdot e^{-0{,}03t}$

Vergleich:
Das Modell 2 gibt die Temperaturveränderung besser wieder.

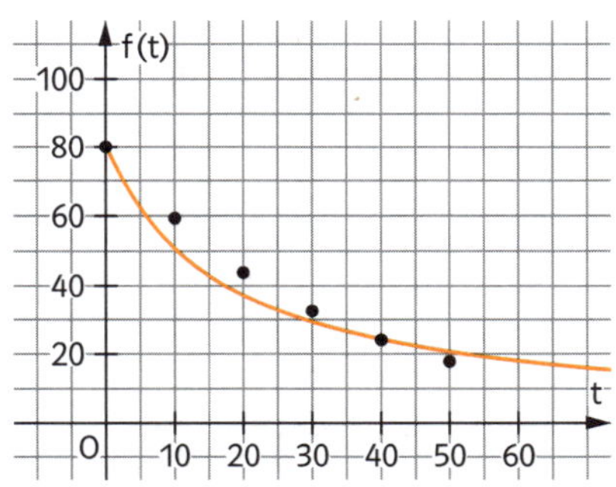

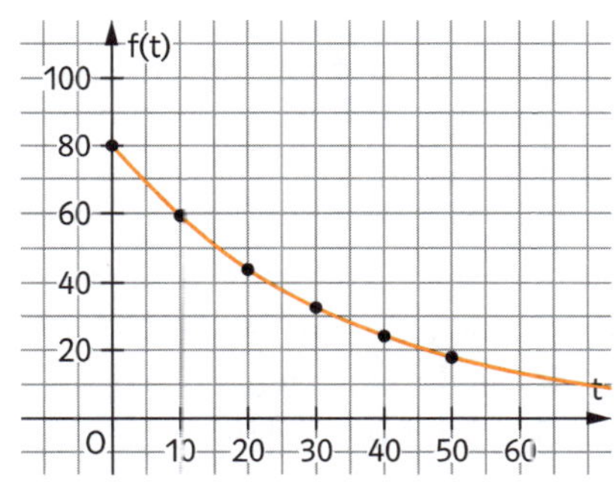

1 Zu den folgenden Messprotokollen der Größen x und y soll ein möglichst passendes Modell gefunden werden. Ordnen Sie zunächst den gegebenen Graphen einen Funktionsterm zu und prüfen Sie dann, welches Modell zur gegebenen Wertetabelle passt.

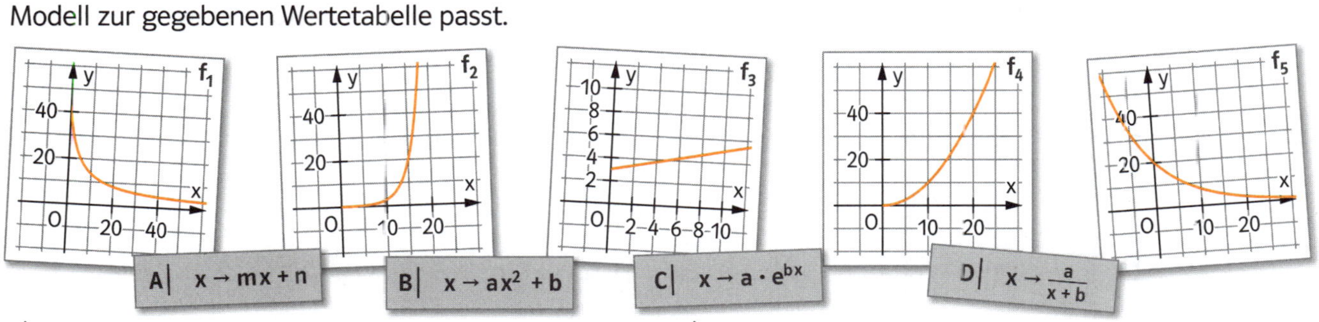

a)

x	1	2	3	4
y	2,14	2,4	2,5	2,8

b)

x	1	2	3	4
y	0,8	0,11	0,015	0,002

c)

x	5	10	15	20
y	6,5	21	46	82

d)

x	0	10	20	30
y	6	5	4,3	3,75

1 Ordnen Sie den dargestellten Graphen einen der gegebenen Funktionsterme zu.

$f(x) = 4(x^4 - 2x^2 + 1)$ $f(x) = x^3 - 3x^2 + 3x - 1$ $f(x) = x^3 - 7x + 6$ $f(x) = x^3 - 9x$

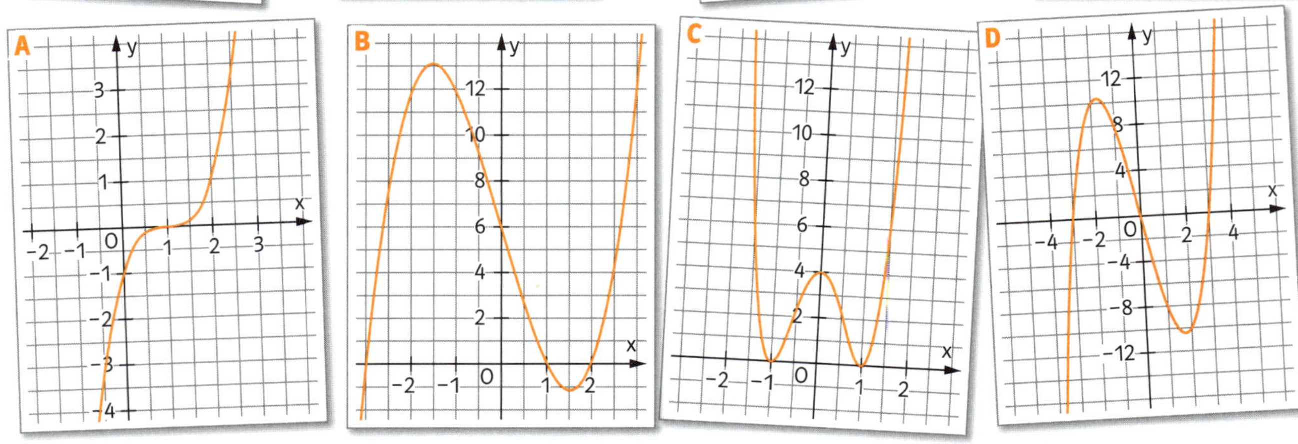

2 Bestimmen Sie jeweils den Funktionsterm.

a) Der Graph einer ganzrationalen Funktion dritten Grades schneidet die y-Achse bei 2, berührt die x-Achse an der Stelle $x = 2$ und hat bei $x = -1$ eine weitere Nullstelle.

b) Der Graph einer ganzrationalen Funktion dritten Grades berührt die x-Achse im Ursprung und hat an der Nullstelle $x = -3$ die Steigung 6.

c) Der Graph einer ganzrationalen Funktion vierten Grades ist achsensymmetrisch zur y-Achse. Er schneidet die y-Achse bei 2 und hat einen Tiefpunkt bei $T(2\,|\,-6)$.

3 Eine 400 m-Laufbahn im Stadion besteht aus zwei parallelen Strecken und zwei angesetzten Halbkreisen. Für welchen Radius x der Halbkreise wird die rechteckige Spielfläche maximal?

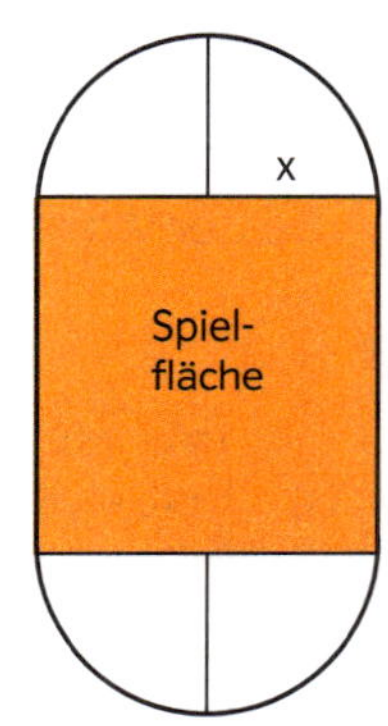

4 Ein quaderförmiger, oben offener Container, dessen Höhe halb so groß wie seine Breite ist, soll ein Volumen von $32\,m^3$ haben. Welche Maße muss der Container haben, damit der Materialverbrauch möglichst gering ist?
Stellen Sie den Materialverbrauch als Funktion seiner Höhe graphisch dar.

5 Gegeben ist die Funktionenschar $f_t(x) = \frac{1}{t}x^2 - 2x + 2$ $(t \neq 0)$.

a) Für welchen Wert von t geht der Graph der Funktion durch den Punkt $P(3\,|\,14)$?

b) Berechnen Sie t für den Fall, dass der Graph der Funktion die x-Achse berührt.

c) Die Graphen aller Funktionen f_t schneiden sich in einem Punkt. Berechnen Sie die Koordinaten dieses Punktes.

6 Gegeben sind die Graphen von Exponentialfunktionen. Bestimmen Sie den zugehörigen Funktionsterm.

a)

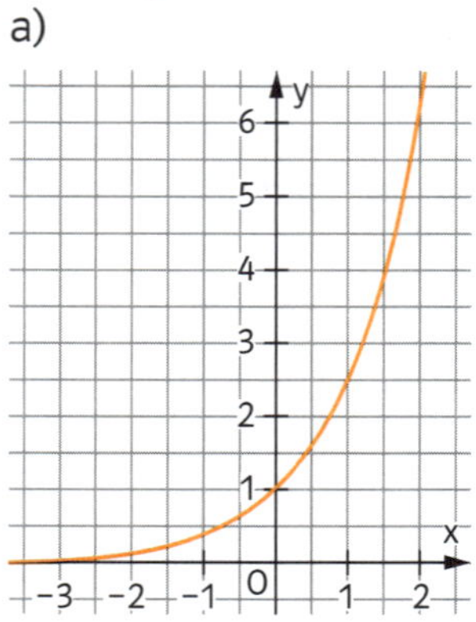

b)

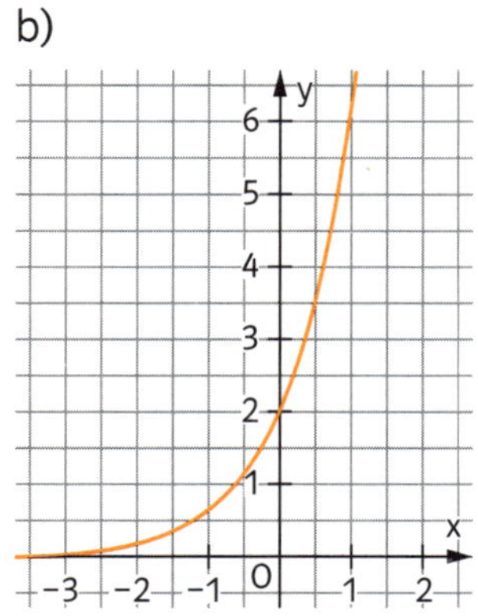

c)

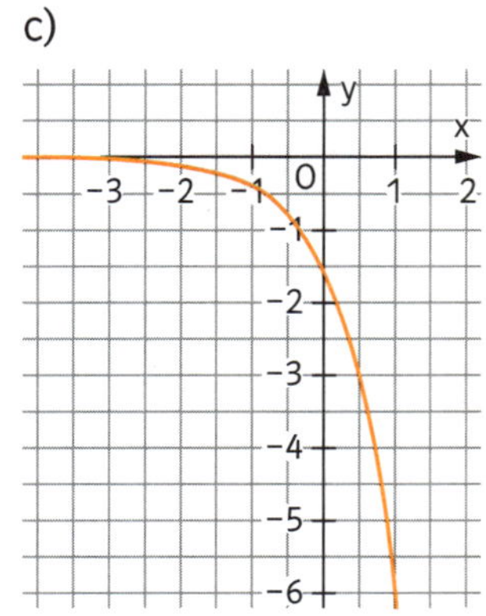

Lambacher Schweizer

Mathematik

Basistraining

Lösungen zum Arbeitsheft

I Graphen gebrochenrationaler Funktionen

Verhalten in der Umgebung von Definitionslücken, Seite 3

1 a) $f(x) = \frac{2x^4 + 4x^2}{4x - x^3} = \frac{2x^2(x^2 + 2)}{x(4 - x^2)}$

$D_f = \{x \in \mathbb{R};\ x \neq -2;\ x \neq 2;\ x \neq 0\}$

b) $f(x) = \frac{9 - x^2}{x^2 - 5x + 6} = \frac{(3 - x)(3 + x)}{(x - 2)(x - 3)} = \frac{3 + x}{2 - x}$

$D_f = \{x \in \mathbb{R};\ x \neq 2;\ x \neq 3\}$

c) $f(x) = \frac{x^3 + 10x^2 + 25x}{x^3 - 6x^2 + 5x} = \frac{x(x^2 + 10x + 25)}{x(x^2 - 6x + 5)} = \frac{(x + 5)^2}{(x - 1)(x - 5)}$

$D_f = \{x \in \mathbb{R};\ x \neq 1;\ x \neq 5;\ x \neq 0\}$

2

	Funktionsterm	x_0	$x \to x_0$ von links	$x \to x_0$ von rechts	Ergebnis
a)	$f(x) = \frac{x}{x - 3}$	3	$-\infty$	$+\infty$	Polstelle
b)	$f(x) = \frac{x + 3}{x^2 - 9}$	-3	$-\frac{1}{6}$	$-\frac{1}{6}$	Lücke
c)	$f(x) = \frac{2x}{(x - 4)^2}$	4	$+\infty$	$+\infty$	Polstelle

3

f(x)	Def.-lücke x_0	Nullstelle des Zählens?	Senkr. Asymptote?	Verhalten für $x \to x_0$, (von links)	Verhalten für $x \to x_0$, (von rechts)
$\frac{5}{x}$	$x_0 = 0$	nein	ja	für $x \to 0$, $(x < 0)$ geht $f(x) \to -\infty$	für $x \to 0$, $(x > 0)$ geht $f(x) \to +\infty$
$\frac{x - 3}{x - 2}$	$x_0 = 2$	nein	ja	für $x \to 2$, $(x < 2)$ geht $f(x) \to +\infty$	für $x \to 2$, $(x > 2)$ geht $f(x) \to -\infty$
$\frac{x^2 - 9}{x - 3}$	$x_0 = 3$	ja	nein	für $x \to 3$, $(x < 3)$ geht $f(x) \to 6$	für $x \to 3$, $(x > 3)$ geht $f(x) \to 6$

4 a) $x_0 = 0$; für $x \to 0$, $(x < 0)$ geht $f(x) \to -\infty$ und $x \to 0$, $(x > 0)$ geht $f(x) \to +\infty$

b) $x_0 = 1$; für $x \to 1$, $(x < 1)$ geht $f(x) \to +\infty$ und $x \to 1$, $(x > 1)$ geht $f(x) \to -\infty$

c) $x_0 = 0$, für $x \to 0$, $(x < 0)$ geht $f(x) \to +\infty$ und für $x \to 0$, $(x > 0)$ geht $f(x) \to +\infty$. Polstelle: $x = 0$.

d) $x_0 = 2$, senkrechte As./Polstelle: $x = 2$ und $x = -2$.

e) $x_0 = 0$, senkrechte As./Polstelle: $x = 0$ mit Vorzeichenwechsel.

f) $x_0 = 4$, senkrechte As./Polstelle: $x = 4$ mit Vorzeichenwechsel.

5 a) Graph II gehört zu f_4, da der Nenner von f_4 zwei Nullstellen hat und damit der Graph von f_4 auch zwei senkrechte Asymptoten $(x = \pm 2)$ aufweist.
Graph III gehört zu f_2, da -2 eine Definitionslücke ist. Für $x \to -2$, (von links und von rechts) geht $f(x) \to +\infty$, somit ist $x = -2$ senkrechte Asymptote ohne VZW.
Graph IV gehört zu f_3, da der Nenner keine Nullstellen besitzt und der Graph von f_3 auch keine senkrechten Asymptoten hat.
Graph V gehört zu f_1, da -2 eine Definitionslücke ist. Für $x \to -2$, (von links) geht $f(x) \to +\infty$, und für $x \to -2$, (von rechts) geht $f(x) \to -\infty$, somit ist $x = -2$ senkrechte Asymptote mit VZW von + nach −.

b) Der Graph verbleibende Graph I hat die zugehörige Funktionsgleichung $f_5(x) = \frac{1}{x + 2}$.

6 a) $\{-1; 1\}$; Polstelle mit Vorzeichenwechsel

b) $\{-1\}$; Polstelle ohne Vorzeichenwechsel

c) $\{-3; 3\}$; Polstelle mit Vorzeichenwechsel

d) $\{-1\}$; hebbare Definitionslücke

e) $\{2\}$; hebbare Definitionslücke

7 a) $x_0 = \frac{1}{3}$,

$x = \frac{1}{3}$ ist senkrechte Asymptote mit VZW von − nach +.

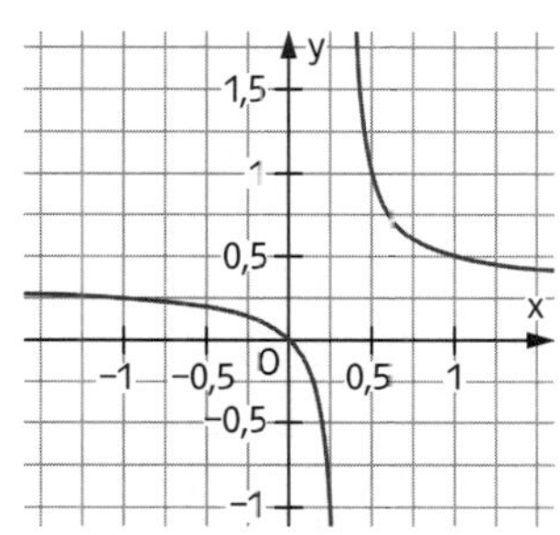

b) $x_0 = \pm 3$; $x = -3$ und $x = 3$ sind senkrechte Asymptoten mit VZW von + nach − bzw. umgekehrt.

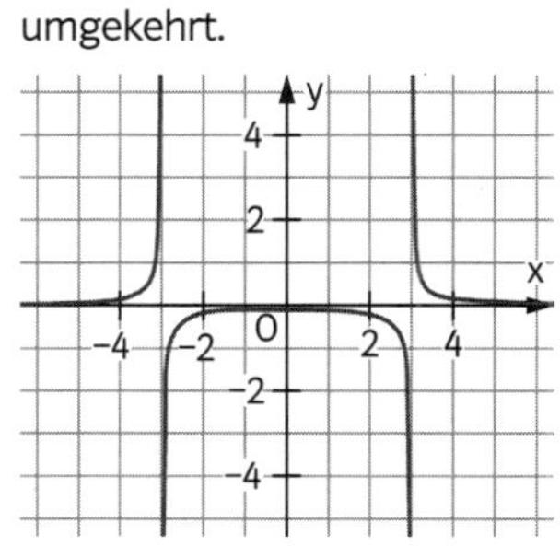

c) $x_0 = 1$ und $x_1 = -3$. Bei $x = -3$ und $x = 1$ sind senkrechte Asymptoten mit VZW von − nach + bzw. umgekehrt.

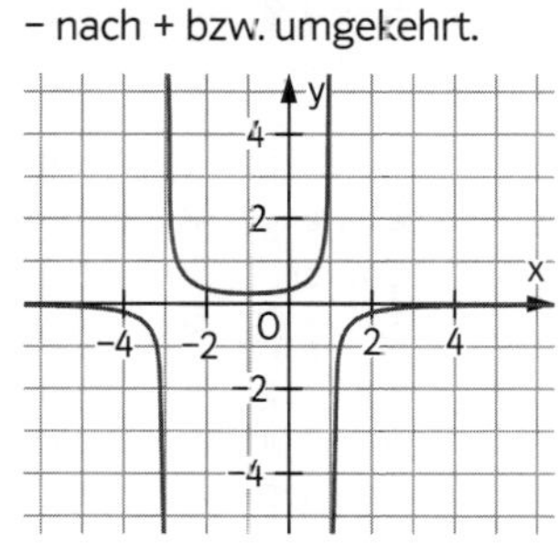

d) $x_0 = -1$ ist eine hebbare Definitionslücke mit dem Grenzwert $\lim\limits_{x \to -1} f(x) = -2$.

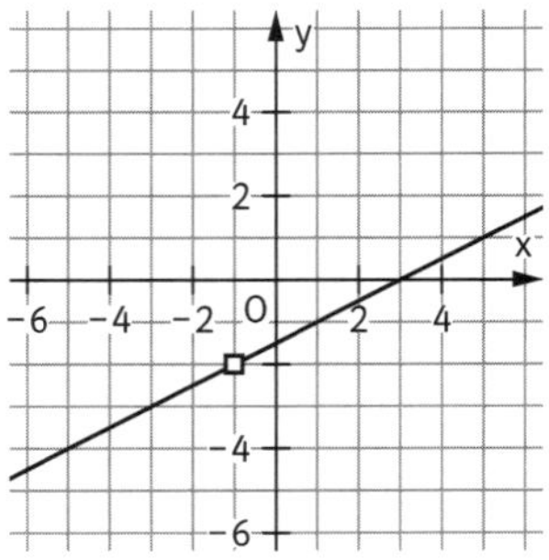

e) $x_{01} = -2$ ist eine hebbare Definitionslücke mit dem Grenzwert $\lim\limits_{x \to -2} f(x) = -\frac{1}{4}$.

$x_{02} = 2$ ist ist eine senkrechte Asymptote mit VZW von – nach +.

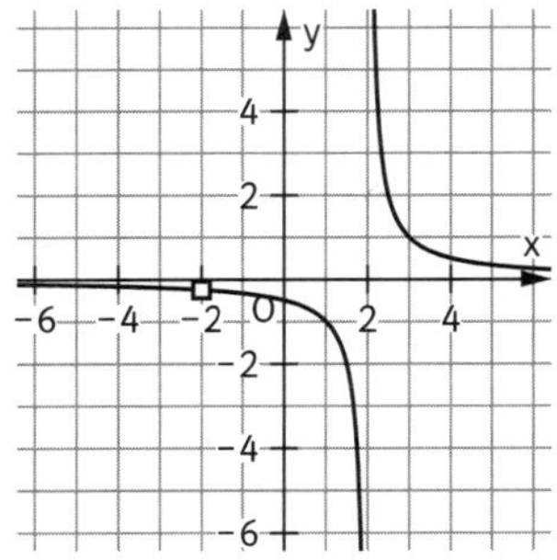

Verhalten im Unendlichen, Seite 6

1

f(x)	Fall	Kürzen	Verhalten für $x \to \pm\infty$	Waagr. Asymptote?
$\frac{4x-3}{1-2x}$	1	$\frac{4-\frac{3}{x}}{\frac{1}{x}-2}$	$\lim\limits_{x \to +\infty} f(x) = -2$ $\lim\limits_{x \to -\infty} f(x) = -2$	$y = -2$
$\frac{2x^3-x^2+3}{3x^2-x}$	3	Keine waagrechte Asymptote		
$3+\frac{2}{1-x}$	1	$3+\frac{\frac{2}{x}}{\frac{1}{x}-1}$	$\lim\limits_{x \to +\infty} f(x) = 3$ $\lim\limits_{x \to -\infty} f(x) = 3$	$y = 3$
$\frac{1-x}{2-2x^2}$	2	$\frac{\frac{1}{x^2}-\frac{1}{x}}{\frac{2}{x^2}-2}$	$\lim\limits_{x \to +\infty} f(x) = 0$ $\lim\limits_{x \to -\infty} f(x) = 0$	$y = 0$
$\frac{x^2-4}{x-2}$	3	Keine waagrechte Asymptote		

2 a) z. B. $f(x) = \frac{2x^2}{x^2-1}$

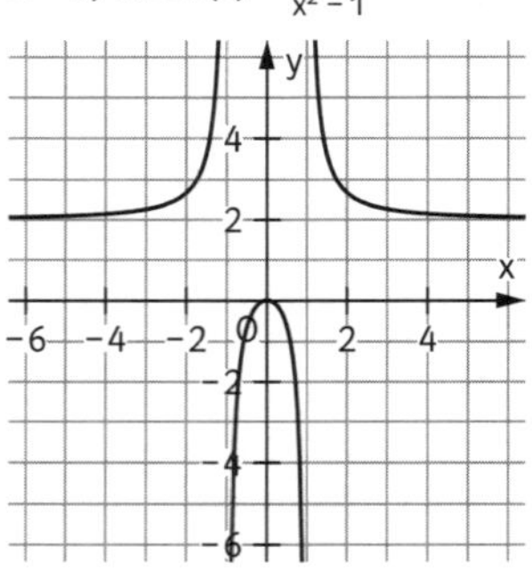

b) z. B. $f(x) = \frac{-x}{x-2}$

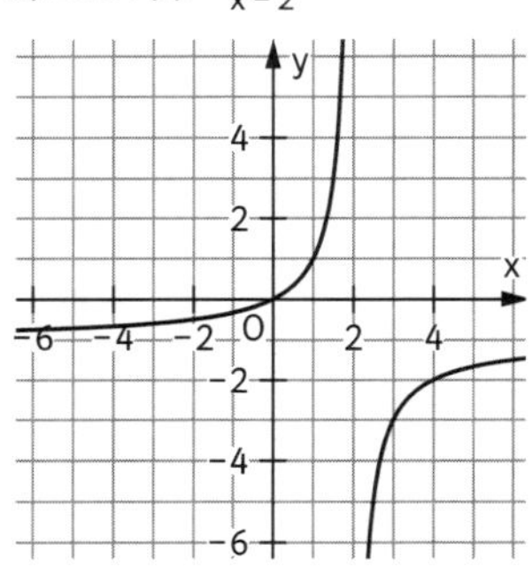

3 $f_1(x)$: Platzhalter: 3; Asymptote: C $y = 2x$
$f_2(x)$: Platzhalter: 1; Asymptote: B $y = 3x + 1$
$f_3(x)$: Platzhalter: 2; Asymptote: D $y = 0{,}5x - 2$
$f_4(x)$: Platzhalter: 5; Asymptote: A $y = -x$

4 Der ganzrationale Teil von f(x) ist $-x + 2$, sein echt gebrochen rationaler Teil hat im Nenner den Faktor $x - 2$. Ein möglicher Funktionsterm von f ist also $f(x) = -x + 2 + \frac{1}{x-2}$.
Mit gemeinsamen Nenner entsteht $f(x) = \frac{-x^2+4x-3}{x-2}$.

5 a) Der Grad des Nenners ist um den Wert 1 kleiner als der Grad des Zählers.
b) $f(x) = \frac{1}{4}x + 1 + \frac{1}{x^2-1}$; schräge Asymptote: $y = \frac{1}{4}x + 1$

c) $R\left(2\middle|\frac{11}{6}\right)$; $S\left(2\middle|\frac{3}{2}\right)$; Abstand $\frac{1}{3}$

d) $f(a) - \left(\frac{1}{4}a + 1\right) = \frac{a^3+4a^2-a}{4a^2-4} - \frac{1}{4}a - 1$

$= \frac{a^3+4a^2-a-(a^2-1)a-(4a^2-4)}{4a^2-4} = \frac{4}{4a^2-4}$

Der Abstand entspricht dem echt gebrochen rationalen Anteil von f(x).

6 a) und b) keine Asymptote
c) waagrechte Asymptote: $y = 3$; senkrechte Asymptote: $x = -1$ (Lücke bei $x = 0$)
d) waagrechte Asymptote: $y = 2$; senkrechte Asymptoten: $x = 1$ und $x = 0$.

Zusammenhang von Graphen und Termen, Seite 8

1 Zu $f(x) = \frac{2x}{(x-1)(x+2)}$ gehört der Graph C, denn:

$x = 1$ und $x = -2$ sind senkrechte Asymptoten:
Für $x \to -2$ „von links" ($x < -2$) geht $f(x) \to -\infty$.
Für $x \to -2$ „von rechts" ($x > -2$) geht $f(x) \to +\infty$.
Für $x \to 1$ „von links" ($x < 1$) geht $f(x) \to -\infty$.
Für $x \to 1$ „von rechts" ($x > 1$) geht $f(x) \to +\infty$.

Zu $g(x) = 4x^2 - x^4$ gehört der Graph B, denn: $g(0) = 0$ und
Für $x \to -\infty$ geht $f(x) \to -\infty$.
Für $x \to +\infty$ geht $f(x) \to -\infty$.

Zu $h(x) = \frac{(x-1)(x+2)}{x+1}$ gehört der Graph A, denn die Asymptote ist $x = -1$ und die Nullstellen sind bei 1 und –2.

2 A: f_3; B: f_1; C: f_6; D: f_2; E: f_5; F: f_4

3

Bedingung	möglicher Funktionsterm
Der Graph von f hat die Asymptoten $x = -1$ und $y = 3$	$\frac{3x}{x+1}$
Der Graph ist symmetrisch zur y-Achse und hat die Asymptoten $x = 0$ und $y = 2$	$\frac{2x^2+3}{x^2}$
f hat die Nullstellen –1 und 1 und der Graph von f ist punktsymmetrisch zum Ursprung	$\frac{(x+1)\cdot(x-1)}{x}$
Die Funktion hat 3 Nullstellen. Für $x \to \pm\infty$ gilt: $f(x) \to \infty$	$(x-1)^2(x-2)(x-3)$
Der Graph von f hat die Asymptoten $x = \pm 2$ und $y = 0$	$\frac{2}{(x+2)(x-2)}$

4

f_1: $f(x) = \frac{1}{x}$

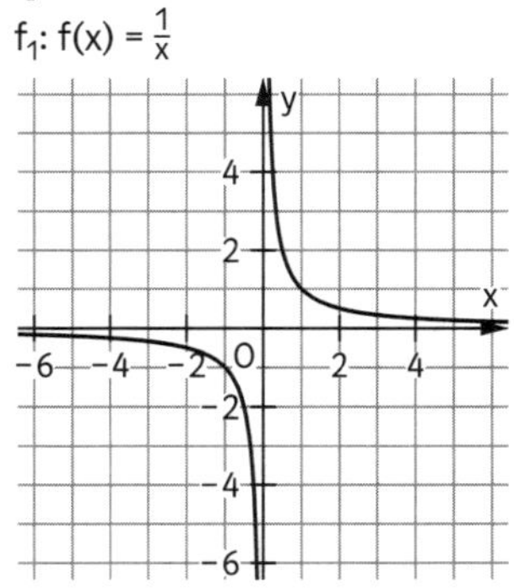

f_2: $f(x) = -x - \frac{2}{x+1}$

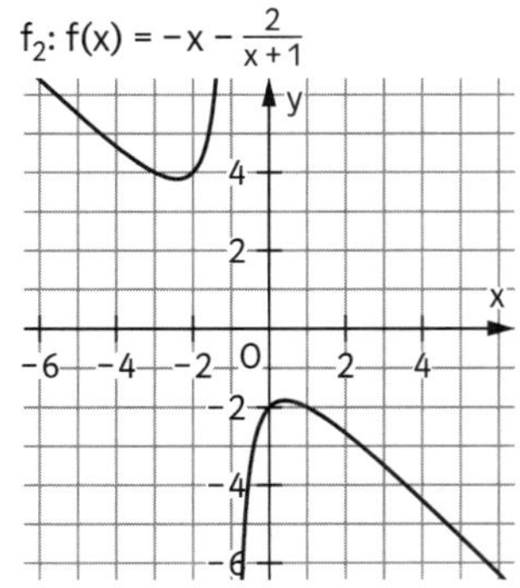

f_3: $f(x) = \frac{2x^2(x^2-4)}{(x^2-1)^2}$

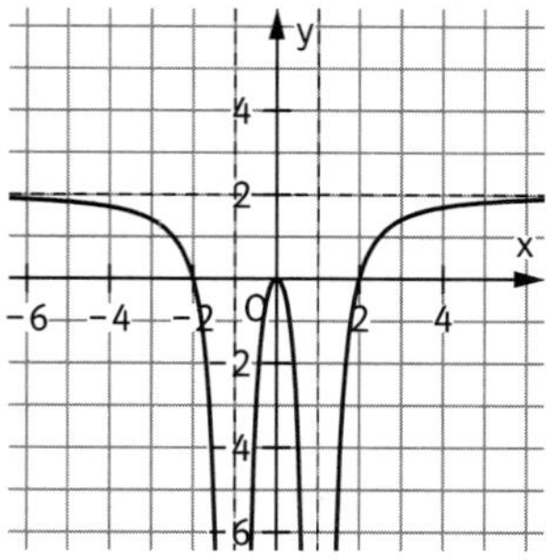

F_4: $f(x) = 0{,}8x + 1 + \frac{1}{(1-x)(2+x)}$

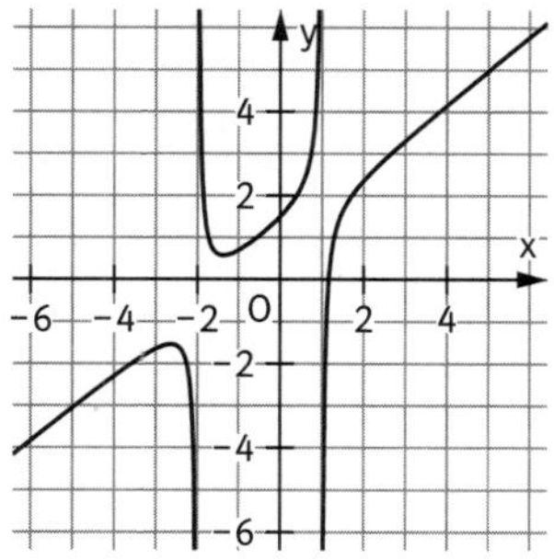

Test, Seite 10

1 a) $x(x+1)(x-5)(x+2)$
b) $x^2(x-1)(x+2)^2$
c) $(x-7)(x+1)(x+5)$

2 a) $\lim\limits_{x \to \pm\infty} f(x) = 0$; Asymptoten: $y = 0$ und $x = 1$.
b) $\lim\limits_{x \to \pm\infty} f(x) = 0$; Asymptoten: $y = 0$; $x = -2$ und $x = 2$.
c) $\lim\limits_{x \to \pm\infty} f(x) = 2$; Asymptoten: $y = 2$ und $x = 0$.
d) Für $x \to -\infty$ geht $f(x) \to 0$; Für $x \to +\infty$ geht $f(x) \to \infty$;
Asymptoten: $y = 0$ und $x = 0$.

3 a) $x = -2$, $y = 0$; z.B. $f(x) = \frac{1}{x+2}$
b) $x = 1$, $y = 2$; z.B. $f(x) = \frac{2x}{x-1}$
c) $x = -2$, $x = 2$; $y = 1$; z.B. $f(x) = \frac{x^2}{x^2-4}$

4 a) $x_0 = -2$; $\lim\limits_{x \to -2} \frac{2x}{x+2} = -\infty$; $\lim\limits_{x \to -2} \frac{2x}{x+2} = +\infty$
b) $\lim\limits_{x \to \infty} \frac{2x}{x+2} = \lim\limits_{x \to \infty} \frac{2x \cdot \frac{1}{x}}{(x+2) \cdot \frac{1}{x}} = \lim\limits_{x \to \infty} \frac{2}{1+\frac{2}{x}} = 2$;

$\lim\limits_{x \to -\infty} \frac{2x}{x+2} = \lim\limits_{x \to -\infty} \frac{2x \cdot \frac{1}{x}}{(x+2) \cdot \frac{1}{x}} = \lim\limits_{x \to -\infty} \frac{2}{1+\frac{2}{x}} = 2$

5 a) $f(x) = \frac{x(x-2)(x+1)}{(x-4)(x+1)}$
b) Definitionsbereich $D_f = \{x \in \mathbb{R};\ x \neq 4;\ x \neq -1\}$
Wegen $f(x) = \frac{x(x-2)(x+1)}{(x-4)(x+1)} = \frac{x(x-2)}{(x-4)}$ ist $x = -1$ eine hebbare Definitionslücke.
$x = 4$ ist Asymptote mit VZW von + nach −.
Schräge Asymptote: $y = x + 2$
c) Nullstellen: 0; 2

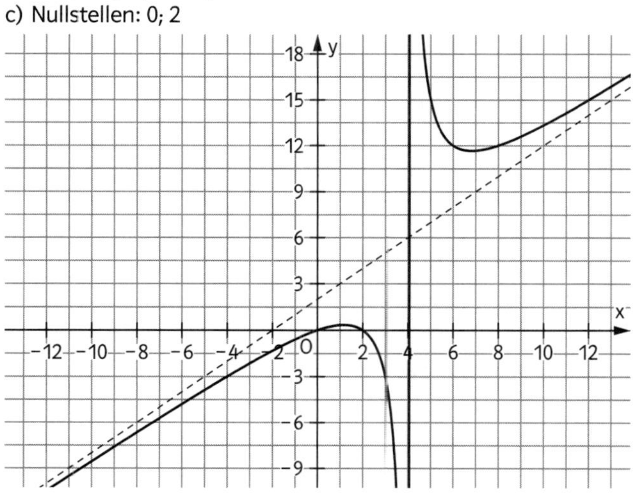

6 a)

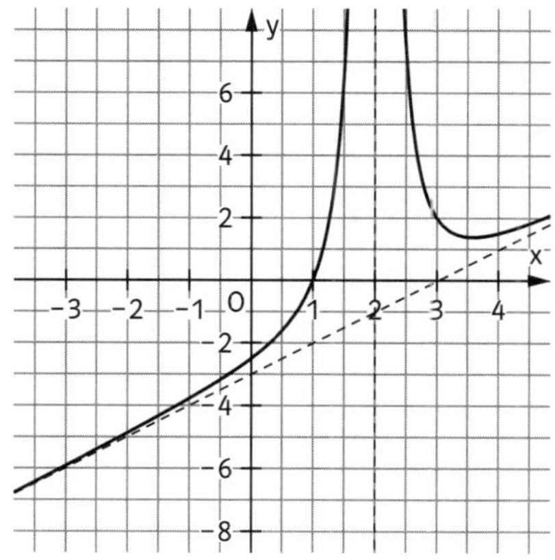

b) $f(x) = x - 3 + \frac{2}{(x-2)^2} = \frac{x^3 - 7x^2 + 16x - 10}{x^2 - 4x + 4}$

7 a) $x \to \frac{2-x}{x+1}$ b) $x \to \frac{-4}{x^2-4}$ c) $x \to \frac{1}{2}x + \frac{x}{x^2-1}$

II Lokales und globales Differenzieren

Differenzenquotient und mittlere Änderungsrate, Seite 11

1 Links: −1; Mitte: 1,5; Rechts: −0,5

2 a) $a = 2$; $b = 5$; $\frac{f(5)-f(2)}{3} = \frac{20-2}{3} = \frac{18}{3} = 6$
b) $a = 0$; $b = 1$; $\frac{f(1)-f(0)}{1} = \frac{1}{3} - \frac{1}{2} = -\frac{1}{6}$
c) $a = 4$; $b = 16$; $\frac{f(16)-f(4)}{12} = \frac{4-2}{12} = \frac{2}{12} = \frac{1}{6}$

3 Die Aussagen 2 und 3 sind wahr.
1: Der Differenzenquotient ist 2.
4: Der Differenzenquotient ist −1.

4 a) $\frac{s(5)-s(2)}{3} = \frac{5-0{,}8}{3} = \frac{4{,}2}{3} = 1{,}4$
b) $\frac{s(2{,}5)-s(2)}{0{,}5} = \frac{1{,}25-0{,}8}{0{,}5} = \frac{0{,}45}{0{,}5} = 0{,}9$
c) $\frac{s(10)-s(0)}{10} = \frac{20-0}{10} = 2$

5 $\frac{f(3)-f(1)}{2} \approx \frac{0{,}75-3}{2} = \frac{-2{,}25}{2} = -1{,}125$

Die mittlere Änderungsrate gibt an, mit welcher Durchschnittsgeschwindigkeit (in l/min) das Wasser zwischen 1 min und 3 min aus dem Behälter fließt.

6 Zeitintervall [2; 5]: 66 €/Tag; in den letzten 5 Tagen −18 €/Tag; im gesamten Zeitraum: $\frac{88}{9}$ €/Tag

Differentialquotient und lokale Änderungsrate, Seite 13

1 a) l_1: $\frac{f(3)-f(1)}{3-1} = \frac{4-2}{3-1} = \frac{2}{2} = 1$ l_2: $\frac{f(2)-f(1)}{2-1} = \frac{3{,}5-2}{2-1} = \frac{1{,}5}{1} = 1{,}5$
l_3: $\frac{f(1{,}5)-f(1)}{1{,}5-1} = \frac{2{,}9-2}{1{,}5-1} = \frac{0{,}9}{0{,}5} = 1{,}8$
b) $\frac{f(1)-f(0)}{1-0} = \frac{2-(-0{,}5)}{1} = \frac{2{,}5}{1} = 2{,}5$; $\frac{f(1)-f(0{,}5)}{1-0{,}5} = \frac{2-0{,}9}{0{,}5} = \frac{1{,}1}{0{,}5} = 2{,}2$
c) Vermutung: $f'(1) = 2$
d) Die Steigung der eingezeichneten Tangente ist ca. 2; d.h. die Vermutung könnte stimmen.

2 $m_{-1} \approx 2$; $m_0 \approx 0{,}7$; $m_2 \approx 1$

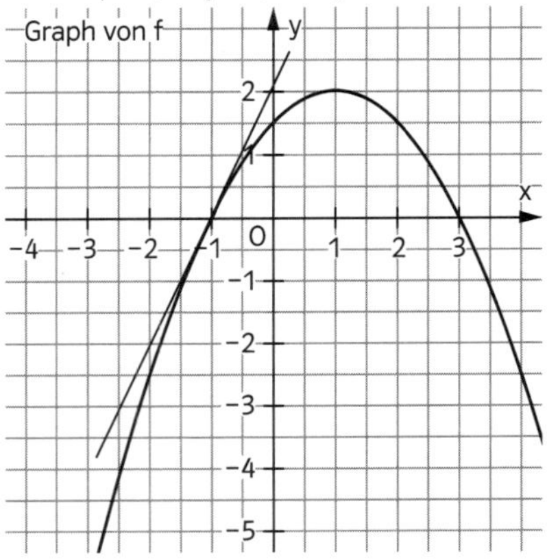

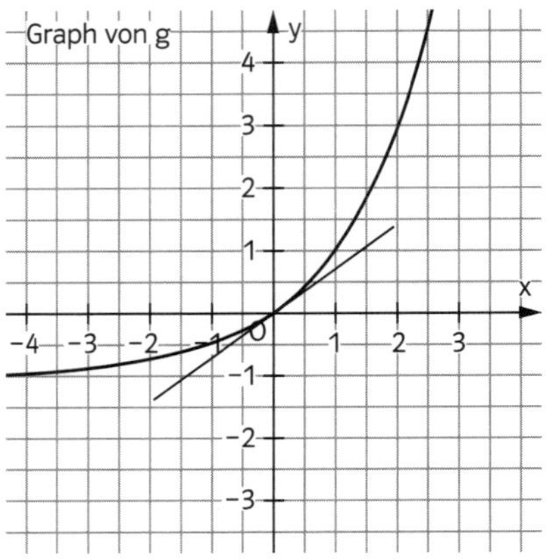

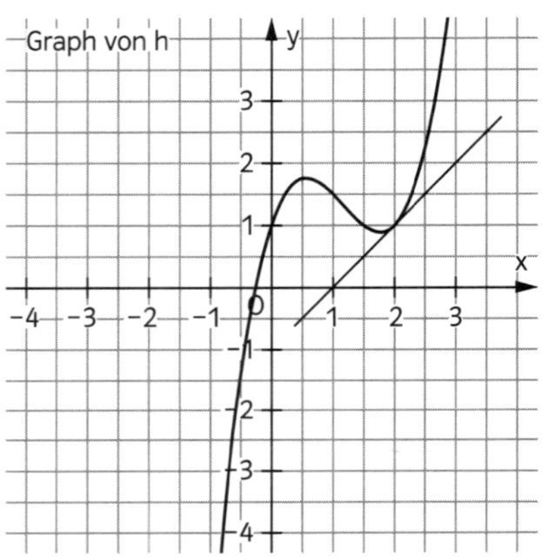

3

[2; 3]	[2; 2,5]	[2; 2,1]	[2; 2,01]	[2; 2,001]
9	6,25	4,41	4,0401	4,004001

[1; 2]	[1,5; 2]	[1,9; 2]	[1,99; 2]	[1,999; 2]
1	2,25	3,61	3,9601	3,996001

Vermutung: $m_2 = 4$

4

[2,5; 3]	[2,9; 3]	[2,99; 3]	[3; 3,01]	[3; 3,1]	[3; 3,5]
27,5	29,5	29,95	30,05	30,5	32,5

Näherungsweise Geschwindigkeit der Kugel zum Zeitpunkt $t = 3\,s$: $30\frac{m}{s}$.

5

Beispiel	Momentane Änderungsrate
Länge einer Pflanze	Geschwindigkeit des Pflanzenwachstums
Wasserstand in einem Schwimmbecken	Zuflussgeschwindigkeit des Wassers
Inhalt eines Kraftstofftanks während der Fahrt	Kraftstoffverbrauch
Geschwindigkeit eines Autos	Beschleunigung des Autos
Zinssatz	Zinsanstieg oder Zinsabfall

Differenzierbarkeit, Seite 15

1 $f(x_0) = x_0^2$ und $f(x) - f(x_0) = x^2 + x_0^2 = (x + x_0)\cdot(x - x_0)$

$x < x_0$: $\lim\limits_{x \to x_0} \frac{x^2 - x_0^2}{x - x_0} = \lim\limits_{x \to x_0} \frac{(x + x_0) + (x - x_0)}{x - x_0} = \lim\limits_{x \to x_0} (x + x_0) = 2x_0$

$x > x_0$: $\lim\limits_{x \to x_0} \frac{x^2 - x_0^2}{x - x_0} = \lim\limits_{x \to x_0} (x + x_0) = 2x_0$

Der Grenzwert des Differenzenquotienten existiert, also ist f an jeder Stelle x_0 differenzierbar mit $f'(x_0) = 2x_0$.

2 $h < 0$: $\lim\limits_{h \to 0} \frac{f(2 + h) - f(2)}{h} = \lim\limits_{h \to 0} \frac{(2 + h) \cdot |2 + h - 2| - 2 \cdot |2 - 2|}{h}$

$= \lim\limits_{h \to 0} \frac{(2 + h) \cdot |h|}{h} = -2$

$h > 0$: $\lim\limits_{h \to 0} \frac{f(2 + h) - f(2)}{h} = \lim\limits_{h \to 0} \frac{(2 + h) \cdot |2 + h - 2| - 2 \cdot |2 - 2|}{h}$

$= \lim\limits_{h \to 0} \frac{(2 + h) \cdot |h|}{h} = 2$

3 a) $\frac{f(2 + h) - f(2)}{h} = \frac{3(2 + h)^2 - 12}{h}$

b) $\frac{f(-2 + h) - f(-2)}{h} = \frac{-(-2 + h) + 2 - 4}{h}$

c) $\frac{f(4 + h) - f(4)}{h} = \frac{\frac{1}{4 + h} - \frac{1}{4}}{h}$

4 $\frac{h^2 - 2h}{h} \to -2$; $\frac{2}{1 + h} \to 2$; $h + 4 \to 4$; $\frac{h}{2h} \to 0{,}5$

$h^2 + 3 \to 3$; $\frac{h^2}{h} \to 0$; $\frac{h + 2h^2}{h} \to 1$; $\frac{-4}{4h + 1} \to -4$

5 a) $\frac{f(1 + h) - f(1)}{h} = \frac{2(1 + h) - 1 - 1}{h} = \frac{2h}{h} = 2$

Für $h \to 0$ gilt $2 \to 2$.

Ergebnis: $f'(1) = 2$.

b) $\frac{f(1 + h) - f(1)}{h} = \frac{-2(1 + h)^2 + 2}{h} = \frac{-2h - h^2}{h} = -2 - h$

Für $h \to 0$ gilt $-2 - h \to -2$.

Ergebnis: $f'(1) = -2$.

c) $\frac{f(1 + h) - f(1)}{h} = \frac{-\frac{1}{1 + h} + 1}{h} = \left(-\frac{1}{1 + h} + \frac{1 + h}{1 + h}\right) \cdot \frac{1}{h} = \frac{h}{1 + h} \cdot \frac{1}{h} = \frac{1}{1 + h}$

Für $h \to 0$ gilt $\frac{1}{1 + h} \to 1$

Ergebnis: $f'(1) = 1$.

6 a) $y = -2x + 1$

b) $y = -8x + 8$

c) $f'(3) = 18$; $f(3) = 27$

Tangente: $y = 18x - 27$

Ableitungsfunktion, Seite 17

1 A 3; B 4; C 2; D 5; E 1

2 a) richtig b) falsch c) richtig d) falsch
e) richtig f) richtig g) richtig h) richtig

3

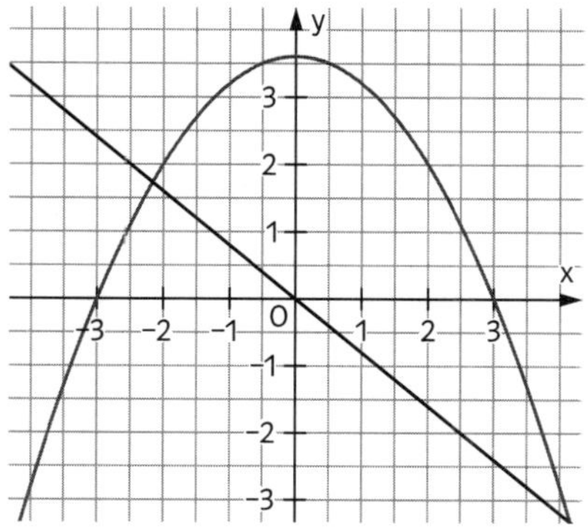

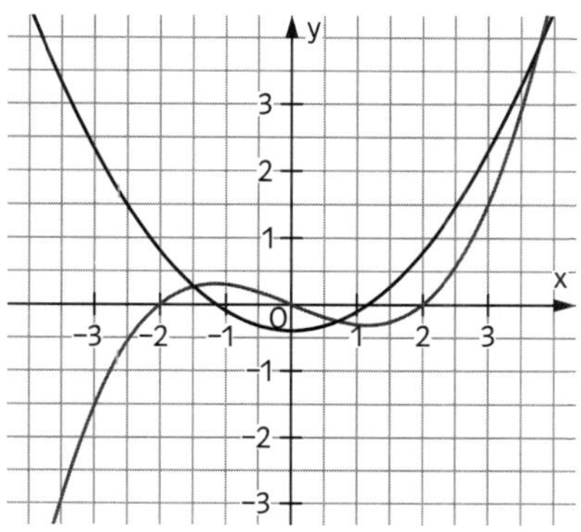

4

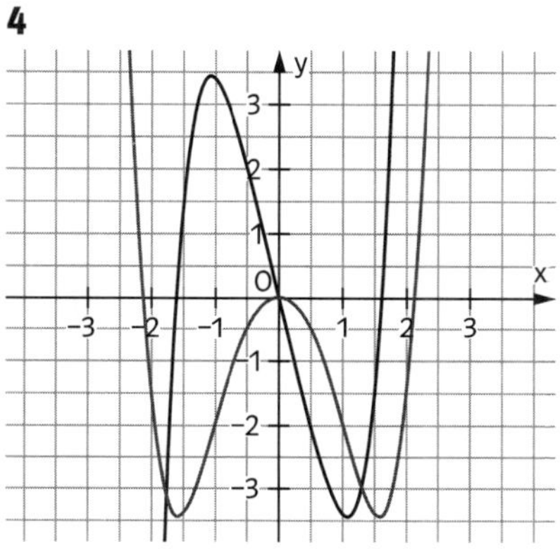

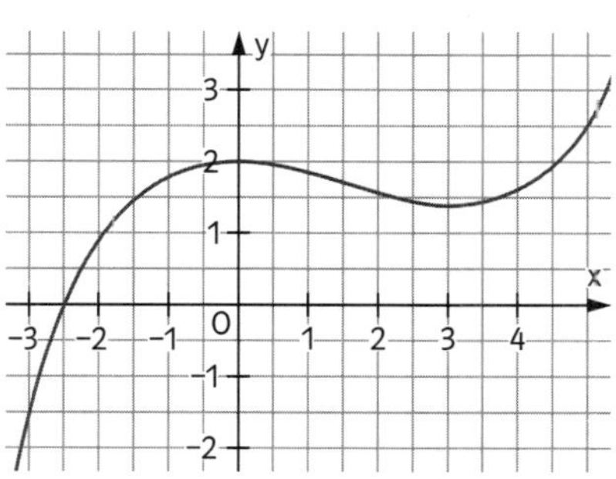

5 a) $\frac{f(x) - f(x_0)}{x - x_0} = \frac{2x - 1 - 2x_0 + 1}{x - x_0} = \frac{2(x - x_0)}{x - x_0} = 2$

$\lim\limits_{x \to x_0} 2 = 2$

Ergebnis: $f'(x_0) = 2$. Allgemein: $f'(x) = 2$

b) $\frac{f(x) - f(x_0)}{x - x_0} = \frac{-2x^2 + 2x_0^2}{x - x_0} = \frac{-2(x + x_0)(x - x_0)}{x - x_0} = -2(x + x_0)$

$\lim\limits_{x \to x_0} -2(x + x_0) = -2(x_0 + x_0) = -4x_0$

Ergebnis: $f'(x_0) = -4x_0$. Allgemein: $f'(x) = -4x$

c) $\frac{f(x) - f(x_0)}{x - x_0} = \frac{-\frac{1}{x} + \frac{1}{x_0}}{x - x_0} = \left(\frac{-x_0 + x}{x \cdot x_0}\right) \cdot \frac{1}{x - x_0} = \frac{x - x_0}{x \cdot x_0} \cdot \frac{1}{x - x_0} = \frac{1}{x \cdot x_0}$

$\lim\limits_{x \to x_0} \frac{1}{x \cdot x_0} = \frac{1}{x_0 \cdot x_0} = \frac{1}{x_0^2}$

Ergebnis: $f'(x_0) = \frac{1}{x_0^2}$. Allgemein: $f'(x) = \frac{1}{x^2}$

6 $f'(x) = x$

x_0	−4	−3	−2	−1	0	1	2	3	4
$f(x_0)$	6	2,5	0	−1,5	−2	−1,5	0	2,5	6
$f'(x_0)$	−4	−3	−2	−1	0	1	2	3	4

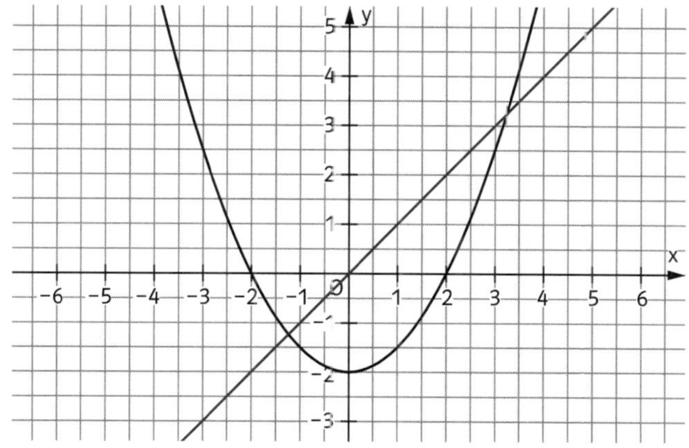

Stammfunktion, Seite 19

1 a) $\frac{f(x) - f(x_0)}{x - x_0} = \frac{2x^2 - 2x_0^2}{x - x_0} = \frac{2(x - x_0)(x - x_0)}{x - x_0} = 2(x + x_0)$;

$\lim\limits_{x \to x_0} 2(x + x_0) = 4x_0$

Es gilt also $F'(x) = 4x = f(x)$.
Weitere Stammfunktionen: Lösung individuell, z. B. $2x^2 + 3$ oder $2x^2 - 5$.

b) $\frac{f(x) - f(x_0)}{x - x_0} = \frac{0{,}5x + 1 - (0{,}5x_0 + 1)}{x - x_0} = \frac{0{,}5x + 1 - 0{,}5x_0 - 1}{x - x_0} = \frac{0{,}5(x - x_0)}{x - x_0} = 0{,}5$

$\lim\limits_{x \to x_0} 0{,}5 = 0{,}5$

Es gilt also $F'(x) = 0{,}5 = f(x)$.
Weitere Stammfunktionen: Lösung individuell, z. B. $0{,}5x + 3$ oder $0{,}5x - 5$.

c) $\frac{f(x) - f(x_0)}{x - x_0} = \frac{x^3 - x_0^3}{x - x_0} = \frac{(x^2 + xx_0 + x_0^2)(x - x_0)}{x - x_0} = x^2 + xx_0 + x_0^2$;

$\lim\limits_{x \to x_0} x^2 + xx_0 + x_0^2 = 3x_0^2$

Es gilt also $F'(x) = 3x^2 = f(x)$.
Weitere Stammfunktionen: Lösung individuell, z. B. $x^3 + 3$ oder $x^3 - 5$.

2 Linkes Schaubild: G_1 gehört zu f und G_2 zu F.
Rechtes Schaubild: G_1 gehört zu F und G_2 zu f.
Weitere Stammfunktion: Lösung individuell. Der Graph der Stammfunktion F wird in y-Richtung verschoben.

Die Ableitung der Funktion $x \mapsto x^n$ ($n \in \mathbb{Z}$), Seite 20

1 Siehe Tabelle 1

2 a) $f'(u) = 2u$ b) $g'(a) = 5a^4$ c) $h'(t) = -3t^{-4}$
d) $s'(a) = \frac{-2}{a^3}$ e) $v'(t) = \frac{1}{2\sqrt{t}}$

f(x)	x^2	x^7	x^{-2}	3	$\frac{1}{x^3}$	$x^{\frac{1}{3}}$	$\sqrt{x}$	$x^{\frac{2}{5}}$	$x^{-\frac{1}{3}}$	$\frac{1}{\sqrt{x}}$	$\sqrt[4]{x}$	$\sqrt[3]{x^2}$	$\frac{1}{\sqrt[3]{x}}$
f'(x)	$2x$	$7x^6$	$-2x^{-3}$	0	$\frac{-3}{x^4}$	$\frac{1}{3}x^{-\frac{2}{3}}$	$\frac{1}{2\sqrt{x}}$	$\frac{2}{5}x^{-\frac{3}{5}}$	$-\frac{1}{3}x^{-\frac{4}{3}}$	$\frac{1}{-2x\sqrt{x}}$	$\frac{1}{4\sqrt[4]{x^3}}$	$\frac{2}{3\sqrt[3]{x}}$	$-\frac{1}{3x\sqrt[3]{x}}$

Tabelle 1

3 a) $P\left(\frac{3}{2} \middle| \frac{9}{4}\right)$ b) $P_1(1|1)$, $P_2(-1|-1)$ c) $P\left(-\sqrt[3]{\frac{2}{3}} \middle| \frac{1}{\sqrt[3]{\frac{4}{9}}}\right)$
d) keine Lösung e) $P\left(\frac{1}{36} \middle| \frac{1}{6}\right)$

4 a) $t \cdot x^{t-1}$ b) $(s-1) \cdot x^{s-2}$ c) $-t \cdot x^{-t-1}$
d) $(2s+1) \cdot x^{2s}$ e) $\frac{-(t+1)}{x^{t+2}}$ f) $\frac{-2s}{x^{2s+1}}$

5 a) $x = \pm\sqrt{\frac{1}{3}}$ b) $x = -\sqrt[3]{2}$
c) $x = \sqrt[5]{\frac{1}{6}}$ d) keine Lösung

Summenregel und Faktorregel, Seite 21

1 a) $f'(x) = 10x$ b) $f'(x) = -2x^{-2}$ c) $f'(x) = \frac{-6}{x^3}$
d) $f'(x) = 2x - 3x^2$ e) $f'(x) = -\frac{1}{x^2}$ f) $f'(x) = 6x + 3$
g) $f'(x) = -4x^3 + 2$ h) $f'(x) = \frac{-2}{x^2}$ i) $f'(x) = \frac{1}{2}$ j) $f'(x) = \frac{-2}{x^2} + 2$

2 a) $f'(x) = 2ax$ b) $f'(x) = 2x$ c) $f'(x) = \frac{2x}{a}$
d) $f'(x) = a^2$ e) $f'(x) = \frac{-2a}{x^3}$ f) $f'(x) = 2ax + b$
g) $f'(x) = 2ax$ h) $f'(x) = 2bx$ i) $f'(x) = 3ax^2 + a^3$
j) $f'(x) = x^3 + 3a^2x$

3 a) $f(x) = x^3 + 2x^2 - 3x$; $f'(x) = 3x^2 + 4x - 3$
b) $f(x) = x^2 - x - 2$; $f'(x) = 2x - 1$
c) $f(x) = 1 + \frac{1}{x^2}$; $f'(x) = \frac{-2}{x^3}$

4 a) $f'(x) = x + 2$; $f'(-1) = 1$ b) $f'(x) = 3x^2 - 4$; $f'(2) = 8$
c) $f'(x) = \frac{-4}{x^3} - x$; $f'(-2) = 2{,}5$

5 a) falsch b) richtig c) richtig d) falsch e) falsch
f) falsch g) richtig

6 a) $x_1 = -\sqrt[3]{2}$ b) keine Stellen mit derselben Ableitung

7 $f'(x) = 3x(x-2)$. Positive Tangentensteigung für $x < 0$ und $x > 2$.

Produktregel und Quotientenregel, Seite 22

1 siehe Tabelle 1

2 1. Art: $u(x) = x - 4$; $u'(x) = 1$; $v(x) = x^2 - x + 5$; $v'(x) = 2x - 1$
$f'(x) = x^2 - x + 5 + (x-4)(2x-1) = x^2 - x + 5 + 2x^2 - x - 8x + 4$
$= 3x^2 - 10x + 9$
2. Art: $(x-4)(x^2 - x + 5) = x^3 - 5x^2 + 9x - 20$
$f'(x) = 3x^2 - 10x + 9$

3 a) $f'(x) = -2x^{-2}$
b) P: $f'(1) = -2$ Q: $f'(4) = -\frac{1}{8}$ R: $f'(9) = -\frac{2}{81}$

4 a) $f'(x) = (x-1)^4 + 4x(x-1)^3$
b) $f(x) = 0$: $x_1 = 0$, $x_2 = 1$; $f'(0) = 1$, $f'(1) = 0$
c) $f'(x) = 0$: $x_3 = x_2 = 1$; $x_4 = \frac{1}{5}$

5 a) $f'(x) = g'(x) \cdot x^2 + g(x) \cdot 2x$
b) $v'(x) = -\frac{1}{x^2}$ $f'(x) = g'(x) \cdot \frac{1}{x} - g(x) \cdot \frac{1}{x^2}$

6

u(x)	u'(x)	v(x)	v'(x)	f'(x)
$x + 1$	1	x^2	$2x$	$\frac{x^2 - (x+1) \cdot 2x}{x^4} = \frac{-x^2 - 2x}{x^4}$
$3x$	3	$x - 2$	1	$\frac{-6}{(x-2)^2}$
$3x - 8$	3	$x - 2$	1	$\frac{2}{(x-2)^2}$

7 a) $f'(x) = \frac{2(x+3) - 2x \cdot 1}{(x+3)^2} = \frac{6}{(x+3)^2}$
b) $g'(x) = \frac{x(2x-5) - x^2}{(2x-5)^2} = \frac{x^2 - 5x}{(2x-5)^2}$

8 a) $f'(x) = \frac{4 \cdot (x^2+1) - 8x^2}{(x^2+1)^2} = \frac{-4x^2 + 4}{(x^2+1)^2}$
b) $h'(x) = \frac{4x(x+1) - (2x^2+2)}{(x+1)^2} = \frac{2x^2 + 4x - 2}{(x+1)^2}$
c) $i'(x) = \frac{2x^2 + 2 - (x+1) \cdot 4x}{(2x^2+2)^2} = \frac{-2x^2 - 4x + 2}{(2x^2+2)^2}$

9 a) nein b) ja c) nein d) ja

10 a) Kettenregel
$f(x) = 2 \cdot (3x-4)^{-1}$ $f'(x) = -6(3x-4)^{-2} = \frac{6}{(3x-4)^2}$
b) Produktregel mit Kettenregel
$f(x) = 2x^2 \cdot (3x-4)^{-1}$ $f'(x) = 4x(3x-4)^{-1} - 6x^2(3x-4)^{-2}$
c) Summenregel
$f(x) = \frac{3}{x} - \frac{4}{x^2}$ $f'(x) = -\frac{3}{x^2} + \frac{8}{x^3}$

Test, Seite 24

1 Wahr: 1, 4; Falsch: 2, 3, 5, 6

2 a) $h = 2$: Differenzenquotient -6
$h = 1$: Differenzenquotient -5
$h = 0{,}5$: Differenzenquotient $-4{,}5$
$h = 0{,}1$: Differenzenquotient $-4{,}1$
b) Vermutung: $f'(2) = -4$
c) $\frac{f(2+h) - f(2)}{h} = \frac{-(2+h)^2 + 4}{h} = \frac{-4h - h^2}{h} = -4 - h \to -4$
für $h \to 0$; Vermutung aus b) stimmt.

3 $P(-1|2)$; $f'(-1) = 2$; Tangente: $y = 2x + 7$

4 Der rechte Graph gehört zur Ableitungsfunktion von f. Der mittlere Graph gehört zu einer Stammfunktion von f.

5 $F'(x) = 3x^2 - 4x + 3x^{-2} = 3x^2 - 4x + \frac{3}{x^2} = f(x)$.
Also ist F eine Stammfunktion von f.

6
a) $f'(x) = 2x - 4$ b) $f'(x) = -3 - 4x$ c) $f'(x) = 2x - 3$
d) $f'(x) = \frac{2}{x^2}$ e) $f'(x) = \frac{-12x}{(3x^2+1)^2}$ f) $f'(x) = -\frac{2}{x^2}$
g) $f'(x) = 3ax^2$ h) $f'(x) = 2(k+1)x^k$ i) $f'(x) = x^{n-2}$

Tabelle 1

f(x)	u(x)	u'(x)	v(x)	v'(x)	f'(x)
$(4x-2)(x^3+2x^2)$	$4x - 2$	4	$x^3 + 2x^2$	$3x^2 + 4x$	$4(x^3+2x^2) + (4x-2)(3x^2+4x)$
$(4x-2) \cdot \frac{1}{x}$	$4x - 2$	4	$\frac{1}{x}$	$-\frac{1}{x^2}$	$\frac{4}{x} - (4x-2) \cdot \frac{1}{x^2}$
$(3x^2-5) \cdot x^{-2}$	$3x^2 - 5$	$6x$	x^{-2}	$-2x^{-3}$	$6x^{-1} - 2(3x^2-5)x^{-3}$

III Anwendungen der Ableitung

Monotonie, Seite 25

1 a) $f(x) = x^4 - 2x^2$
Der Graph von f ist streng monoton abnehmend für $x < -1$ und für $0 < x < 1$.
Der Graph von f ist streng monoton zunehmend für $-1 < x < 0$ und für $x > 1$.
b) $f(x) = \frac{1}{5}x^5 - \frac{4}{3}x^3 + 1$
Der Graph von f ist streng monoton abnehmend für $-2 < x < 2$.
Der Graph von f ist streng monoton zunehmend für $x < -2$ und für $x > 2$.
c) $f(x) = \frac{1}{6}x^6 + \frac{2}{5}x^5 - \frac{9}{4}x^4 - 6x^3$
Der Graph von f ist streng monoton abnehmend für $x < -3$ und $-2 < x < 3$.
Der Graph von f ist streng monoton zunehmend für $-3 < x < -2$ und für $x > 3$.

2 a) z. B. $f(x) = -(x-2)^2 + 4$

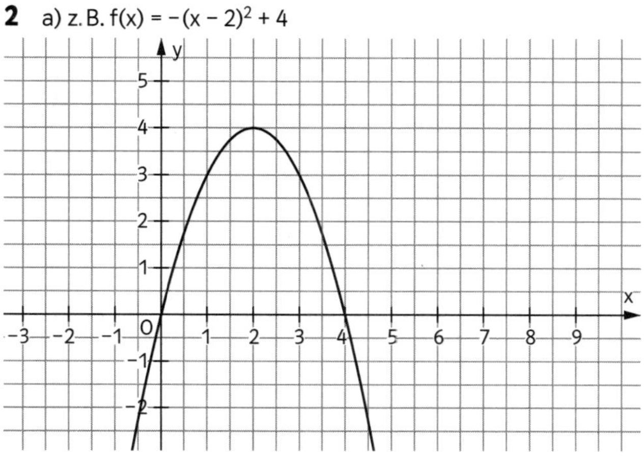

b) z. B. $f(x) = -x^3 + 9x^2 - 15x - 9$

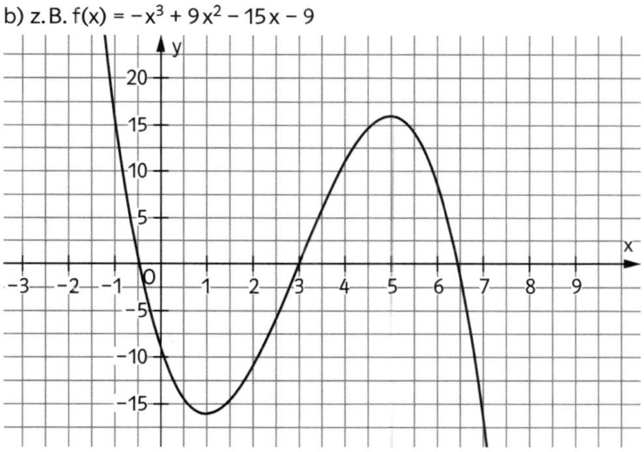

c) z. B. $f(x) = x^3 - 6x^2 + 9x + 50$

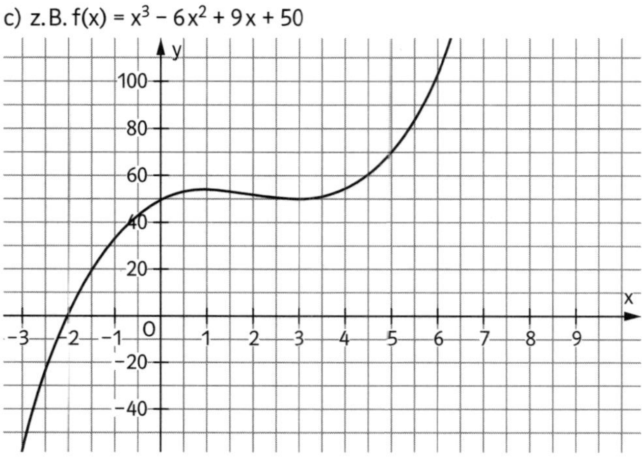

3 a) f ist streng monoton zunehmend für alle x, da $f'(x) > 0$ für alle x.
b) f ist streng monoton zunehmend für $-1 < x < 0$ und $x > 1$ und streng monoton abnehmend für $x < -1$ und $0 < x < 1$.
c) f ist streng monoton zunehmend für $-1 < x < 0$ und $0 < x < 1$ und streng monoton abnehmend für $x < -1$ und $x > 1$.

4 a) $f(x) = \frac{1}{3}x^3 - \frac{1}{2}x^2 - 2x$
Schritt 1: Ableitung von f: $f'(x) = x^2 - x - 2$
Schritt 2: Berechnung der Nullstellen von f'. Diese sind Grenzen der Intervalle, auf denen f monoton ist:
$f'(x) = 0$: $x^2 - x - 2 = 0$, Lösungen sind $x_1 = -1$, $x_2 = 2$
Schritt 3: Lege nun die Untersuchungsintervalle fest und bestimme mit einem Test-x-Wert aus diesem Intervall das Vorzeichen der Tangentensteigung:
$x < -1$: $f'(-2) = 4 > 0$; $-1 < x < 2$: $f'(0) = -2 < 0$; $x > 2$: $f'(3) = 4 > 0$
Damit ist f für $x < -1$ streng monoton zunehmend, für $0 < x < 2$ streng monoton abnehmend und für $x > 2$ streng monoton zunehmend.

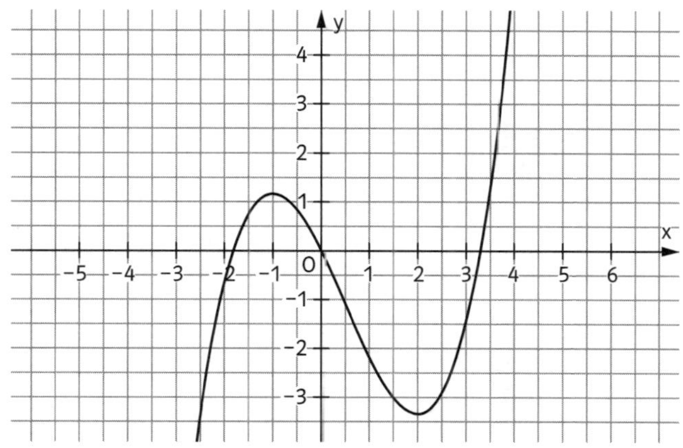

b) $f(x) = \frac{1}{4}x^4 - \frac{4}{3}x^3 - \frac{11}{2}x^2 + 30x$
$f'(x) = x^3 - 4x^2 - 11x + 30$
$f'(x) = 0$: $x^3 - 4x^2 - 11x + 30 = 0$: $x_1 = -3$, $x_2 = 2$, $x_3 = 5$
Intervalle und Test-x-Werte:
$x < -3$: $f'(-4) = -54$, $-3 < x < 2$: $f'(0) = 30$; $2 < x < 5$: $f'(3) = -12$; $x > 5$: $f'(6) = 36$
Damit ist f für $x < -3$ streng monoton abnehmend, für $-3 < x < 2$ streng monoton zunehmend, für $2 < x < 5$ streng monoton abnehmend und für $x > 5$ streng monoton zunehmend.

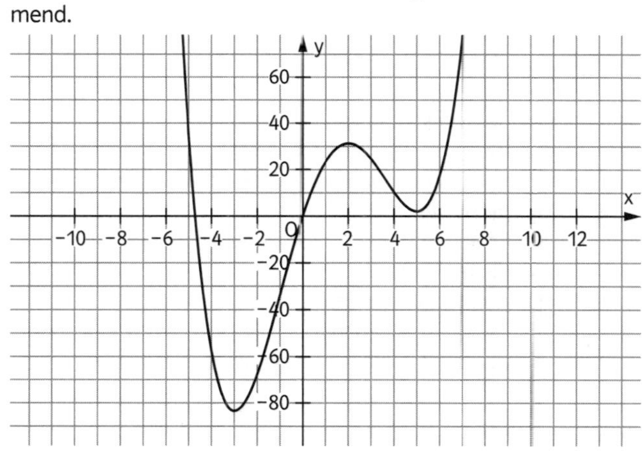

Extremstellen, Extremwerte, Seite 27

1 Extremstelle 1: −4, Extremwert 1: −2,7, Punkt 1: $H_1(-4 \mid -2{,}7)$
Extremstelle 2: −2, Extremwert 2: −5,3, Punkt 2: $T(-2 \mid -5{,}3)$
Extremstelle 3: 1, Extremwert 3: 2,5, Punkt 3: $H_2(1 \mid 2{,}5)$

2

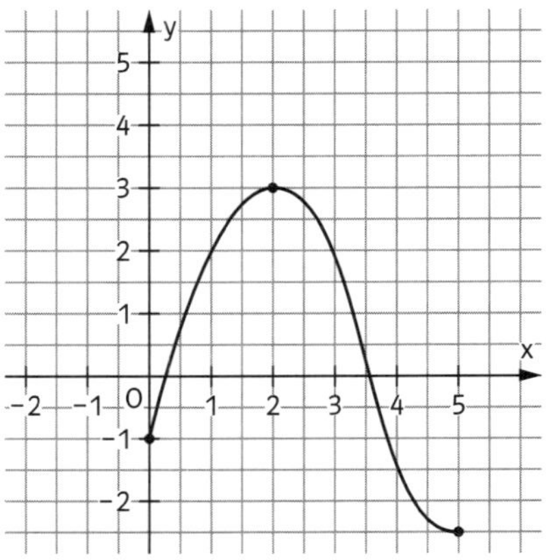

3

Extremstellen	2,4	3,5	4,5	5,6
Extremwerte	3,6	−1,4	1,4	−3,6

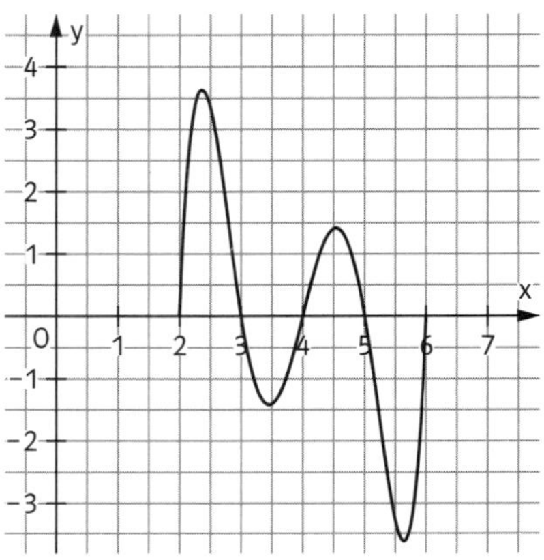

Globales Maximum: 3,6
globales Minimum: −3,6
Randextremwert: 0

Bedingungen für Extrema, Seite 28

1 Untersuchen Sie die Funktion f mit $f(x) = x^3 + 3x^2 + 4$ auf lokale Extremstellen.
$f'(x) = 3x^2 + 6x$
Bestimmung der Nullstellen von f':
$3x^2 + 6x = 0$, $x(3x + 6) = 0$; $x_1 = 0$; $x_2 = -2$
x-Wert in der Umgebung von x_1, aber links davon: −1
Ableitung an dieser Stelle: −3
x-Wert in der Umgebung von x_1, aber rechts davon: 1
Ableitung an dieser Stelle: 9
f' hat bei x_1 einen Vorzeichenwechsel von
☐ + nach − ☒ − nach +
f hat also bei x_1 ein ☐ lokales Maximum ☒ Minimum

x-Wert in der Umgebung von x_2, aber links davon: −3
Ableitung an dieser Stelle: 9
x-Wert in der Umgebung von x_2, aber rechts davon: −1
Ableitung an dieser Stelle: −3
f' hat bei x_2 einen Vorzeichenwechsel von
☒ + nach − ☐ − nach +
f hat also bei x_2 ein ☒ lokales Maximum ☐ Minimum

2 a) lokale Maximalstelle: $x_1 = 0$
b) lokale Minimalstelle: $x_1 = 1{,}5$
c) lokale Minimalstelle: $x_1 = -\frac{1}{3}$; lokale Maximalstelle: $x_2 = 1$
d) keine lokalen Extremstellen
e) lokale Minimalstellen: $x_1 = -2$; $x_2 = 2$;
lokale Maximalstelle: $x_3 = 0$
f) lokale Minimalstelle: $x_1 = 1$

3 a) $f'(-1) = -16$, $f'(0) = 0$, $f'(1) = -8$, $f'(3) = 0$, $f'(4) = 64$
b) f hat bei x = 3 also ein lokales Minimum. x = 0 ist keine Extremstelle, da f' hier keinen Vorzeichenwechsel hat.

4 a) mögliche lokale Extremstellen ($f'(x) = 0$): $x_1 = 0$; $x_2 = 1{,}5$
b) $x_1 = 0$: keine lokale Extremstelle; $x_2 = 1{,}5$: lokale Maximalstelle

5 a) lokale Maximalstelle: $x_1 = 0$; lokales Maximum: $f(0) = 0$
lokale Minimalstelle: $x_2 = 2$; lokales Minimum: $f(2) = -4$
b) lokale Minimalstelle: $x_1 \approx -4{,}24$; lokales Minimum: $f(x_1) \approx -0{,}12$
lokale Maximalstelle: $x_2 \approx 0{,}24$; lokales Maximum: $f(x_2) \approx 2{,}12$
c) lokale Maximalstelle: $x_1 \approx -0{,}05$; lokales Maximum: $f(x_1) \approx 1{,}00$
lokale Minimalstelle: $x_2 \approx 6{,}72$; lokales Minimum: $f(x_2) \approx -14{,}48$
d) lokale Maximalstellen: $x_1 \approx -3{,}61$; lokales Maximum: $f(x_1) \approx 2{,}24$
$x_3 \approx 2{,}68$; lokales Maximum: $f(x_3) \approx 2{,}24$
lokale Minimalstelle: $x_2 \approx -0{,}46$; lokales Minimum: $f(x_2) \approx -2{,}24$
e) lokale Maximalstelle: $x_1 = 2$; lokales Maximum: $f(2) = 0{,}35$

6 a) richtig b) falsch c) falsch d) richtig
e) falsch f) richtig

7 A 6; B 1; C 3; D 6

8 a) −1 b) 2 c) 0,5 d) nicht ablesbar
e) negativ f) $(-\infty; -1]$ und $[2; \infty)$ g) $[0{,}5; \infty)$

Funktionsuntersuchungen rationaler Funktionen, Seite 30

1 1. Nach Ausmultiplizieren erhält man $f(x) = 3x^2 - x^3$.
Da f(x) sowohl gerade als auch ungerade Exponenten hat, liegt beim Graphen von f keine einfache Symmetrie vor.

2. Aus der Produktdarstellung von f(x) lassen sich die Nullstellen sofort ablesen: $x_1 = 0$ und $x_2 = 3$. Der Schnittpunkt mit der y-Achse ist $S(0 \mid 0)$.

3. Der Summand mit dem höchsten Exponenten ist $-x^3$.
Für $x \to +\infty$ gilt $-x^3 \to -\infty$ und damit $f(x) \to -\infty$,
für $x \to -\infty$ gilt $-x^3 \to +\infty$ und damit $f(x) \to +\infty$.

4. $f'(x) = 6x - 3x^2$.
$f'(x) = 0$ für $x_3 = 0$ und $x_4 = 2$. Für $x < 0$ ist $f'(x) < 0$, für $0 < x < 2$ ist $f'(x) > 0$.
f nimmt bei x = 0 ein Minimum mit dem Wert 0 an.
Für $x > 2$ ist $f'(x) < 0$. Da für $0 < x < 2$ $f'(x) > 0$ ist, nimmt f bei x = 2 ein Maximum mit dem Wert 4 an.

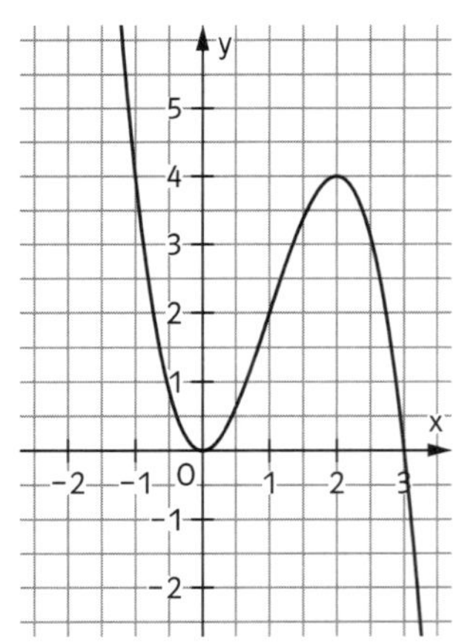

5. Für $x < 0$ und für $x > 2$ ist der Graph von f streng monoton abnehmend, für $0 < x < 2$ hingegen streng monoton zunehmend.

2 1. Keine einfache Symmetrie.

2. $N_1(0\,|\,0)$ und $N_2(2\,|\,0)$ sind die Schnittpunkte mit der x-Achse, $S(0\,|\,0)$ ist der Schnittpunkt mit der y-Achse.

3. Für $x \to \pm\infty$ gilt: $f(x) \to +\infty$

4. $f'(x) = 4x^3 - 6x^2$
$T(1{,}5\,|\,-1{,}6875)$ ist Tiefpunkt.
An der Stelle $x = 0$ hat f' zwar eine Nullstelle, aber keinen Vorzeichenwechsel.
N_1 ist also Sattelpunkt.

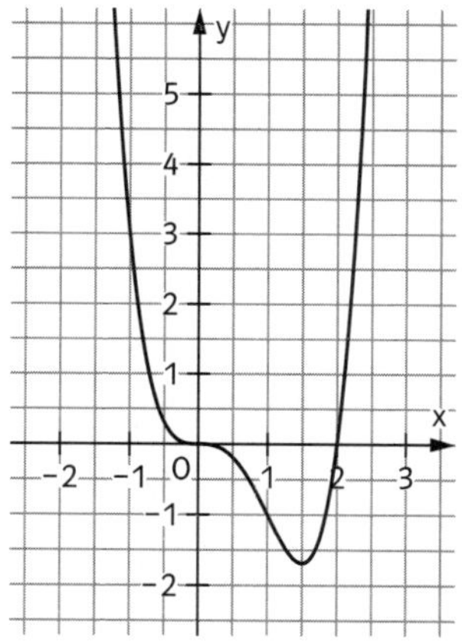

5. Für $x < 1{,}5$ ist f monoton abnehmend, für $x > 1{,}5$ streng monoton zunehmend.

3 a) Hat der Graph außer $x = 0$ weitere Nullstellen, muss er auch Hoch- und Tiefpunkte haben.
b) Der Graph von f muss mindestens noch einen weiteren Tiefpunkt haben, damit $x \to +\infty$ gilt $f(x) \to +\infty$.

4 siehe Tabelle 1

Test, Seite 32

1 a) f ist streng monoton abnehmend für $x < 2$ und streng monoton zunehmend für $x > 2$.
b) f ist streng monoton abnehmend für $-3 < x < 4$ und streng monoton zunehmend für $x < -3$ und $x > 4$.
c) f ist streng monoton zunehmend für $0 < x < 0{,}25$ und streng monoton abnehmend für $x > 0{,}25$.

2 a) Tiefpunkt $T(0\,|\,0)$; Hochpunkt $H(2\,|\,4)$
b) Hochpunkt $H(1\,|\,9)$; Tiefpunkt $T(2\,|\,8)$
c) Hochpunkt $H\left(-\frac{1}{3}\,\middle|\,-6\right)$; Tiefpunkt $T\left(\frac{1}{3}\,\middle|\,-6\right)$

3
- Nullstellen: $x^2 \cdot \left(\frac{1}{8}x^2 - \frac{3}{4}x + \frac{3}{2}\right) = 0$ hat die Lösung $x_1 = 0$
- $f'(x) = \frac{1}{2}x^3 - \frac{9}{4}x^2 + 3x$; $f''(x) = \frac{3}{2}x^2 - \frac{9}{2}x + 3$

  Extremstellen: $f'(x) = 0$: $x = 0$, $T(0\,|\,0)$ ist Tiefpunkt, Hochpunkte existieren nicht.
- f ist für $x < 0$ streng monoton abnehmend, für $x > 0$ streng monoton zunehmend.

4 a) richtig b) richtig c) falsch

5 a) $f(0) = 1{,}5$; b) $f'(0) = -1{,}5$ c) $f''(0)$ ist kleiner als null
d) $I = [-1;\,2]$ e) $x_0 = 2$ f) $(2\,|\,-1)$
g) $x_1 = -1$ h) $(-1\,|\,2{,}4)$ i) 5,5
j) -1

6 $f(x) = -\frac{1}{2}x^2 \cdot (x + 4) = -\frac{1}{2}x^3 - 2x^2$

(1) Definitionsbereich: $x \in \mathbb{R}$; Wertebereich: $y \in \mathbb{R}$
(2) gerade und ungerade Exponenten, also nicht symmetrisch zur y-Achse und zum Ursprung
(3) $y_s = 0$; Nullstellen: 0 und -4: $P_1(0\,|\,0)$; $P_2(-4\,|\,0)$
(4) $\lim\limits_{x\to\infty} f(x) = \lim\limits_{x\to\infty}\left(-\frac{1}{2}x^3\right) = -\infty$ und $\lim\limits_{x\to-\infty} f(x) = \lim\limits_{x\to-\infty}\left(-\frac{1}{2}x^3\right) = \infty$
(5) $f'(x) = -\frac{3}{2}x^2 - 4x$; $f''(x) = -3x - 4$; $f'''(x) = -3$
Extremwerte: $0 = -\frac{3}{2}x^2 - 4x = -\frac{3}{2}x \cdot \left(x + \frac{8}{3}\right)$ $x_3 = 0$; $x_4 = -\frac{8}{3}$
$f''(0) = -4 < 0$, also Hochpunkt bei $H(0\,|\,0)$
$f''\left(-\frac{8}{3}\right) = 4 > 0$, also ein Tiefpunkt bei $T\left(-\frac{8}{3}\,\middle|\,-\frac{128}{27}\right)$
Wendepunkt: $f''(x) = 0$ bei $x_5 = -\frac{4}{3}$ und $f'''(x_5) = -3$, also ein Wendepunkt bei $W\left(-\frac{4}{3}\,\middle|\,-\frac{64}{27}\right)$
(6) Skizze:

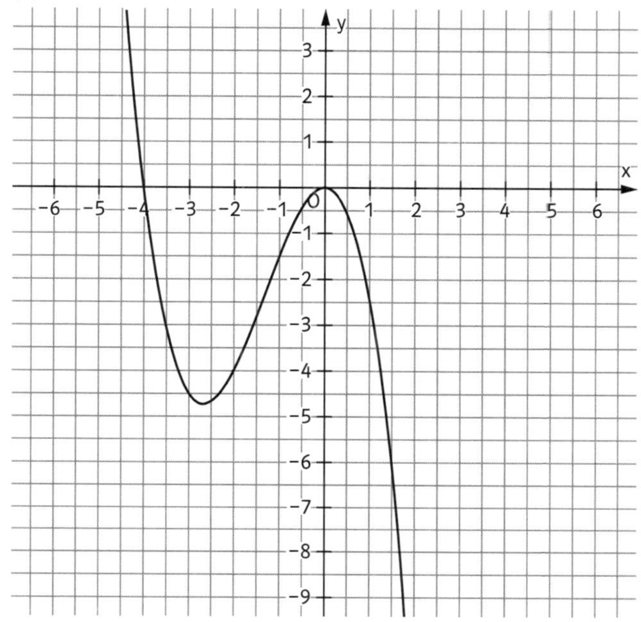

b) $m = f'\left(-\frac{4}{3}\right) = \frac{8}{3}$; Die Tangente $y = \frac{8}{3}x + n$ geht durch $W\left(-\frac{4}{3}\,\middle|\,-\frac{64}{27}\right)$.
Einsetzen der Koordinaten:
$-\frac{64}{27} = \frac{8}{3} \cdot \left(-\frac{4}{3}\right) + n$, also $n = \frac{32}{9} - \frac{64}{27} = \frac{32}{27}$
Tangentengleichung: $y = \frac{8}{3}x + \frac{32}{27}$

7 $h(t) = 1 + 50t - 5t^2$
a) $h'(t) = 50 - 10t = 0$ für $t = 5$; $h(5) = 126$: Der Körper erreicht eine Höhe von 126 m.
b) $1 + 50t - 5t^2 = 30$ hat die Lösungen $x_1 \approx 0{,}6$ und $x_2 \approx 9{,}4$.
Der Körper befindet sich etwa 8,8 s in mindestens 30 m Höhe.
c) $h'(0) = 50\,\text{ms}^{-1}$; $h'(3) = 20\,\text{ms}^{-1}$
d) Nach 10,02 s trifft er auf die Betonfläche. $h'(10{,}02) = 50{,}2\,\text{ms}^{-1}$

Tabelle 1

	a) $f(x) = \frac{3x^2}{(x-2)(x+3)}$	b) $g(x) = \frac{3x^2 + x}{x^2 - 2x + 6}$	c) $h(x) = \frac{x^3}{x^2 - 5x - 14}$	d) $h(x) = \frac{1}{x^2 + x - 2}$
Definitionsbereich	$D_3 = \mathbb{R}\setminus\{-3;\,2\}$	$D_5 = \mathbb{R}$	$D_4 = \mathbb{R}\setminus\{-2;\,7\}$	$D_1 = \mathbb{R}\setminus\{-2;\,1\}$
Senkrechte Asymptoten	$x = -3$, $x = 2$	–	$x = -2$, $x = 7$	$x = -2$, $x = 1$
Waagrechte/ schräge Asymptoten	$y = 3$	$y = 3$	$y = x + 5$	$y = 0$

IV Koordinatengeometrie

Das dreidimensionale Koordinatensystem, Seite 33

1

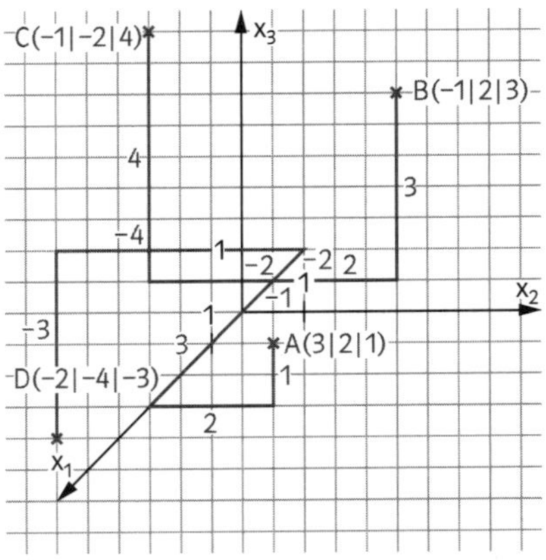

2 a)

☒ A(2|−1,5|4) ☐ A(−2|−3|2) ☒ A(0|−2,5|3) ☐ A(4|3|3)
☒ B(0|2,5|5) ☒ B(−5|0|2,5) ☐ B(3|4|6) ☒ B(5|5|7,5)
☒ C(5|4|0) ☐ C(2|3|−1,5) ☒ C(−1|1|−3) ☐ C(0|3|−2)

b) A(1|−2|3,5), A(5|0|5,5), A(−4|−4,5|1), B(−4|0,5|3), B(4|4,5|7), B(5|5|7,5), C(5|4|0)

3 a)

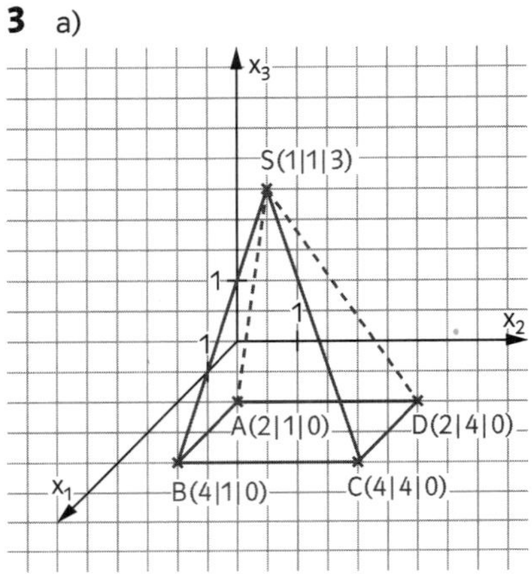

b) B(4|1|0), D(2|4|0), S(1|1|3)

4 a) A(0|0|0), B(5|0|0), C(5|5|0), D(0|5|0), E(0|0|5), F(5|0|5), G(5|5|5), H(0|5|5)
b) A(0|0|0), B(0|5|0), C(−5|5|0), D(−5|0|0), E(0|0|5), F(0|5|5), G(−5|5|5), H(−5|0|5)
c) A(2,5|−2,5|0), B(2,5|2,5|0), C(−2,5|2,5|0), D(−2,5|−2,5|0), E(2,5|−2,5|5), F(2,5|2,5|5), G(−2,5|2,5|5), H(−2,5|−2,5|5)

5 a) Die Punkte liegen in der x_1x_3-Ebene
b) Die Punkte liegen in einer Ebene, die parallel zur x_2x_3-Ebene verläuft. Die Ebene schneidet die x_1-Achse im Punkt (2|0|0).
c) Die Punkte liegen auf einer Geraden, die in der x_1x_2-Ebene parallel zur x_2-Achse verläuft. Diese Gerade schneidet die x_1-Achse im Punkt (1|0|0)

Vektoren, Seite 34

1

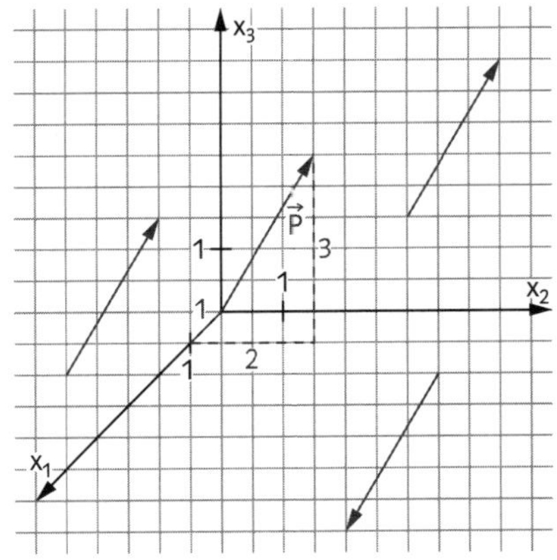

2 a) $\overrightarrow{AB} = \begin{pmatrix} 3 \\ 1 \\ 1 \end{pmatrix}$, Gegenvektor $\begin{pmatrix} -3 \\ -1 \\ -1 \end{pmatrix}$

b) $\overrightarrow{AB} = \begin{pmatrix} -1 \\ -2 \\ -1 \end{pmatrix}$, Gegenvektor $\begin{pmatrix} 1 \\ 2 \\ 1 \end{pmatrix}$

c) $\overrightarrow{AB} = \begin{pmatrix} -1 \\ -3 \\ -6 \end{pmatrix}$, Gegenvektor $\begin{pmatrix} 1 \\ 3 \\ 6 \end{pmatrix}$

d) $\overrightarrow{AB} = \begin{pmatrix} -2 \\ 1 \\ -1 \end{pmatrix}$, Gegenvektor $\begin{pmatrix} 2 \\ -1 \\ 1 \end{pmatrix}$

3 a) $\vec{b} = \vec{a} + \overrightarrow{AB} = \begin{pmatrix} 3 \\ 2 \\ 5 \end{pmatrix}$, B(3|2|5)

b) $\vec{a} = \vec{b} - \overrightarrow{AB} = \begin{pmatrix} -1 \\ -3 \\ 0 \end{pmatrix}$, A(−1|−3|0)

4 P(3|−4|2)

5 zusammen gehören A(2|0|−1), B(4|0|0), $\overrightarrow{BA} = \begin{pmatrix} -2 \\ 0 \\ -1 \end{pmatrix}$; A(5|2|2), B(5|2|2), $\overrightarrow{AB} = \begin{pmatrix} 0 \\ 0 \\ 0 \end{pmatrix}$; A(5|−1|−1), B(3|−1|−2), $\overrightarrow{AB} = \begin{pmatrix} -2 \\ 0 \\ -1 \end{pmatrix}$; A(3|3|3), B(4|4|5), $\overrightarrow{BA} = \begin{pmatrix} -1 \\ -1 \\ -2 \end{pmatrix}$

6 a) A(2|2|2), B(3|7|−1), $\overrightarrow{AB} = \begin{pmatrix} 1 \\ 5 \\ -3 \end{pmatrix}$

b) A(−1|3|−4), B(1|3|−5), $\overrightarrow{BA} = \begin{pmatrix} -2 \\ 0 \\ 1 \end{pmatrix}$

7 a) $\overrightarrow{AB} = \begin{pmatrix} 2 \\ 4 \\ -4 \end{pmatrix}$, $\overrightarrow{BC} = \begin{pmatrix} -1 \\ 2 \\ -1 \end{pmatrix}$, $\overrightarrow{CD} = \begin{pmatrix} -2 \\ -4 \\ 4 \end{pmatrix}$, $\overrightarrow{DA} = \begin{pmatrix} 1 \\ 2 \\ -1 \end{pmatrix}$

Viereck ABCD ist ein Parallelogramm

b) $\overrightarrow{AB} = \begin{pmatrix} 4 \\ -2 \\ 6 \end{pmatrix}$, $\overrightarrow{BC} = \begin{pmatrix} -4 \\ 4 \\ -8 \end{pmatrix}$, $\overrightarrow{CD} = \begin{pmatrix} -2 \\ 1 \\ -3 \end{pmatrix}$, $\overrightarrow{DA} = \begin{pmatrix} 2 \\ -3 \\ 5 \end{pmatrix}$

Viereck ABCD ist ein Trapez, aber kein Parallelogramm

c) $\overrightarrow{AB} = \begin{pmatrix} 1 \\ -8 \\ 8 \end{pmatrix}$, $\overrightarrow{BC} = \begin{pmatrix} 5 \\ 6 \\ -6 \end{pmatrix}$, $\overrightarrow{CD} = \begin{pmatrix} -2 \\ -3 \\ 2 \end{pmatrix}$, $\overrightarrow{DA} = \begin{pmatrix} -4 \\ 5 \\ -4 \end{pmatrix}$, $\overrightarrow{AC} = \begin{pmatrix} 6 \\ -2 \\ 2 \end{pmatrix}$,

$\overrightarrow{BD} = \begin{pmatrix} 3 \\ 3 \\ -4 \end{pmatrix}$

Keine der Vektoren sind parallel, also liegt kein Trapez bzw. Parallelogramm vor.

d) $\overrightarrow{BC} = \begin{pmatrix} -2 \\ -4 \\ -3 \end{pmatrix}$, $\overrightarrow{DA} = \begin{pmatrix} -2 \\ -4 \\ -3 \end{pmatrix}$, $\overrightarrow{AC} = \begin{pmatrix} -6 \\ 1 \\ 2 \end{pmatrix}$, $\overrightarrow{DB} = \begin{pmatrix} -6 \\ 1 \\ 2 \end{pmatrix}$

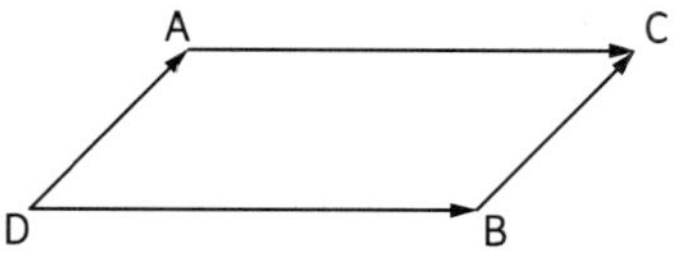

e) $\vec{d} = \vec{a} + \overrightarrow{BC} = \begin{pmatrix} 4 \\ 2 \\ -3 \end{pmatrix} + \begin{pmatrix} -4 \\ 6 \\ 2 \end{pmatrix} = \begin{pmatrix} 0 \\ 8 \\ -1 \end{pmatrix}$,

D(0 | 8 | −1) oder $\vec{d} = \vec{c} + \overrightarrow{BA} = \begin{pmatrix} 0 \\ 8 \\ -1 \end{pmatrix}$

f) $\overrightarrow{AB} = \begin{pmatrix} 3 \\ 2 \\ 0 \end{pmatrix}$. Wähle z. B. $\overrightarrow{CD} = \frac{1}{2}\overrightarrow{AB} = \begin{pmatrix} 1{,}5 \\ 1 \\ 0 \end{pmatrix}$.

Dann wird $\vec{c} = \vec{d} - \overrightarrow{CD} = \begin{pmatrix} 2{,}5 \\ 5 \\ 0 \end{pmatrix}$, C(2,5 | 5 | 0)

Addition und Subtraktion von Vektoren, Seite 36

1 a) $\begin{pmatrix} 3 \\ -5 \\ 10 \end{pmatrix}$ b) $\begin{pmatrix} 0 \\ 7 \\ -8 \end{pmatrix}$ c) $\begin{pmatrix} 0 \\ -3 \\ 3 \end{pmatrix}$

2 Wahr sind die Aussagen $\vec{r} + \vec{q} = \vec{a}$, $\vec{p} = -\vec{b} + \vec{r} + \vec{q}$ und $\vec{a} - \vec{p} - \vec{c} = \vec{r}$.

3 a) P(2 | 4 | 3), A(0 | 2 | −1): $\vec{q} = \vec{a} + \overrightarrow{PA} = \begin{pmatrix} -2 \\ 0 \\ -5 \end{pmatrix}$, Q(−2 | 0 | −5)

b) A(2 | 9 | −3), Q(−1 | 0 | 3): $\vec{p} = \vec{a} + \overrightarrow{QA} = \begin{pmatrix} 5 \\ 18 \\ -9 \end{pmatrix}$, P(5 | 18 | −9)

Multiplikation eines Vektors mit einer Zahl (S-Multiplikation), Seite 37

1 a) $2\vec{a} + \vec{b} = \begin{pmatrix} 4 \\ -8 \\ 15 \end{pmatrix}$ b) $\frac{1}{2}\vec{c} - 3\vec{a} = \begin{pmatrix} -2{,}5 \\ 11 \\ -16{,}5 \end{pmatrix}$

c) $-\vec{a} + 3\vec{b} - 2\vec{c} = \begin{pmatrix} 3 \\ -11 \\ 16 \end{pmatrix}$

2 a) $4(\vec{a} + 2\vec{b}) - 7\vec{b} - \vec{a} = 3\vec{a} + \vec{b} = \begin{pmatrix} -2 \\ 1 \\ -9 \end{pmatrix}$

b) $(\vec{b} - 2(\vec{b} - \vec{a})) - 2(3\vec{b} - \vec{c} + \vec{a}) = -\vec{b} - 2\vec{a} - 6\vec{b} + 2\vec{c} - 2\vec{a}$

$= -7\vec{b} + 2\vec{c} = \begin{pmatrix} -17 \\ 49 \\ -23 \end{pmatrix}$

3 a) $\overrightarrow{M} = \begin{pmatrix} 3{,}5 \\ 3{,}5 \\ 6{,}5 \end{pmatrix}$ b) $\overrightarrow{M} = \begin{pmatrix} -1 \\ 1 \\ 7 \end{pmatrix}$ c) $\overrightarrow{M} = \begin{pmatrix} -5 \\ -2 \\ 5 \end{pmatrix}$

4 a) B(7 | 1 | 14)
b) A(−1 | −2 | 12)
c) A(4 | −6 | 3), B(1 | 2 | −13), M(2,5 | −2 | −5)

5 a = 2,5; b = 4; c = 6; d = 6,5; e = 2; f = 3; g = 5; h = 2; i = 3

Betrag von Vektoren, Länge von Strecken, Seite 38

1 a) $d = \left|\begin{pmatrix} -1 \\ 1 \\ 0 \end{pmatrix}\right| = \sqrt{2}$ b) $d = \left|\begin{pmatrix} -1 \\ 4 \\ -2 \end{pmatrix}\right| = \sqrt{21}$ c) $d = \left|\begin{pmatrix} -\sqrt{2} \\ -0{,}5 \\ 0{,}5 \end{pmatrix}\right| = \sqrt{2{,}5}$

2 a) $\sqrt{17} = \sqrt{1^2 + (4-a)^2 + (-4)^2}$. Daraus $0 = (4-a)^2$. Also a = 4.

b) $\sqrt{6} = \sqrt{(b-2)^2 + (-1)^2 + 1^2}$. Daraus: $(b-2)^2 = 4$.
Also b = 0 oder b = 4

c) $5 = \sqrt{(1-x)^2 + 0^2 + 3^2}$. Daraus $(1-x)^2 = 16$.
Also x = −3 oder x = 5

3 a) $\overrightarrow{AB} = \begin{pmatrix} -1 \\ 1 \\ -1 \end{pmatrix}$, $|\overrightarrow{AB}| = \sqrt{3}$, $\overrightarrow{CD} = \begin{pmatrix} 1 \\ -1 \\ 1 \end{pmatrix}$, $|\overrightarrow{CD}| = \sqrt{3}$, $\overrightarrow{BC} = \begin{pmatrix} -1 \\ 1 \\ 1 \end{pmatrix}$,

$|\overrightarrow{BC}| = \sqrt{3}$, $\overrightarrow{AD} = \begin{pmatrix} -1 \\ 1 \\ 1 \end{pmatrix}$, $|\overrightarrow{AD}| = \sqrt{3}$. Alle Seiten sind gleich lang,

daher ist das Viereck ABCD eine Raute.

b) $|\overrightarrow{AC}| = \left|\begin{pmatrix} -2 \\ 2 \\ 0 \end{pmatrix}\right| = \sqrt{8}$, $|\overrightarrow{BD}| = \begin{pmatrix} 0 \\ 0 \\ 2 \end{pmatrix} = 2$

4 $|\vec{a}| = \left|\begin{pmatrix} 2 \\ 5 \\ 1 \end{pmatrix}\right| = \sqrt{30}$; $\vec{a}_0 = \frac{1}{\sqrt{30}} \cdot \begin{pmatrix} 2 \\ 5 \\ 1 \end{pmatrix}$

5 a) $\vec{r} = \overrightarrow{AB} = \begin{pmatrix} 3 \\ 4 \\ 0 \end{pmatrix}$, $|\vec{r}| = 5$.

Der Einheitsvektor $\vec{r}_0$ in Richtung $\overrightarrow{AB}$ lautet $\vec{r}_0 = \frac{1}{5} \cdot \begin{pmatrix} 3 \\ 4 \\ 0 \end{pmatrix}$.

Damit ist der Ortsvektor des gesuchten Punktes P

$\vec{p} = \vec{a} + \vec{r}_0 = \begin{pmatrix} 2 \\ 3 \\ -1 \end{pmatrix} + \frac{1}{5} \cdot \begin{pmatrix} 3 \\ 4 \\ 0 \end{pmatrix} = \begin{pmatrix} 2{,}6 \\ 3{,}8 \\ -1 \end{pmatrix}$. P(2,6 | 3,8 | −1) liegt von A eine Einheit entfernt und von B dann 4 Einheiten.

Skalarprodukt von Vektoren, Größe von Winkeln, Seite 39

1 a) $\vec{a} = \begin{pmatrix} 3 \\ 1 \\ -3 \end{pmatrix}$; $\vec{b} = \begin{pmatrix} -1 \\ 5 \\ 4 \end{pmatrix}$

$\Rightarrow \vec{a} \circ \vec{b} = 3 \cdot -1 + 1 \cdot 5 - 3 \cdot 4 = -3 + 5 - 12 = -10$

b) $\vec{a} = \begin{pmatrix} 4 \\ 1 \\ -2 \end{pmatrix}$; $\vec{b} = \begin{pmatrix} 2 \\ 3 \\ -1 \end{pmatrix}$

$\Rightarrow \vec{a} \circ \vec{b} = 4 \cdot 2 + 1 \cdot 3 + -2 \cdot -1 = 8 + 3 + 2 = 13$

2 a) $\vec{a} \circ \vec{b} = -3 + 0 - 3 = -6$ b) $\vec{a} \circ \vec{c} = 9 + 0 + 4 = 13$
c) $\vec{b} \circ \vec{c} = -3 + 2 - 12 = -13$ d) $\vec{c} \circ \vec{b} = -13$
e) $\vec{a} \circ \vec{a} = 9 + 0 + 1 = 10$ f) $\vec{b} \circ (-\vec{c}) = 3 - 2 + 12 = 13$

3 a) $|\vec{a}| = 5$; $|\vec{b}| = 15$; $\cos(\alpha) = \frac{14}{75}$; $\alpha \approx 79{,}2°$
b) $|\vec{a}| = \sqrt{74}$; $|\vec{b}| = \sqrt{53}$; $\cos(\alpha) = \frac{-29}{\sqrt{3922}}$; $\alpha \approx 117{,}6°$

4 $|\vec{a}| = \sqrt{21}$; $|\vec{b}| = \sqrt{6}$; $|\vec{c}| = 13$

	$\vec{a}$	$-\vec{a}$	$\vec{c}$	$-\vec{c}$
$\vec{a}$	0°	180°	122,5°	57,5°
$\vec{b}$	90°	90°	91,8°	88,2°
$-\vec{b}$	90°	90°	88,2°	91,8°

5 a) $\overrightarrow{AB} = \begin{pmatrix} 4 \\ 4 \\ 2 \end{pmatrix}$; $|\overrightarrow{AB}| = 6$; $\overrightarrow{BC} = \begin{pmatrix} -1 \\ 7 \\ 6 \end{pmatrix}$; $|\overrightarrow{BC}| = \sqrt{86}$;

$\overrightarrow{AC} = \begin{pmatrix} 5 \\ -3 \\ -4 \end{pmatrix}$; $|\overrightarrow{AC}| = \sqrt{50}$

b) $\sqrt{50}^2 + 6^2 = 86$; also hat das Dreieck nach dem Satz von Pythagoras bei A einen rechten Winkel.

c) $\beta \approx 49{,}7°$; $\gamma \approx 40{,}3°$

d) $\frac{1}{2} \cdot 6 \cdot \sqrt{50} = 21{,}2$ FE

6 a) $\cos(\alpha) = \frac{42 - 8 + 12}{7 \cdot 9} = \frac{46}{63}$; $\alpha \approx 43{,}1°$; im Nenner wurde nicht multipliziert sondern addiert.

b) $\cos(\alpha) = \frac{-2 + 6 - 5}{\sqrt{38} \cdot \sqrt{6}} = \frac{-1}{\sqrt{228}}$; $\alpha \approx 93{,}8°$; beim Skalarprodukt im Zähler wurden die Vorzeichen vergessen.

c) $\cos(\alpha) = \frac{-10 - 12}{\sqrt{35} \cdot \sqrt{20}} = \frac{-22}{10\sqrt{7}}$; $\alpha \approx 146{,}3°$; mit dem GTR wurde nicht „$\cos^{-1}$" sondern „cos" berechnet.

7 Die Vektoren $\vec{a}$ und $\vec{b}$ sind orthogonal. Bestimmen Sie, falls möglich, jeweils ein geeignetes b.

a) $\vec{b} = \begin{pmatrix} \frac{2}{3} \\ 0 \\ 1 \end{pmatrix}$ b) $\vec{b} = \begin{pmatrix} -6 \\ -6 \\ 2 \end{pmatrix}$ c) $\vec{b} = \begin{pmatrix} b \\ b \\ b \end{pmatrix}$

b müsste Null sein, definitionsgemäß gibt es demnach kein b, sodass die Vektoren orthogonal sind.

d) $\vec{b} = \begin{pmatrix} -3 \\ -1 \\ 3 \end{pmatrix}$

8

	$\vec{e} = \begin{pmatrix} 3 \\ 1 \\ 6 \end{pmatrix}$	$\vec{f} = \begin{pmatrix} -2 \\ 3 \\ 8 \end{pmatrix}$	$\vec{g} = \begin{pmatrix} 0 \\ 2 \\ 0 \end{pmatrix}$	$\vec{h} = \begin{pmatrix} 2 \\ 0 \\ 8 \end{pmatrix}$
$\vec{a} = \begin{pmatrix} 4 \\ 0 \\ 1 \end{pmatrix}$	–	x	x	–
$\vec{b} = \begin{pmatrix} -4 \\ 0 \\ 2 \end{pmatrix}$	x	–	x	–
$\vec{c} = \begin{pmatrix} -4 \\ 0 \\ -1 \end{pmatrix}$	–	x	x	–
$\vec{d} = \begin{pmatrix} 10 \\ 36 \\ -11 \end{pmatrix}$	x	x	–	–

Das Vektorprodukt, Seite 41

1

×	$\vec{e} = \begin{pmatrix} 3 \\ 1 \\ 5 \end{pmatrix}$	$\vec{f} = \begin{pmatrix} -2 \\ 3 \\ 8 \end{pmatrix}$	$\vec{g} = \begin{pmatrix} 0 \\ 2 \\ 0 \end{pmatrix}$	$\vec{h} = \begin{pmatrix} 2 \\ 0 \\ 8 \end{pmatrix}$
$\vec{a} = \begin{pmatrix} 4 \\ 0 \\ 1 \end{pmatrix}$	$\begin{pmatrix} -1 \\ -21 \\ 4 \end{pmatrix}$	$\begin{pmatrix} -3 \\ -34 \\ 12 \end{pmatrix}$	$\begin{pmatrix} -2 \\ 0 \\ 8 \end{pmatrix}$	$\begin{pmatrix} 0 \\ -30 \\ 0 \end{pmatrix}$
$\vec{b} = \begin{pmatrix} -4 \\ 0 \\ 2 \end{pmatrix}$	$\begin{pmatrix} -2 \\ 30 \\ -4 \end{pmatrix}$	$\begin{pmatrix} -6 \\ 28 \\ -12 \end{pmatrix}$	$\begin{pmatrix} -4 \\ 0 \\ -8 \end{pmatrix}$	$\begin{pmatrix} 0 \\ 36 \\ 0 \end{pmatrix}$
$\vec{c} = \begin{pmatrix} -4 \\ 0 \\ -1 \end{pmatrix}$	$\begin{pmatrix} 1 \\ 21 \\ -4 \end{pmatrix}$	$\begin{pmatrix} 3 \\ 34 \\ -12 \end{pmatrix}$	$\begin{pmatrix} 2 \\ 0 \\ -8 \end{pmatrix}$	$\begin{pmatrix} 0 \\ 30 \\ 0 \end{pmatrix}$
$\vec{d} = \begin{pmatrix} 10 \\ 36 \\ -11 \end{pmatrix}$	$\begin{pmatrix} 227 \\ -93 \\ -98 \end{pmatrix}$	$\begin{pmatrix} 321 \\ -58 \\ 102 \end{pmatrix}$	$\begin{pmatrix} 22 \\ 0 \\ 20 \end{pmatrix}$	$\begin{pmatrix} 288 \\ -102 \\ -72 \end{pmatrix}$

2 $\vec{a} \times \vec{b} = \begin{pmatrix} -13 \\ 1 \\ 8 \end{pmatrix}$ hat den Betrag $|\vec{a} \times \vec{b}| = \sqrt{169 + 1 + 64} = \sqrt{234}$.

Damit wird $\vec{c} = 3 \cdot \frac{1}{|\vec{a} \times \vec{b}|} \cdot \vec{a} \times \vec{b} = \frac{3}{\sqrt{234}} \cdot \begin{pmatrix} -13 \\ 1 \\ 8 \end{pmatrix}$.

3 Mithilfe der Vektoren $\vec{a} = \begin{pmatrix} 1 \\ 2 \\ 2 \end{pmatrix}$ und $\vec{b} = \begin{pmatrix} -2 \\ 3 \\ -1 \end{pmatrix}$ kann ein Parallelogramm aufgespannt werden.

a) $\vec{a} \times \vec{b} = \begin{pmatrix} -8 \\ -3 \\ 7 \end{pmatrix}$, $|\vec{a} \times \vec{b}| = \sqrt{122}$. Der Flächeninhalt des Parallelogramms beträgt also $\sqrt{122}$ Flächeneinheiten.

b) $\sin\varphi = \frac{|\vec{a} \times \vec{b}|}{|\vec{a}| \cdot |\vec{b}|}$. Mit $|\vec{a}| = 3$ und $|\vec{b}| = \sqrt{14}$ ist also:

$\sin\varphi = \frac{\sqrt{122}}{3 \cdot \sqrt{14}} \approx 0{,}9840$ und damit $\varphi = 79{,}7°$. Der andere Innenwinkel beträgt somit $\alpha = 180° - \varphi = 100{,}3°$

4 Die drei Punkte O(0 | 0 | 0), A(1 | −1 | 3) und B(−4 | 2 | 0) bilden ein Dreieck.

a) Wie groß ist der Winkel $a = \sphericalangle OAB$?

$\overrightarrow{AB} = \begin{pmatrix} -5 \\ 3 \\ -3 \end{pmatrix}$; $|\overrightarrow{AB}| = \sqrt{43}$; $\overrightarrow{AO} = \begin{pmatrix} -1 \\ 1 \\ -3 \end{pmatrix}$; $|\overrightarrow{AO}| = \sqrt{11}$

1. Möglichkeit:

$\cos\alpha = \frac{|\overrightarrow{AO} \circ \overrightarrow{AB}|}{|\overrightarrow{AO}| \cdot |\overrightarrow{AB}|} = \frac{|5 - 3 + 9|}{\sqrt{11} \cdot \sqrt{43}} = \frac{17}{\sqrt{473}} \Rightarrow \alpha = 38{,}6°$

2. Möglichkeit:

$\sin\alpha = \frac{|\overrightarrow{AO} \times \overrightarrow{AB}|}{|\overrightarrow{AO}| \cdot |\overrightarrow{AB}|} = \frac{\left|\begin{pmatrix} 6 \\ 12 \\ 2 \end{pmatrix}\right|}{\sqrt{11} \cdot \sqrt{43}} = \frac{\sqrt{184}}{\sqrt{473}} \Rightarrow \alpha = 38{,}6°$

b) $A_\Delta = \frac{1}{2}|\overrightarrow{AB} \times \overrightarrow{AO}| = \frac{1}{2}\sqrt{184} = \sqrt{46}$

c) $h_{[AB]} = \frac{2 \cdot A_\Delta}{|\overrightarrow{AB}|} = \frac{2 \cdot \sqrt{46}}{\sqrt{43}} \approx 2{,}1$

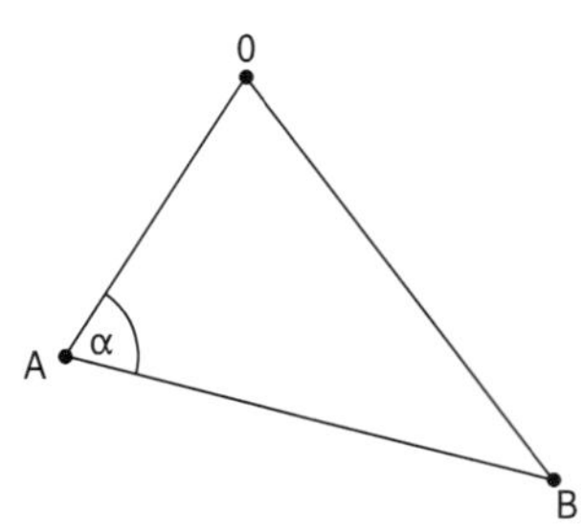

5 $F = \left|\begin{pmatrix}-1\\2\\-4\end{pmatrix} \times \begin{pmatrix}3\\-2\\5\end{pmatrix}\right| = \left|\begin{pmatrix}2\\-7\\-4\end{pmatrix}\right| = \sqrt{69}$

$V = |(\vec{a} \times \vec{b}) \circ \vec{c}\,| = \left|\begin{pmatrix}2\\-7\\-4\end{pmatrix} \circ \begin{pmatrix}0\\3\\6\end{pmatrix}\right| = 45$

6

$\vec{a} = \begin{pmatrix}1\\0\\0\end{pmatrix}; \vec{b} = \begin{pmatrix}2\\1\\0\end{pmatrix}; \vec{c} = \begin{pmatrix}1\\2\\3\end{pmatrix}$	F = 1	V = 3
$\vec{a} = \begin{pmatrix}2\\0\\0\end{pmatrix}; \vec{b} = \begin{pmatrix}2\\1\\0\end{pmatrix}; \vec{c} = \begin{pmatrix}1\\2\\3\end{pmatrix}$	F = 2	V = 6
$\vec{a} = \begin{pmatrix}1\\0\\0\end{pmatrix}; \vec{b} = \begin{pmatrix}-6\\-3\\0\end{pmatrix}; \vec{c} = \begin{pmatrix}1\\2\\3\end{pmatrix}$	F = 3	V = 9
$\vec{a} = \begin{pmatrix}2\\1\\0\end{pmatrix}; \vec{b} = \begin{pmatrix}1\\0\\0\end{pmatrix}; \vec{c} = \begin{pmatrix}10\\20\\30\end{pmatrix}$	F = 1	V = 30

Kreise und Kugeln im Koordinatensystem, Seite 43

1 a) $M(1\,|\,-2\,|\,2)$, $r = 4$ b) $M(2\,|\,-3\,|\,-5)$, $r = 15$

2 a) Radius $r = |\overrightarrow{MP}| = \left|\begin{pmatrix}-2\\-1\\2\end{pmatrix}\right| = \sqrt{(-2)^2 + (-1)^2 + 2^2} = 3.$

Kugelgleichung in Vektordarstellung: $\left(\vec{X} - \begin{pmatrix}4\\2\\-3\end{pmatrix}\right)^2 = 9$

Dies bedeutet umgeschrieben $\begin{pmatrix}x_1 - 4\\x_2 - 2\\x_3 + 3\end{pmatrix}^2 = 9$, also

$(x_1 - 4)^2 + (x_2 - 2)^2 + (x_3 + 3)^2 = 9.$

b) $|\overrightarrow{MR}| = \left|\begin{pmatrix}1\\-2\\2\end{pmatrix}\right| = 3 = r$

Abstand von S zu M: $|\overrightarrow{MS}| = \left|\begin{pmatrix}0\\1\\6\end{pmatrix}\right| = \sqrt{37}$

Damit liegt S außerhalb der Kugel.

Abstand von T zu M: $|\overrightarrow{MT}| = \left|\begin{pmatrix}-2\\0\\0\end{pmatrix}\right| = 2$

Damit liegt T innerhalb der Kugel.

3 a) Mittelpunkt der Kugel: $M(2\,|\,2\,|\,2)$. Radius der Kugel: $r = 2$.

Kugel in Vektordarstellung: $\left(\vec{X} - \begin{pmatrix}2\\2\\2\end{pmatrix}\right)^2 = 4$ und in Koordinatendarstellung: $(x_1 - 2)^2 + (x_2 - 2)^2 + (x_3 - 2)^2 = 4$

b) $P_1(2\,|\,0\,|\,2)$, $P_2(4\,|\,2\,|\,2)$, $P_3(2\,|\,4\,|\,2)$, $P_4(0\,|\,2\,|\,2)$, $P_5(2\,|\,2\,|\,0)$, $P_6(2\,|\,2\,|\,4)$

c) Mittelpunkt des Kreises: $M(2\,|\,2)$, Radius des Kreises: $r = 2$,

Kreis in Vektordarstellung: $\left(\vec{X} - \begin{pmatrix}2\\2\end{pmatrix}\right)^2 = 4$

Test, Seite 44

1 a) $\vec{p} = \overrightarrow{AB} = \begin{pmatrix}2\\-4\\-4\end{pmatrix}$, $\vec{q} = \overrightarrow{BC} = \begin{pmatrix}-3\\6\\0\end{pmatrix}$, $\vec{r} = \overrightarrow{CA} = \begin{pmatrix}1\\-2\\4\end{pmatrix}$.

$|\vec{p}| = 6$, $|\vec{q}| = \sqrt{45}$, $|\vec{r}| = \sqrt{21}$

b) $2\vec{p} + \vec{q} - 3\vec{r} = \begin{pmatrix}-2\\4\\-20\end{pmatrix}$, $0{,}5\vec{r} - 1{,}5\vec{p} = \begin{pmatrix}-2{,}5\\5\\8\end{pmatrix}$

c) Für den Vektor $\vec{a} = -\vec{p}$ ist $\vec{a_0} = \frac{1}{6}\begin{pmatrix}-2\\4\\4\end{pmatrix}$ der gesuchte Einheitsvektor.

d) $\vec{p} \cdot \vec{q} = -30 \neq 0$, $\vec{p} \cdot \vec{r} = -6 \neq 0$, $\vec{q} \cdot \vec{r} = -15 \neq 0$.
Keine der Vektoren sind orthogonal zueinander.

2 a) $\overrightarrow{AB} = \overrightarrow{DC}$: $\begin{pmatrix}3\\-1\\1 - a\end{pmatrix} = \begin{pmatrix}9 - d\\c - 1\\-2\end{pmatrix}$ liefert: $a = 3$, $d = 6$, $c = 0$:
$A(2\,|\,1\,|\,3)$, $C(9\,|\,0\,|\,6)$, $D(6\,|\,1\,|\,8)$

b) $M_1(3{,}5\,|\,0{,}5\,|\,2)$, $M_2(7\,|\,0\,|\,3{,}5)$, $M_3(7{,}5\,|\,0{,}5\,|\,7)$, $M_4(4\,|\,1\,|\,5{,}5)$

c) $\overrightarrow{M_1M_2} = \begin{pmatrix}3{,}5\\-0{,}5\\1{,}5\end{pmatrix}$, $\overrightarrow{M_2M_3} = \begin{pmatrix}0{,}5\\0{,}5\\3{,}5\end{pmatrix}$, $\overrightarrow{M_3M_4} = \begin{pmatrix}-3{,}5\\0{,}5\\-1{,}5\end{pmatrix}$, $\overrightarrow{M_4M_1} = \begin{pmatrix}-0{,}5\\-0{,}5\\-3{,}5\end{pmatrix}$.

Je zwei Vektoren sind parallel, also ist das Viereck ein Parallelogramm.

3 a) z.B. $a_1 = b_2 = 1$ b) $a = 111{,}6°$

4 $\vec{P} = \vec{A} + 5 \cdot \frac{\vec{v}}{|\vec{v}|} = \begin{pmatrix}3\\-1\\5\end{pmatrix} + \frac{5}{4} \cdot \begin{pmatrix}2\\3\\\sqrt{3}\end{pmatrix} = \begin{pmatrix}\frac{11}{2}\\\frac{11}{4}\\5 + \frac{5}{4}\sqrt{3}\end{pmatrix}$

5 a) $F = \frac{1}{2}|\overrightarrow{AB} \times \overrightarrow{AC}| = \frac{1}{2}\left|\begin{pmatrix}-1\\5\\3\end{pmatrix} \times \begin{pmatrix}-5\\2\\4\end{pmatrix}\right| = \frac{1}{2}\left|\begin{pmatrix}14\\-11\\23\end{pmatrix}\right| = \frac{3}{2}\sqrt{94}$

b) $M_1(0\,|\,3{,}5\,|\,4{,}5)$; $|\overrightarrow{AM_1}| = \left|\begin{pmatrix}-3\\3{,}5\\3{,}5\end{pmatrix}\right| = \sqrt{33{,}5}$;

$M_2(0{,}5\,|\,1\,|\,3)$; $|\overrightarrow{BM_2}| = \left|\begin{pmatrix}-1{,}5\\-4\\-1\end{pmatrix}\right| = \sqrt{19{,}25}$;

$M_3(2{,}5\,|\,2{,}5\,|\,2{,}5)$; $|\overrightarrow{CM_3}| = \left|\begin{pmatrix}4{,}5\\0{,}5\\-2{,}5\end{pmatrix}\right| = \sqrt{26{,}75}$

c) $\vec{S} = \vec{C} + \frac{2}{3}\overrightarrow{CM_3} = \begin{pmatrix}-2\\2\\5\end{pmatrix} + \frac{2}{3}\begin{pmatrix}4{,}5\\0{,}5\\-2{,}5\end{pmatrix} = \begin{pmatrix}1\\\frac{7}{3}\\\frac{10}{3}\end{pmatrix} \Rightarrow S\left(1\,\middle|\,\frac{7}{3}\,\middle|\,\frac{10}{3}\right)$ oder

$\vec{S} = \vec{A} + \frac{2}{3}\overrightarrow{AM_1} = \vec{B} + \frac{2}{3}\overrightarrow{BM_2} = \overrightarrow{M_3} + \frac{1}{3}\overrightarrow{M_3C}$

6 a) $|\overrightarrow{AC}| = \left|\begin{pmatrix}-5\\2\\4\end{pmatrix}\right| = \sqrt{45}$; $|\overrightarrow{AB}| = \left|\begin{pmatrix}-1\\5\\3\end{pmatrix}\right| = \sqrt{35}$;

$|\overrightarrow{AD}| = \left|\begin{pmatrix}-4\\3\\7\end{pmatrix}\right| = \sqrt{74}$

b) $\cos(\alpha) = \frac{|\overrightarrow{AB} \circ \overrightarrow{AC}|}{|\overrightarrow{AB}| \cdot |\overrightarrow{AC}|} = \frac{27}{\sqrt{45} \cdot \sqrt{35}} \Rightarrow \alpha \approx 47{,}1°$;

$\cos(\beta) = \frac{|\overrightarrow{AB} \circ \overrightarrow{AD}|}{|\overrightarrow{AB}| \cdot |\overrightarrow{AD}|} = \frac{40}{\sqrt{35} \cdot \sqrt{74}} \Rightarrow \beta \approx 38{,}2°$;

$\cos(\gamma) = \frac{|\overrightarrow{AD} \circ \overrightarrow{AC}|}{|\overrightarrow{AD}| \cdot |\overrightarrow{AC}|} = \frac{54}{\sqrt{74} \cdot \sqrt{45}} \Rightarrow \gamma \approx 20{,}6°$

c) Maßzahl für die Seitenflächen: $F_1 = |\overrightarrow{AB} \times \overrightarrow{AD}| = \left|\begin{pmatrix}26\\-5\\17\end{pmatrix}\right| = \sqrt{990}$,

Maßzahl für die Bodenfläche: $F_2 = |\overrightarrow{AB} \times \overrightarrow{AC}| = \left|\begin{pmatrix}14\\-11\\23\end{pmatrix}\right| = \sqrt{846}$,

Maßzahl für die Vorderfläche: $F_3 = |\overrightarrow{AC} \times \overrightarrow{AD}| = \left|\begin{pmatrix}2\\19\\-7\end{pmatrix}\right| = \sqrt{414}$

d) $O = 2 \cdot (F_1 + F_2 + F_3) \approx 161{,}8$

e) $V = |(\overrightarrow{AB} \times \overrightarrow{AC}) \circ \overrightarrow{AD}| = \left|\begin{pmatrix}14\\-11\\23\end{pmatrix} \circ \begin{pmatrix}-4\\3\\7\end{pmatrix}\right| = 72$

7 a) $r = 3$, $M(3\,|\,3\,|\,3)$; $\left(\vec{X} - \begin{pmatrix}3\\3\\3\end{pmatrix}\right)^2 = 9$

b) Radius = Abstand Mittelpunkt-Eckpunkt:

$r = \left|\begin{pmatrix}3\\3\\3\end{pmatrix} - \begin{pmatrix}0\\0\\0\end{pmatrix}\right| = \sqrt{27}$; $\left(\vec{X} - \begin{pmatrix}3\\3\\3\end{pmatrix}\right)^2 = 27$

V Weitere Ableitungsregeln

Ableiten der Sinus- und Kosinusfunktion, Seite 45

1 a) $f'(x) = -7\cos x$

b) $f'(x) = -4\sin x$

c) $f'(x) = 2x + 0{,}5\sin x$

d) $f'(x) = \cos x + \sin x$

2 a) $f'(x) = 6x^2 \cdot \sin x + 2x^3 \cdot \cos x$

b) $f'(x) = -\cos x \cdot x + (-\sin x) \cdot 1 = -\cos x \cdot x - \sin x$

c) $f'(x) = -\frac{1}{x^2} \cdot \cos x - \frac{1}{x} \cdot \sin x$

d) $f'(x) = -3x \cdot (-\cos x) + \left(-\frac{3}{2}x^2\right) \cdot \sin x = 3x\cos x - \frac{3}{2}x^2\sin x$

3 a) 1. $f'(x) = -2\sin x$

2. $f'\left(\frac{3}{2}\pi\right) = -2\sin\left(\frac{3}{2}\pi\right) = 2$

3. $y = 2x + t$

4. Einsetzen des Punktes P: $0 = 2 \cdot \frac{3}{2}\pi + t$

Auflösen nach t: $t = -3\pi$

5. Gleichung der Tangente: $y = 2x - 3\pi$

b) 1. $f'(x) = 2 + \cos x$

2. $f'(\pi) = 2 + \cos(\pi) = 1$

3. $y = 1x + t$

4. $2\pi = 1\pi + t$; $t = \pi$

5. Gleichung der Tangente: $y = x + \pi$

c) $f\left(-\frac{\pi}{2}\right) = -\frac{\pi}{2}$; $f'(x) = 1 - \sin(x)$; $f'\left(-\frac{\pi}{2}\right) = 2$, also $m_{Normale} = -\frac{1}{2}$

Ansatz: $y = -\frac{1}{2}x + t$

Einsetzten von P liefert: $-\frac{\pi}{2} = -\frac{1}{2} \cdot \left(-\frac{\pi}{2}\right) + t$

Mit $t = -\frac{3\pi}{4}$ erhalte $y = -\frac{1}{2}x - \frac{3\pi}{4}$.

4 a) $f'(x) = -\sin x$; $f'\left(\frac{\pi}{2}\right) = -1$

$f\left(\frac{\pi}{2}\right) = 3 + 0 = 3$

$t = 3 + \frac{\pi}{2}$

$y_{Tangente} = -x + 3 + \frac{\pi}{2}$

$y_{Normale} = x + 3 - \frac{\pi}{2}$

b) $f'(x) = 4\cos x$; $f'\left(\frac{\pi}{4}\right) = 4\cos\left(\frac{\pi}{4}\right) = 4 \cdot \frac{1}{2}\sqrt{2} = 2\sqrt{2}$

$f\left(\frac{\pi}{4}\right) = 4 + 4\sin\left(\frac{\pi}{4}\right) = 4 + 4 \cdot \frac{1}{2}\sqrt{2} = 4 + 2\sqrt{2}$

$y_{Tangente} = 2\sqrt{2}x + \sqrt{2}\left(2 - \frac{\pi}{2}\right) + 4$

$y_{Normale} = -\frac{1}{2\sqrt{2}}x + \frac{\pi}{8\sqrt{2}} + 2\sqrt{2} + 4$

5 a) keine Nullstellen; Hochpunkt $H\left(\frac{\pi}{2}\middle|1 + \pi\right)$;

Tiefpunkt $T\left(\frac{3\pi}{2}\middle|\pi - 1\right)$

b) Nullstellen: $N_1(0\,|\,0)$, $N_2(\pi\,|\,0)$, $N_3(2\pi\,|\,0)$

Hochpunkt $H\left(\frac{3\pi}{2}\middle|1\right)$, Tiefpunkt $T\left(\frac{\pi}{2}\middle|-1\right)$

c) Nullstellen: $N_1(0\,|\,0)$, $N_2\left(\frac{\pi}{2}\middle|0\right)$, $N_3(\pi\,|\,0)$, $N_4\left(\frac{3\pi}{2}\middle|0\right)$, $N_5(2\pi\,|\,0)$

Hochpunkte: $H_1\left(\frac{\pi}{4}\middle|\frac{1}{2}\right)$; $H_2\left(\frac{5\pi}{4}\middle|\frac{1}{2}\right)$

Tiefpunkte: $T_1\left(\frac{3\pi}{4}\middle|-\frac{1}{2}\right)$, $T_2\left(\frac{7\pi}{4}\middle|-\frac{1}{2}\right)$

Die Umkehrfunktion, Seite 46

1 a) umkehrbar für $x \in \mathbb{R}$

b) nicht umkehrbar für $x \in \mathbb{R}$

c) nicht umkehrbar für $x \in \mathbb{R}$

d) umkehrbar für $x \neq 3$

e) umkehrbar für $x \in \mathbb{R}$

2

a)
$$\begin{aligned} y &= 2x + 4 && |-4 \\ y - 4 &= 2x && |:2 \\ 0{,}5y - 2 &= x \end{aligned}$$

$f^{-1}(x) = 0{,}5x - 2$; $D_{f^{-1}} = \mathbb{R}$

b)
$$\begin{aligned} y &= \frac{1}{2(x+2)} && |\cdot 2(x+2) \\ 2y(x+2) &= 1 \\ 2yx + 4y &= 1 && |-4y \\ 2yx &= 1 - 4y && |:2y \\ x &= \frac{1-4y}{2y} = \frac{1}{2y} - 2 \end{aligned}$$

$f^{-1}(x) = \frac{1}{2x} - 2$; $D_{f^{-1}} = \mathbb{R}\backslash\{0\}$.

c)
$$\begin{aligned} y &= \frac{x+1}{2x-4} && |\cdot(2x-4) \\ y(2x-4) &= x + 1 \\ 2xy - 4y &= x + 1 && |-x \\ 2xy - 4y - x &= 1 && |+4y \\ 2xy - x &= 1 + 4y \\ x(2y-1) &= 1 + 4y \\ x &= \frac{4y+1}{2y-1} \end{aligned}$$

$f^{-1}(x) = \frac{4x+1}{2x-1}$; $D_{f^{-1}} = \mathbb{R}\backslash\{0{,}5\}$

3 a) $f'(x) = 2x$

$f'(x) > 0$ für $x > 0$, d.h. f ist für $x > 0$ streng monoton wachsend und damit im Intervall $I =]0; \infty[$ umkehrbar.

$f'(x) < 0$ für $x < 0$, d.h. f ist für $x < 0$ streng monoton abnehmend und damit im Intervall $I =]-\infty; 0[$ umkehrbar.

b) $f'(x) = 5x^4 + 1$

$f'(x) > 0$ für $x \in \mathbb{R}$, d.h. f ist für $x \in \mathbb{R}$ streng monoton wachsend und damit im Intervall auf ganz $\mathbb{R}$ umkehrbar.

c) $f'(x) = x^2 - 4$

$f'(x) > 0$ für $x < -2$, d.h. f ist für $x < -2$ streng monoton wachsend und damit im Intervall $I =]-\infty; -2[$ umkehrbar.

$f'(x) < 0$ für $-2 < x < 2$, d.h. f ist für $-2 < x < 2$ streng monoton abnehmend und damit im Intervall $I =]-2; 2[$ umkehrbar.

$f'(x) > 0$ für $x > 2$, d.h. f ist für $x > 2$ streng monoton wachsend und damit im Intervall $I =]2; \infty[$ umkehrbar.

d) $f'(x) = x^2 + x - 2$

$f'(x) > 0$ für $x < -2$, d.h. f ist für $x < -2$ streng monoton wachsend und damit im Intervall $I =]-\infty; -2[$ umkehrbar.

$f'(x) < 0$ für $-2 < x < 1$, d.h. f ist für $-2 < x < 1$ streng monoton abnehmend und damit im Intervall $I =]-2; 1[$ umkehrbar.

$f'(x) > 0$ für $x > 1$, d.h. f ist für $x > 1$ streng monoton wachsend und damit im Intervall $I =]1; \infty[$ umkehrbar.

4 a) $f(x) = 2(x+1)^2 = 2(x^2 + 2x + 1) = 2x^2 + 4x + 2$

$f'(x) = 4x + 4$

$f'(x) > 0$ für $x > -1$, d.h. f ist für $x > -1$ streng monoton wachsend und damit umkehrbar.

b)
$y = 2(x+1)^2 \quad | :2$

$0{,}5y = (x+1)^2 \quad | \sqrt{\ }$

$\sqrt{0{,}5y} = x + 1$

$\sqrt{0{,}5y} - 1 = x$

$f^{-1}(x) = -1 + \sqrt{0{,}5x}$; $D_{f^{-1}} = [0; \infty[$

Verkettung von Funktionen, Seite 47

1 $u(v(x)) = \sin(2 \cdot 2x^2)$, dabei ist u die äußere Funktion und v die innere Funktion,

$v(u(x)) = 2 \cdot (\sin(2x))^2$, dabei ist v die äußere Funktion und u die innere Funktion,

$v(w(x)) = 2 \cdot \left(\frac{1}{2x}\right)^2$, dabei ist v die äußere Funktion und w die innere Funktion,

$w(u(x)) = \frac{1}{2 \cdot \sin(2x)}$, dabei ist u die innere Funktion und w die äußere Funktion,

$u(w(x)) = \sin\left(2 \cdot \frac{1}{2x}\right)$, dabei ist u die äußere Funktion und w die innere Funktion,

$w(v(x)) = \frac{1}{2 \cdot 2x^2}$, dabei ist v die innere Funktion und w die äußere Funktion.

2 $u(v(x)) = \cos\left(\frac{1}{x}\right)$, $v(u(x)) = \frac{1}{\cos(x)}$,

$u(w(x)) = \cos(x^3)$, $w(u(x)) = (\cos x)^3$,

$v(w(x)) = \frac{1}{x^3}$, $w(v(x)) = \left(\frac{1}{x}\right)^3$

3 a) $u(x) = x^2$, $v(x) = 4x + 5$,

b) $u(x) = \frac{1}{x}$, $v(x) = 4x + 5$,

c) $u(x) = \sin(x)$, $v(x) = x^2 + 8$

4 a) 1. $u(x) = \frac{8}{x^4}$ und $v(x) = x^2 + 1$

2. $u(x) = \frac{8}{x}$ und $v(x) = (x^2 + 1)^4$

b) 1. $u(x) = x^2$ und $v(x) = 3x + 6$

2. $u(x) = 9x^2$ und $v(x) = x + 2$

Ableiten von verketteten Funktionen, Seite 48

1 siehe Tabelle 1

2 a) $f'(x) = 2\cos(3x^2) \cdot 6x$

b) $g'(x) = -10 \cdot \sin(5x - 3)$

c) $h'(x) = 8 \cdot (7 - 3x^2)^3 \cdot (-6x)$

d) $i'(x) = -2 \cdot (2x + 5)^{-2} = -\frac{2}{(2x+5)^2}$

3 a) $f'(x) = 15x^2(x^3 - 4)^4$

b) $f'(x) = (4 - 3x)^2 \cdot (-3)$

c) $f'(x) = -8(4x + 5)^{-3}$

d) $f'(x) = 2x + 8(2x + 1)^3$

e) $f'(x) = -8 \cdot \sin(8x + 8)$

f) $f'(x) = 40\cos(5x - 3)$

g) $f'(x) = -\frac{10}{(2x+7)^2}$

h) $f'(x) = -\frac{30}{(2x+7)^4}$

4 a) Bei der äußeren Ableitung $u(x) = \frac{3}{x^2} = 3x^{-2}$ wurde die Hochzahl beim Ableiten um eins erhöht anstatt um eins vermindert. Die richtige Ableitung lautet: $f'(x) = \frac{-6}{(x+1)^3}$.

b) Hier wurde lediglich $f'(x) = u'(x) \cdot v'(x)$ berechnet. Da die Kettenregel aber $f'(x) = u'(v(x)) \cdot v'(x)$ lautet, muss die Ableitung hier $f'(x) = 16x\cos(x^2 + 1)$ lauten.

Potenzfunktionen mit rationalen Exponenten und ihre Ableitung, Seite 49

1 a) $D_f = [2; \infty[$ b) $D_f =]2; \infty[$ c) $D_f = [-2; \infty[$

2 a) $f'(x) = \frac{3}{2}x^{\frac{1}{2}}$ b) $f'(x) = 3x^{-\frac{2}{5}}$ c) $f'(x) = -\frac{1}{8}x^{-\frac{5}{4}}$

d) $f'(x) = \frac{5}{3}x^{\frac{2}{3}}$ e) $f'(x) = -\frac{5}{2}x^{\frac{3}{2}}$

3 a) $f'(x) = 2 \cdot (4x + 1)^{-\frac{1}{2}}$

b) $f'(x) = \frac{3}{5}x^2 \cdot (x^3 - 4)^{-\frac{4}{5}}$

c) $f'(x) = 3 \cdot (2x + 1)^{\frac{1}{2}}$

d) $f'(x) = \frac{1}{4} \cdot (1 + \sqrt{x})^{-\frac{1}{2}} \cdot x^{-\frac{1}{2}}$

e) $f'(x) = -\sin x \cdot \sqrt{x} + \cos x \cdot \frac{1}{2}x^{-\frac{1}{2}}$

f) $f'(x) = -\frac{2}{3}(2x)^{-\frac{4}{3}}$

g) $f'(x) = -\frac{1}{3}(\cos x)^{-\frac{2}{3}} \cdot \sin x$

h) $f'(x) = 2x \cdot \sqrt{4x + 4} + 2x^2(4x + 4)^{-\frac{1}{2}}$

4 a) $F(x) = \frac{1}{\frac{3}{2} + 1} \cdot 5 \cdot x^{\frac{3}{2} + 1} = 2 \cdot x^{\frac{5}{2}}$

b) $f(x) = \sqrt[3]{x^5} = x^{\frac{5}{3}}$ $\quad F(x) = \frac{1}{\frac{5}{3} + 1}x^{\frac{5}{3} + 1} = \frac{3}{8}x^{\frac{8}{3}}$

c) $f(x) = 0{,}2x^{-\frac{1}{4}}$ $\quad F(x) = \frac{1}{-\frac{1}{4} + 1} \cdot 0{,}2 \cdot x^{-\frac{1}{4} + 1} = \frac{4}{15}x^{\frac{3}{4}}$

d) $f(x) = \sqrt[4]{x^{-3}} = x^{-\frac{3}{4}}$ $\quad F(x) = \frac{1}{-\frac{3}{4} + 1}x^{-\frac{3}{4} + 1} = 4x^{\frac{1}{4}}$

Tabelle 1

f(x)	v(x)	v'(x)	u(x)	u'(x)	u'(v(x))	f'(x)
$\sin(x^2 + 3)$	$x^2 + 3$	$2x$	$\sin x$	$\cos x$	$\cos(x^2 + 3)$	$\cos(x^2 + 3) \cdot 2x$
$(2x + 9)^4$	$2x + 9$	2	x^4	$4x^3$	$4(2x + 9)^3$	$8 \cdot (2x + 9)^3$
$3 \cdot (3x - 5)^{-2}$	$3x - 5$	3	$3 \cdot x^{-2}$	$-6x^{-3}$	$-6(3x - 5)^{-3}$	$-18(3x - 5)^{-3}$
$2\cos(3x)$	$3x$	3	$2\cos x$	$-2\sin x$	$-2\sin(3x)$	$-6\sin(3x)$
$\frac{3}{(1 - 2x)^4}$	$1 - 2x$	-2	$\frac{3}{x^4}$	$-\frac{12}{x^5}$	$-\frac{12}{(1 - 2x)^5}$	$\frac{24}{(1 - 2x)^5}$
$\frac{1}{\sin x}$	$\sin x$	$\cos x$	$\frac{1}{x}$	$-\frac{1}{x^2}$	$-\frac{1}{(\sin x)^2}$	$-\frac{\cos x}{(\sin x)^2}$

Test, Seite 50

1 a) $f'(x) = 2\cos x - 2\sin x$ $F(x) = -2\cos x + 2\sin x$

b) $f'(x) = \frac{3}{4}x^{-\frac{1}{4}} + \sin x$ $F(x) = \frac{4}{7}x^{\frac{7}{4}} - \sin x$

c) $f'(x) = \frac{1}{2}x^{-\frac{1}{2}} - 6x^{-4}$ $F(x) = \frac{2}{3}x^{\frac{3}{2}} - x^{-2}$

d) $f'(x) = -\frac{5}{4}x^{-\frac{9}{4}}$ $F(x) = -4x^{-\frac{1}{4}}$

2 a) $f'(x) = -15(1-3x)^4$
b) $f'(x) = 4\cos(7+5x)$
c) $f'(x) = (-40x+80) \cdot (x^2-4x)^{-5}$
d) $f'(x) = (4x-4) \cdot (2x^2-4x)^{-\frac{1}{2}}$
e) $f'(x) = 6x \cdot \cos x - 3x^2 \cdot \sin x$
f) $f'(x) = 2x \cdot \sin(2x+1) + x^2 \cdot 2\cos(2x+1)$
g) $f'(x) = -x^{-2} \cdot \sqrt{2x} + \frac{1}{x} \cdot (2x)^{-\frac{1}{2}}$
h) $f'(x) = \frac{1}{3}x^{-\frac{2}{3}} \cdot \cos(3x^3) - \sqrt[3]{x} \cdot \sin(3x^3) \cdot (9x^2)$

3 a) $f(x) = \sqrt{2x^2+2}$; $g(x) = 2x+2$
b) $f(1) = 2$; $g(1) = 4$; $f'(1) = 1$; $g'(1) = 2$

4 a) richtig
b) $g(f(x)) = 2 - 5\sin\left(\frac{1}{x}\right)$
c) $f(h(x)) = \frac{1}{x^3+1}$
d) richtig
e) richtig
f) $h(g(x)) = (2-5\sin(x))^3 + 1$

5 a) $D_f = \mathbb{R}\setminus\{0\}$

b) $f'(x) = -x^{-2} = -\frac{1}{x^2}$. Da $f'(x) < 0$ für alle $x > 0$ ist f für $x > 0$ streng monoton abnehmend und damit umkehrbar. $f^{-1}(x) = \frac{1}{x-2}$

c) $D_f = \mathbb{R}\setminus\{2\}$; $W_f = \mathbb{R}$

6 a) $D_f = [-1; \infty[$
b) z.B. $u(x) = 2\sqrt{x}$; $v(x) = 4x+4$
c) Tangente: $y = 2x+4$; Normale: $y = -\frac{1}{2}x+4$
d) $f(x) = 0$ gilt, wenn $4x+4 = 0$. N(−1 | 0)

e) $f'(x) = 4(4x+4)^{-\frac{1}{2}} = \frac{4}{\sqrt{4x+4}} \neq 0$ für alle $x \in \mathbb{R}$, d.h. der Graph von f besitzt keine Extremstellen.

7 a) $H_1(-\pi|3)$; $H_2(\pi|3)$; $T_1(-2\pi|-1)$; $T_2(0|-1)$; $T_3(2\pi|-1)$
b) $y = -2x + 1 - \pi$

8 B(4 | 2); $y = \frac{1}{4}x + 1$

VI Natürliche Exponential- und Logarithmusfunktion

Die natürliche Exponentialfunktion und ihre Ableitung, Seite 51

1 a) $f'(x) = e^x + 3x^2$ b) $f'(x) = 8x - e^x$
c) $f'(x) = 2e^x - x^3$ d) $f'(x) = -e^x$

2 a) $f'(x) = -e^x + x$ b) $f'(x) = 3e^x + 6x^2 - 1$

c) $f'(x) = -\frac{2}{x^2} - 3e^x$ d) $f'(x) = 0{,}3e^x - \frac{1}{2\sqrt{x}}$

3 a) $f'(x) = e^x - 2sx$ b) $f'(x) = se^x + tx^{t-1}$
c) $f'(x) = \frac{e^x}{s} + 2t^2x$ d) $f'(x) = e^x + 3e^{-x}$

4 a) $f'(x) = e^x - 1$; $m_P = f'(1) = e - 1$; $m_Q = f'(0) = 0$;
$m_R = f'(-1) = e^{-1} - 1$
b) t_P: $y = (e-1) \cdot x + n$ geht durch (1 | e − 1), also folgt aus
$e - 1 = (e-1) \cdot 1 + n$ der Wert $n = 0$ und t_P: $y = (e-1) \cdot x$
t_R: $y = (e^{-1}-1) \cdot x + n$ geht durch $(-1|e^{-1}+1)$, also folgt aus
$e^{-1} + 1 = (e^{-1}-1) \cdot (-1) + n$ der Wert $n = 2e^{-1}$ und t_R:
$y = \left(\frac{1}{e} - 1\right) \cdot x + \frac{2}{e}$
c) monoton steigend für $f'(x) > 0$, also $e^x > 1$ und damit $[0; \infty[$;
monoton fallend für $]-\infty; 0]$
d) Extrempunkte mit $f'(x) = 0$, also $e^x = 1$
P(0 | 1) mit Vorzeichenwechsel von − nach +, also ein Tiefpunkt.

5 a) t: $y = 2ex$; n: $y = -\frac{1}{2e}x + 2e + \frac{1}{2e} \approx -0{,}1839x + 5{,}6205$

b) t: $y = \frac{2}{e}x + \frac{4}{e}$; n: $y = -\frac{e}{2}x + \frac{2}{e} - \frac{e}{2} \approx -1{,}3591x - 0{,}62338$

c) t: $y = -x - 1$; n: $y = x - 1$

6 a) $y = \left(\frac{3}{e^2} - 1\right)x + \frac{e}{e^2} \approx -0{,}5940x + 1{,}2180$

b) $y = (3+e)x - 2 \approx 5{,}7183x - 2$
c) $y = (12 - e^2)x + e^2 - 16 \approx 4{,}6109x - 8{,}6109$

Die natürliche Logarithmusfunktion und ihre Ableitung, Seite 52

1 a) $x = \ln(15)$ b) $x = \ln(17)$ c) $x = \ln\left(\frac{9}{4}\right)$

d) $x = \frac{1}{3}\ln(4)$ e) $x = \frac{1}{2}(1 + \ln(8))$ f) $x = 1 - \ln\left(\frac{3}{2}\right)$

g) $x = 2(1 + \ln(2))$ h) $x = \frac{1}{2}\ln(14)$

2 a) 1,3 b) $\frac{1}{6}$ c) 2 d) 6 e) 1 f) 5 g) −3 h) 4

3 a) und c)

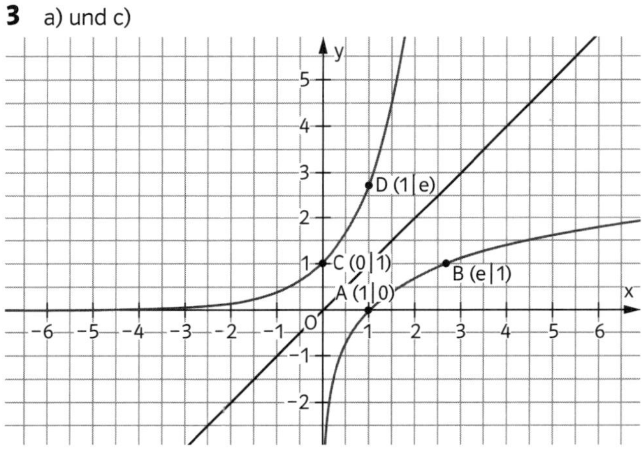

b) bei f: $D = \mathbb{R}$ und $W = \mathbb{R}^+$ bei g: $D = \mathbb{R}^+$ und $W = \mathbb{R}$
d) $y = x$

4 a) wahr b) falsch c) wahr d) wahr

5

x	1	e	2	5	$\frac{1}{2}$	e^3	e^2	10	$\frac{1}{3}$
f(x)	0	1	ln(2)	ln(5)	$\ln\left(\frac{1}{2}\right)$	3	2	ln(10)	$\ln\left(\frac{1}{3}\right)$
f'(x)	1	$\frac{1}{e}$	$\frac{1}{2}$	0,2	2	$\frac{1}{e^3}$	$\frac{1}{e^2}$	0,1	3

6 a) $f'(x) = \frac{1}{x} - 5$

b) $f'(x) = \frac{3}{x} - \frac{1}{x^2}$

c) $f'(x) = -\frac{1}{x} + 3x^2 + \frac{3}{x^4}$

d) $f'(x) = e^x - \frac{1}{x}$

7 a) $y = \frac{1}{3}x + \ln(3) - 1 \quad y \approx \frac{1}{3}x + 0{,}0986$
b) $y = 2x + 1$
c) $y = \frac{1}{2}x + 1 - \ln(2) \quad y \approx \frac{1}{2}x + 0{,}3069$

8 a) $f'(x) = \frac{1}{x} > 0$ für $x > 0$. Also ist f streng monoton steigend.
b) $f''(x) = -\frac{1}{x^2} < 0$ für alle x. Also ist f' streng monoton fallend.
c) für $x < 1$
d) für $x > e^5$
e) für $x < 1$
f) für $x > 4$

9 a) $F(x) = e^{x+1}$ b) $F(x) = \frac{1}{2}x^2$
c) $F(x) = \ln|x| - e^{-x}$ d) $F(x) = 3\ln|x| + 2x$

10 a)

x	0,1	0,5	0,75	1	2	3	4
f(x)	−4,6	−1,4	−0,6	0	1,4	2,2	2,8

b) Die Tangente $y = \frac{2}{u} \cdot (x - u) + f(u)$ geht durch $P(0\,|\,1)$, also ist $1 = \frac{2}{u} \cdot (-u) + 2 \cdot \ln(u)$.

Daraus folgt $2 \cdot \ln(u) = 3$ mit der Lösung

$u = \sqrt{e^3}$

$f(u) = f(\sqrt{e^3}) = 2 \cdot \ln(\sqrt{e^3}) = 2 \cdot \frac{3}{2} \cdot \ln(e) = 3.$

Der Berührungspunkt ist $B(\sqrt{e^3}\,|\,3)$.

Eingesetzt in die Tangentengleichung:

$y = \frac{2}{\sqrt{e^3}}; (x - \sqrt{e^3}) + 3 = \frac{2}{\sqrt{e^3}} \cdot x + 1$

c) Die Ableitungsfunktion von f ist $x \to \frac{2}{x}$. Deren Ableitungsterm ist $-\frac{1}{x^2} < 0$, also hat f eine im gesamten Definitionsbereich ($x > 0$) eine monoton fallende Ableitungsfunktion.

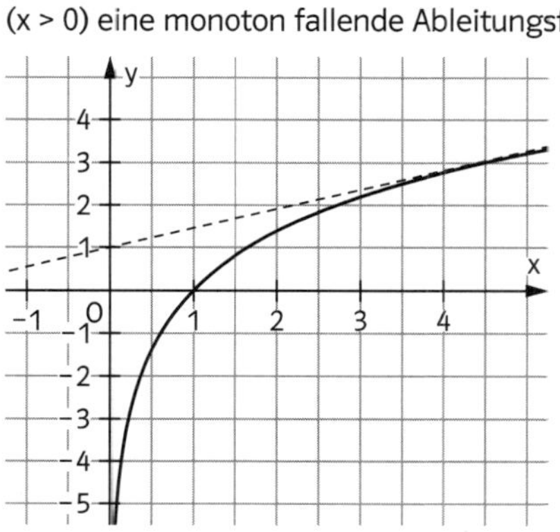

11 a) $F'(x) = (\ln|x| + e^x)' = \frac{1}{x} + e^x$

b) $F'(x) = \left(\frac{\ln|x|}{e^x} + e\right)' = \frac{\frac{1}{x} \cdot e^x - e^x \cdot \ln(x)}{(e^x)^2} = \frac{1 - x \cdot \ln|x|}{x \cdot e^x}$

c) $F'(x) = (e^x \cdot \ln|x| + 1)' = e^x \cdot \ln|x| + e^x \cdot \frac{1}{x} = \frac{e^x}{x} \cdot (x \cdot \ln|x| + 1)$

d) $F'(x) = \left(\frac{2}{3} \cdot \ln|x| + 2\right)' = \frac{2}{3x}$

Ableiten zusammengesetzter Funktionen, Seite 54

1

Funktion	S	P	Q	V	Ableitung
$f(x) = x^2 - e^{2x}$	x				$f'(x) = 2x - 2e^{2x}$
$g(x) = \frac{x^3 - 1}{e^x}$			x		$g'(x) = \frac{-x^3 + 3x^2 + 1}{e^x}$
$h(x) = x^2 \cdot e^x$		x			$h'(x) = (x^2 + 2x) \cdot e^x$
$k(x) = \frac{1 - e^x}{e^{-x}}$			x		$k'(x) = \frac{e^{-x} - 2}{e^{-2x}}$
$m(x) = e^x + 3\ln\left(\frac{x}{3}\right)$	x				$m'(x) = e^x + \frac{3}{x}$
$n(x) = \frac{1}{3}e^x + 2x$	x				$n'(x) = \frac{1}{3}e^x + 2$
$v(x) = (5x - 2) \cdot e^x$		x			$v'(x) = (5x + 3) \cdot e^x$
$w(x) = \frac{e^x}{3x - 1}$			x		$w'(x) = \frac{(3x - 4)e^x}{(3x - 1)^2}$
$z(x) = e^{2x - 6}$				x	$z'(x) = 2 \cdot e^{2x - 6}$

2 $f(x) = \frac{x}{e^x}$; $f'(x) = \frac{e^x - x \cdot e^x}{(e^x)^2} = \frac{1 - x}{e^x}$

a) Tangentengleichung: Es ist $f(-1) = \frac{-1}{e^{-1}} = -e$ und $f'(-1) = \frac{2}{e^{-1}} = 2e$, also hat der Graph im Punkt $P(-1\,|\,2e)$ eine Tangente mit der Gleichung $y = 2e(x + 1) - e = 2ex + e$.

b) Hochpunkt: Es ist $f'(x) = \frac{1 - x}{e^x} = 0$ für $x = 1$ mit $f(1) = \frac{1}{e}$.

Für $x \to 1$ hat f'(x) einen Vorzeichenwechsel von + nach −, also ist $H\left(1\,|\,\frac{1}{e}\right)$ der Hochpunkt des Graphen von f.

c) $\lim\limits_{x \to +\infty} f(x) = 0$, weil der Nenner stärker wächst als der Zähler.

$\lim\limits_{x \to -\infty} f(x) = \lim\limits_{x \to -\infty} (x \cdot e^{-x}) = -\infty$

d)

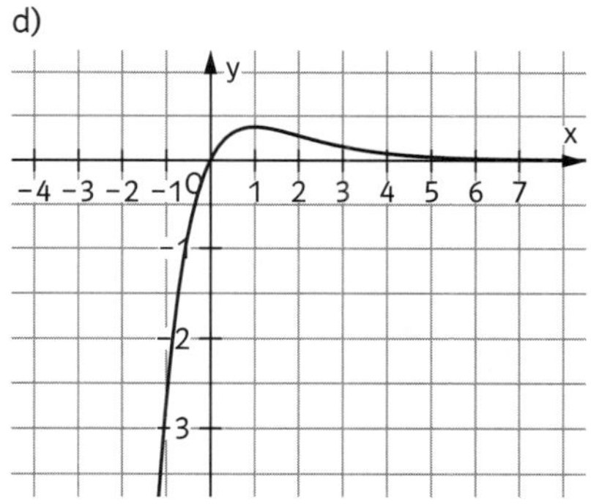

3 Natalie hat Recht, weil $\ln(n \cdot x) = \ln(n) + \ln(x)$ ist.
Max hat nicht beachtet, dass der Logarithmus nur für positive Argumente definiert ist.

4 a) $F'(x) = \left(2x + \frac{1}{2}\ln|x|\right)' = 2 + \frac{1}{2x} = \frac{4x + 1}{2x}$

b) $F'(x) = \left(e^{1 - \ln\left(\frac{x}{3}\right)}\right)' = -\frac{3}{x} \cdot \frac{1}{3} \cdot e^{1 - \ln\left(\frac{x}{3}\right)} = -\frac{e}{x} \cdot \frac{e}{\frac{x}{3}} = -\frac{3e}{x^2}$

c) $F'(x) = \left(\sqrt{x \cdot e^{2x}}\right)' = \frac{e^{2x} + 2xe^{2x}}{2 \cdot \sqrt{x \cdot e^{2x}}} = \frac{e^{2x}(1 + 2x)}{2e^x \cdot \sqrt{x}} = \frac{x + \frac{1}{2}}{\sqrt{x}} \cdot e^x$

5 Richtig ist die Stammfunktion unter (4).

Exponentialgleichungen, Seite 55

1 a) $e^x(1 - e^x) = 0;\ x_1 = 0$
b) $e^x(e^x + 1) = 0$; keine Lösung
c) $e^x \cdot (2e^{2x} - 1) = 0;\ x_1 = \frac{1}{2}\ln\left(\frac{1}{2}\right)$
d) $u^2 - 2u - 3 = 0;\ u_1 = 3, x_1 = \ln(3);\ u_2 = -1$, x_2 existiert nicht
e) $u^2 + 2u - 3 = 0;\ u_1 = -3$, x_1 existiert nicht; $u_2 = 1, x_2 = 0$
f) $x_1 = 6$
g) $x_1 = 1;\ x_2 = 0$
h) $x_1 = \ln\left(\frac{1}{2}\right);\ x_2 = 0$

2 a) $x_1 \approx 2{,}01$ b) $x_1 \approx 1{,}42$ c) $x_1 \approx 0{,}83$ d) $x_1 \approx -0{,}09$

3 a) $P(1{,}71\,|\,5{,}5)$ $(y = 5{,}5)$
b) $P_1(-1{,}84\,|\,1{,}84)$, $P_2(1{,}15\,|\,-1{,}15)$ $(y = -x)$
c) $P(-0{,}57\,|\,0{,}32)$ $(y = x^2)$

4 a) $P_1(-0{,}93\,|\,1{,}71);\ P_2(1{,}85\,|\,6{,}86)$
b) $P_n(-1\,|\,e)$ c) $p_i(1\,|\,0{,}74)$ d) $P_k(0{,}315\,|\,0{,}46)$

Exponential- und Logarithmusfunktion und ihre Graphen, Seite 56

1 a) $f(x) = e^x - 1$ b) $f(x) = e^{x-3}$
c) $f(x) = 0{,}5 \cdot e^x$ d) $f(x) = 2 \cdot e^{x+0{,}5}$

2 a) Verschieben in x-Richtung um 5
b) Verschieben in y-Richtung um −3
c) Streckung in y-Richtung mit Streckfaktor 2 und verschieben in x-Richtung um −5 (oder: $f(x) = 2 \cdot e^5 \cdot e^x$: Streckung in y-Richtung mit Streckfaktor $2 \cdot e^5$)
d) Spiegeln an der x-Achse und Verschieben in x-Richtung um −3
e) Spiegeln an der x-Achse und Verschieben in y-Richtung um +2
f) Spiegeln an der y-Achse und Verschieben in y-Richtung um −2

3 a) $x \mapsto \ln(-x)\ (x < 0)$ b) $x \mapsto \ln(x-2) - 3\ (x > 2)$
c) $x \mapsto -2\ln(x)\ (x > 0)$ d) $x \mapsto \ln(-x - 1)$

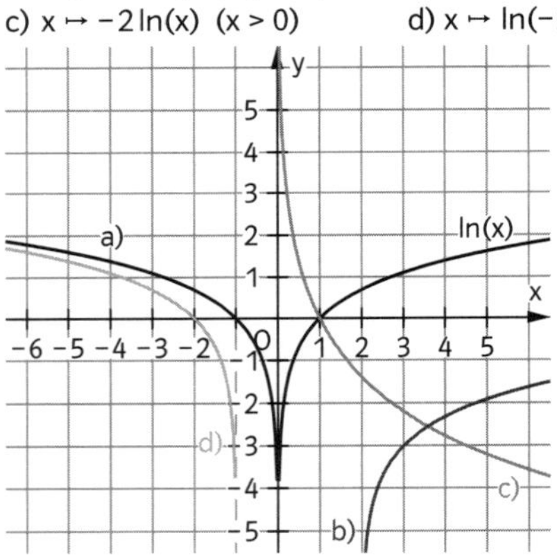

4 a) $P_1(-3{,}54\,|\,3{,}27)$ $P_2(3{,}54\,|\,3{,}27)$

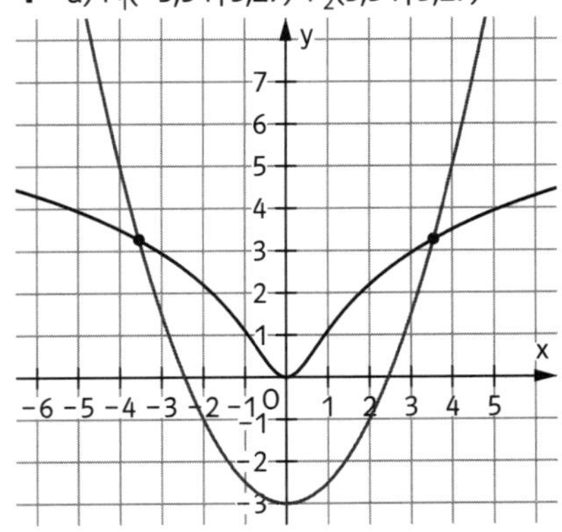

b) Geschätzte Koordinaten: $P_3(2{,}72\,|\,1{,}36);\ P_4(1{,}7\,|\,1{,}5);$ $P_5(\,0{,}4\,|\,-0{,}2)$
Berechnung: $cf'(x) = \frac{2\ln(x) - 2}{4(\ln(x))^2} = -1$
$(\ln(x))^2 + \frac{1}{2}\ln(x) - \frac{1}{2} = 0$
Substituieren: $\ln(x) = u$
$u^2 + \frac{1}{2}u - \frac{1}{2} = 0$ mit den Lösungen $u_1 = -1$ und $u_2 = 0{,}5$.
Rücksubstitution;
$\ln(x) = -1$ $x = e^{-1} \approx 0{,}368$
$\ln(x) = 0{,}5$ $x = \sqrt{e} \approx 1{,}65$
berechnete Koordinaten: $P_4(1{,}65\,|\,1{,}65);\ P_5(0{,}368\,|\,-0{,}184)$

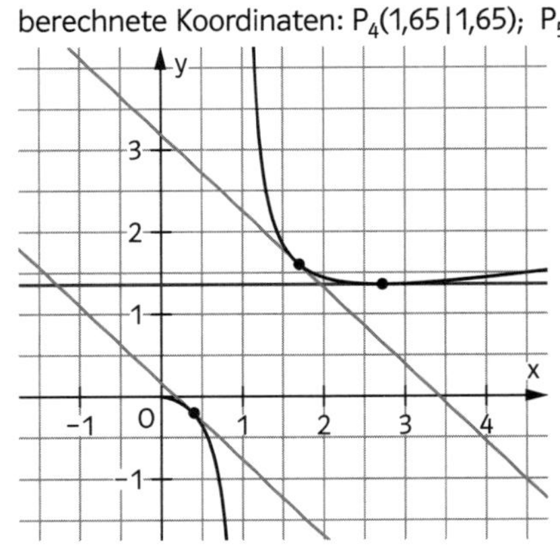

c) Tangente mit Anstieg 2: $P_6(0\,|\,0)$

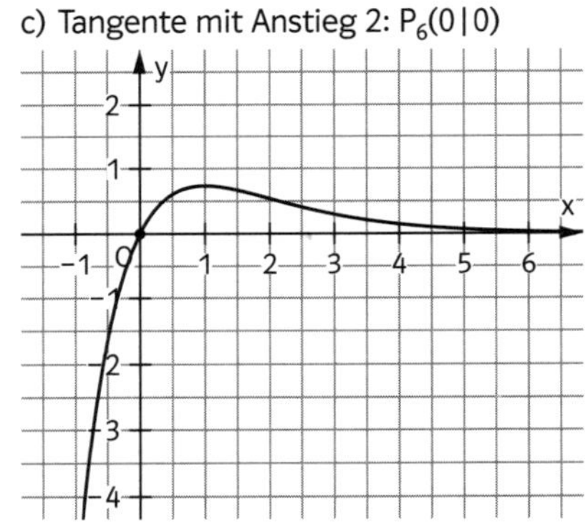

5 a) $\lim\limits_{x \to -\infty} \frac{e^x}{x^3 + 2} = 0$, $y = 0$ ist waagrechte Asymptote.
b) $\lim\limits_{x \to +\infty} \frac{-x^3}{e^x + 1} = 0$, $y = 0$ ist waagrechte Asymptote.
c) $\lim\limits_{x \to +\infty} (5 \cdot e^x - 7 \cdot x^2) = \infty$, keine Asymptote.
d) $\lim\limits_{x \to +\infty} (90x^3 - 3e^x) = -\infty$, keine Asymptote.
e) $\lim\limits_{x \to -\infty} x^3 \cdot e^x = 0$, $y = 0$ ist waagrechte Asymptote.
f) $\lim\limits_{x \to -\infty} 2 \cdot e^x x^2 = 0$, $y = 0$ ist waagrechte Asymptote.

6 siehe Tabelle 1

7 a) $D_f = \{x \in \mathbb{R} \text{ und } x \neq 0\}$ Definitionslücke bei x = 0.
Wegen $\lim\limits_{\substack{x \to 0 \\ <}} f(x) = 0$ und $\lim\limits_{\substack{x \to 0 \\ >}} f(x) = 0$ ist es eine hebbare Definitionslücke.
b) Nullstellen: −1; 0; 1
c) $f(-x) = (-x)^2 \cdot \ln((-x)^2) = x^2 \cdot \ln(x)^2 = f(x)$ achsensymmetrisch zur y-Achse
d) $f'(x) = 2x \cdot \ln(x)^2 + x^2 \cdot \frac{2}{x} = 2x(\ln(x)^2 + 1)$; x = 0 entfällt; $x_1 = \sqrt{\frac{1}{e}}$; $x_2 = -\sqrt{\frac{1}{e}}$; VZW von − nach + in beiden Fällen, also Tiefpunkte $f\left(\sqrt{\frac{1}{e}}\right) = -\frac{1}{e}$ und wegen der Symmetrie $T_1\left(-\sqrt{\frac{1}{e}} \middle| -\frac{1}{e}\right)$; $T_2\left(\sqrt{\frac{1}{e}} \middle| -\frac{1}{e}\right)$

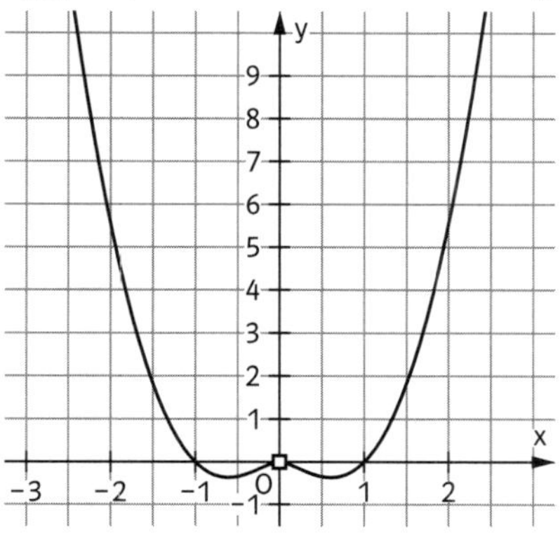

Test, Seite 58

1 a) $f(x) = 3 \cdot \left(\frac{1}{2}\right)^x$ b) $f(x) = 2 \cdot 3^x$
c) $f(x) = -2 \cdot 1{,}5^x$ d) $f(x) = 6 \cdot 0{,}3^x$

2

	−4	−1	$-\frac{1}{4}$	0	$\frac{1}{4}$	1	4
$e^{\ln(4)} = x$							X
$e^{-\ln(4)} = x$					X		
$\ln(e^4) = x$							X
$\ln\left(e^{\frac{1}{4}}\right) = x$					X		
$4\ln\left(\frac{1}{e}\right) = x$	X						
$\ln\left(\frac{1}{e^4}\right) = x$	X						

3 a) $g(x) = -e^{x-1}$ b) $h(x) = 0{,}2e^{x+4} + 2$

4 a) $f(x) = e^{-x} - 1$
b) $f(x) = e^{x-3} + 2$
c) $f(x) = -e^{-x}$

5 a) $x = \ln(42) \approx 3{,}7377$ b) $x = \ln(18) \approx 2{,}8904$
c) $x = -\ln(7) \approx -1{,}9459$ d) $x = \frac{1}{5} \cdot (\ln(3) + 7) \approx 1{,}6197$

6 a) $f'(x) = 0{,}2e^{0{,}1x}$ b) $f'(x) = -0{,}6e^{2x}$
c) $f'(x) = -1{,}5e^{-0{,}5x} + 5$ d) $f'(x) = e^{\frac{2}{5}x} - 2x$
e) $f'(x) = -2e^{-0{,}002x}$ f) $f'(x) = -8e^{-4x}$
g) $f'(x) = 0{,}2 \cdot \ln(4) \cdot 4^x \approx 0{,}2773 \cdot 4^x$ h) $f'(x) = -\frac{5}{x} - 1$

7 a) y = 4x + 2
b) y = −2,5x + 10
c) y = 1

8 $F(x) = \frac{1}{2}x^3 - e^{-x} + c$ durch A(0 | 2) für c = 3

9 a) $D_f = \{x \in \mathbb{R}; x > 0\}$
keine Asymptote
b) Nullstelle: x = 2
Berührung bei x = 2, wenn f′(2) = 0 ist.
$f'(x) = \ln\left(\frac{2}{x}\right) + \frac{(x-2)}{x}$; f′(2) = 0

VII Wahrscheinlichkeitsbegriff und Unabhängigkeit

Zusammengesetzte Ereignisse, Seite 59

1 a)

e	KKK	KKZ	KZK	KZZ	ZKK	ZKZ	ZZK	ZZZ
P(e)	$\frac{1}{8}$	$\frac{1}{8}$	$\frac{1}{8}$	$\frac{1}{8}$	$\frac{1}{8}$	$\frac{1}{8}$	$\frac{1}{8}$	$\frac{1}{8}$

b)

Ereignis E	Gegenereignis $\overline{E}$	P(E) mithilfe von $\overline{E}$ berechnen?	P(E)
Es fällt mindestens einmal Kopf.	Es fällt nur Zahl.	ja	$\frac{7}{8}$
Es fällt nur Kopf.	Es fällt mindestens einmal Zahl	nein	$\frac{1}{8}$
Es fällt höchstens zweimal Kopf.	Es fällt dreimal Kopf.	ja	$\frac{7}{8}$
Es fällt mindestens zweimal Kopf.	Es fällt höchstens einmal Kopf.	nein (egal)	$\frac{4}{8} = \frac{1}{2}$

f	f′	x_0	VZW von f′	Extrema
$x^2 \cdot e^x + e^x$	$(x+1)^2 \cdot e^x$	−1	+ nach +	–
$\frac{e^x}{2 \cdot x^2}$	$\frac{x-2}{2x^3} \cdot e^x$	2	− nach +	Min
$x \cdot e^x$	$(x+1) \cdot e^x$	−1	− nach +	Min
$e^{4x} - 8x$	$4e^{4x} - 8$	$\frac{1}{4}\ln(2) \approx 0{,}173$	− nach +	Min
$x^2 \cdot e^x - e^x$	$(x^2 + 2x - 1) \cdot e^x$	$\sqrt{2} - 1$ $-1 - \sqrt{2}$	− nach + + nach −	Min Max
$(2 - x^2) \cdot e^x$	$(-x^2 - 2x + 2) \cdot e^x$	$\sqrt{3} - 1$ $-1 - \sqrt{3}$	+ nach − − nach +	Max Min

Tabelle 1

2 a) E = {11; 12; 13; 14}; F = {11; 13; 22; 24; 31; 33; 42; 44}

b) siehe Tabelle 1

c) $\overline{E} \cap \overline{F}$: „Die erste Kugel ist nicht die 1 oder die Summe der gezogenen Zahlen ist ungerade."

$\overline{E} \cup \overline{F}$: „Die erste Kugel ist nicht die 1 und die Summe der gezogenen Zahlen ist ungerade."

Der Additionssatz, Seite 60

1 a) E: „Der Würfel zeigt eine 3."; F: „Die Münze zeigt Zahl."

$P(E) = \frac{1}{6}$; $P(F) = \frac{1}{2}$; $P(E \cap F) = \frac{1}{6} \cdot \frac{1}{2} = \frac{1}{12}$

$P(E \cup F) = \frac{1}{6} + \frac{1}{2} - \frac{1}{12} = \frac{7}{12}$

2 a) bis c) siehe Tabelle 2

d) z.B.: E: „Die Zahl ist kleiner als 3."; F: „Die Zahl ist größer als 5."

e) Es darf keine Ergebnisse geben, die sowohl in E als auch in F liegen.

3 a) $\frac{32}{184} = 0{,}1739$ b) $\frac{67}{184} + \frac{38}{184} - \frac{32}{184} = 0{,}3967$

Unabhängigkeit von Ereignissen, Seite 61

1 a) $P(E) = \frac{1}{3}$, $P_E(F) = \frac{3}{7}$

b) E und F sind abhängig, da $P(E) \neq P_E(F)$.

c) z.B.

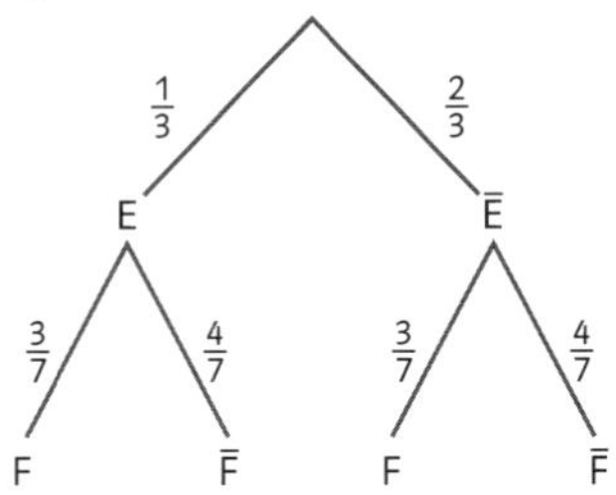

2 $P(E \cap F) = \frac{1}{7}$, $P_E(F) = \frac{\frac{1}{7}}{\frac{1}{3}} = \frac{3}{7}$

3

$P(E) = \frac{1}{2}$, $P(F) = \frac{1}{2}$, $P(E) \cdot P(F) = \frac{1}{4}$,

Da $P(E \cap F) = \frac{1}{4}$ ist, sind die Ereignisse E und F unabhängig.

4 a)

	A	$\overline{A}$	
B	0,2	0,6	0,8
$\overline{B}$	0,1	0,1	0,2
	0,3	0,7	1

b) $P_A(B) = \frac{2}{3}$, $P_{\overline{A}}(B) = \frac{6}{7}$, $P_B(A) = \frac{1}{4}$, $P_{\overline{B}}(A) = \frac{1}{2}$.

c) A und B sind abhängig.

5 a) richtig, b) falsch, c) richtig, d) falsch, e) richtig

6 a)

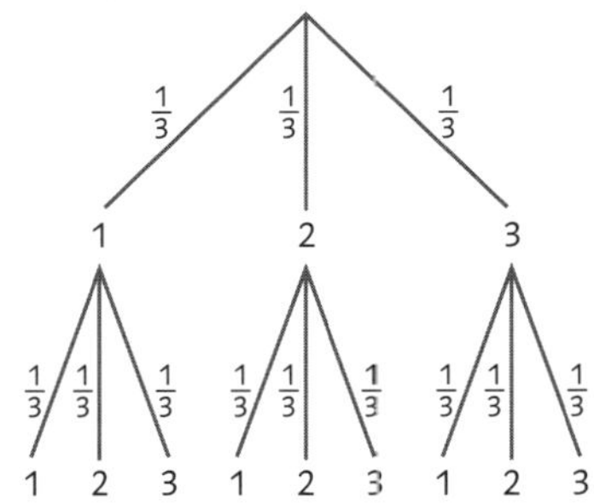

b)

	E	$\overline{E}$	
F	$\frac{2}{9}$	$\frac{3}{9}$	$\frac{5}{9}$
$\overline{F}$	$\frac{1}{9}$	$\frac{3}{9}$	$\frac{4}{9}$
	$\frac{1}{3}$	$\frac{2}{3}$	1

c) 1. Möglichkeit: $P(E \cap F) = \frac{2}{9} \neq \frac{5}{27} = P(E) \cdot P(F)$

2. Möglichkeit: $P_E(F) = \frac{2}{3} \neq \frac{5}{9} = P(F)$

3. Möglichkeit: $P_F(E) = \frac{2}{5} \neq \frac{1}{3} = P(E)$

7 a) 1. Baumdiagramm

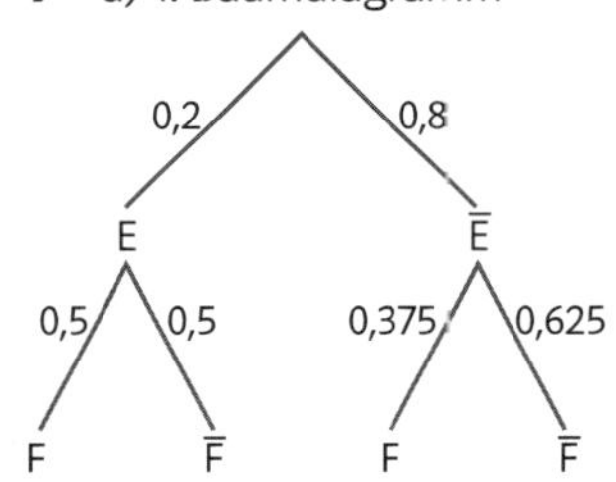

2. Baumdiagramm

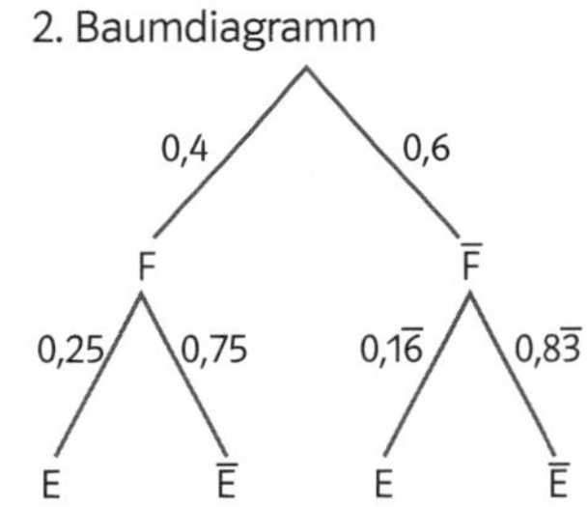

b) $P_E(F) = 0{,}5$, $P_{\overline{E}}(F) = 0{,}375$, $P_E(\overline{F}) = 0{,}5$, $P_{\overline{E}}(\overline{F}) = 0{,}625$,

$P_F(E) = 0{,}25$, $P_{\overline{F}}(E) = 0{,}1\overline{6}$, $P_F(\overline{E}) = 0{,}75$, $P_{\overline{F}}(\overline{E}) = 0{,}8\overline{3}$

Tabelle 1

	in Worten	als Menge	Wahrscheinlichkeit
$E \cap F$	Die erste Kugel ist die 1 und die Summe der gezogenen Zahlen ist gerade.	{11; 13}	$\frac{2}{16} = \frac{1}{8}$
$E \cup F$	Die erste Kugel ist die 1 oder die Summe der gezogenen Zahlen ist gerade.	{11; 12; 13; 14; 22; 24; 31; 33; 42; 44}	$\frac{10}{16} = \frac{5}{8}$

Tabelle 2

	E	F	P(E)	P(F)	$P(E \cap F)$	$P(E \cup F)$
a)	Die gezogene Zahl ist ungerade.	Die gezogene Zahl ist größer als 6.	$\frac{1}{2}$	$\frac{2}{5}$	$\frac{1}{5}$	$\frac{1}{2} + \frac{2}{5} - \frac{1}{5} = \frac{7}{10}$
b)	Die erste Zahl ist gerade.	Die zweite Zahl ist kleiner als 4.	$\frac{1}{2}$	$\frac{3}{10}$	$\frac{3}{20}$	$\frac{1}{2} + \frac{3}{10} - \frac{3}{20} = \frac{13}{20}$
c)	Die erste Zahl ist durch 3 teilbar.	Die zweite Zahl ist durch 3 teilbar.	$\frac{3}{10}$	$\frac{3}{10}$	$\frac{9}{100}$	$\frac{3}{10} + \frac{3}{10} - \frac{9}{100} = \frac{51}{100}$

8 a)

	M	F	
S	0,15	0,05	0,2
$\overline{S}$	0,35	0,45	0,8
	0,5	0,5	1

b) $P_{\overline{S}}(M) = 0{,}4375$. Dies ist die Wahrscheinlichkeit, dass eine zufällig ausgewählte Person, die nicht schnarcht, ein Mann ist.
c) $P_F(S) = 0{,}1$, $P_S(F) = 0{,}25$

VIII Anwendungen der Differentialrechnung

Ganzrationale Funktionen, Seite 63

1 $f'(x) = 3a \cdot x^3 + 2b \cdot x + c$
$f(-1) = 0$: II $-a + b - c + 2 = 0$
$f(1) = 4$: III $a + b + c + 2 = 4$
$f'(1) = 0$: IV: $3a + 2b + c = 0$
Addition von II und III: $2b + 4 = 4$; $b = 0$
Addition von II und IV: $2a + 3b + 2 = 0$; wegen $b = 0$ ist $a = -1$
Einsetzen in Gleichung IV: $-3 + c = 0$; $c = 3$
Mit $a = -1$, $b = 0$, $c = 3$ und $d = 2$ ergibt sich die Funktionsgleichung der gesuchten Funktion f mit $f(x) = -x^3 + 3x + 2$.

2 Schnittpunkt mit der y-Achse bei 2: (I) $f(0) = 2$;
Berührpunkt bei (2 | 0) liefert: (II) $f(2) = 0$ und
(III) $f'(2) = 0$
Weitere Nullstelle bei $x = -1$: (IV) $f(-1) = 0$
Das zugehörige LGS liefert die Lösung:
$a = \frac{1}{2}$; $b = -\frac{3}{2}$; $c = 0$ und $d = 2$, also ist $f(x) = \frac{1}{2}x^3 - \frac{3}{2}x^2 + 2$.

3 Da der Graph durch den Koordinatenursprung verläuft, reicht der Funktionsansatz
$f(x) = a \cdot x^3 + b \cdot x^2 + c \cdot x$
(I) $f(1) = 2$ und (II) $f'(1) = 0$
(III) $f(4) = 2$
Das zugehörige LGS hat die Lösung $a = \frac{1}{2}$; $b = -3$; $c = 0$, also ist $f(x) = \frac{1}{2}x^3 - 3x^2 + \frac{9}{2}x$.

4 a) Graph durch (0 | 0): (I) $f(0) = 0$
Hochpunkt bei (1 | 4): (II) $f'(1) = 0$ und
(III) $f(1) = 4$
Tiefpunkt bei (3 | 0): (IV) $f'(3) = 0$
Das zugehörige LGS liefert die Funktionsgleichung
$f(x) = x^3 - 6x^2 + 9x$.

b) Graph durch (−4 | 0): (I) $f(-4) = 0$
Graph durch (−2 | 2): (II) $f(-2) = 2$
Tiefpunkt bei (0 | 0): (IV) $f'(0) = 0$ und
(III) $f(0) = 0$

Das zugehörige LGS liefert die Funktionsgleichung $f(x) = \frac{1}{4}x^3 + x^2$.

c) Graph durch (−3 | 0): (I) $f(-3) = 0$
Graph durch $\left(-2 \middle| \frac{8}{3}\right)$: (II) $f(-2) = \frac{8}{3}$
Tiefpunkt bei (0 | 0): (IV) $f'(0) = 0$ und
(III) $f(0) = 0$
Das zugehörige LGS liefert die Funktionsgleichung
$f(x) = \frac{2}{3}x^3 + 2x^2$.

5 a) $f(x) = -\frac{1}{11}x^3 + \frac{12}{11}x$
b) $f(x) = \frac{1}{4}x^4 - \frac{3}{2}x^2$
c) $f(x) = -\frac{1}{2}x^4 + \frac{5}{4}x^3 + x$
d) Die Funktionsgleichung ist nicht eindeutig bestimmbar.
Mögliche Lösungen liefern $f_t(x) = t \cdot x^2 - 1{,}5$.

6 Ansatz: $f(x) = a \cdot x^2 + b \cdot x + c$
(I) $f(-100) = 50$
(II) $f(0) = 0$
(III) $f'(0) = -0{,}2$
Lösung Anlauf: $f(x) = 0{,}003 \cdot x^2 - 0{,}2 \cdot x$

Extremwertprobleme, Seite 65

1 a) Formel für den Oberflächeninhalt (Seitenlängen a, h):
$O = 2a^2 + 4ah$; Nebenbedingung: $1000 = a^2 \cdot b$
Zielfunktion: $O(a) = 2a^2 + \frac{4000}{a}$; $a \in (0; \infty)$;
Ableitungen: $O'(a) = 4^a - \frac{4000}{a^2}$; $O''(a) = 4 + \frac{8000}{a^3}$;
lokale Minimalstelle: 10; lokales Minimum: 600;
Verhalten an den Rändern: $O(a) \to \infty$ für $a \to 0$ und $a \to \infty$
Ergebnis: Ist die Seite der quadratischen Grundfläche 10 cm lang, so wird der Oberflächeninhalt minimal, nämlich 600 cm².
b) Neue Zielfunktion: $O(a) = a^2 + \frac{4000}{a^2}$
Für $a \approx 12{,}6$ wird der Oberflächeninhalt minimal ($\approx 476{,}2$)

2 a) Der Flächeninhalt wird maximal ($\approx 6{,}16$) für die Seitenlängen $\approx 2{,}31$ und $\approx 2{,}67$.
b) Der Umfang wird minimal (10) für die Seitenlängen 2 und 3.

3 Zielfunktion $d(x) = \sqrt{x^2 + (5 - 2x)^2}$;
Punkt mit dem kürzesten Abstand zu O: P(2 | 1)

4 a) Maße des Rechtecks: ≈ 4,33 cm und ≈ 10,46 cm
b) Maße des Rechtecks: ≈ 5,66 cm und ≈ 13,68 cm

5 a) geschätzter Wert: $u = -2$

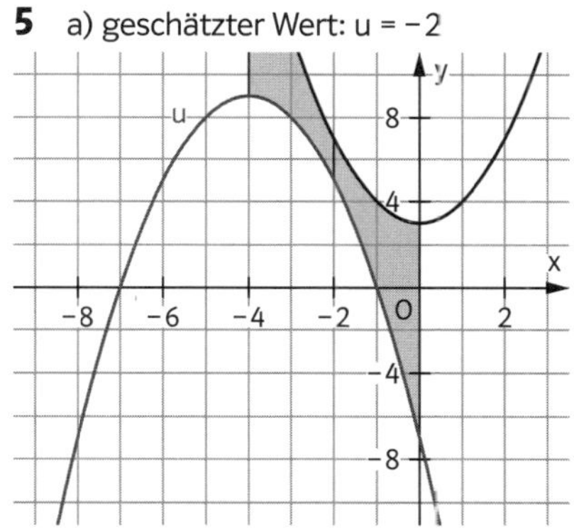

b) $d(x) = f(x) - g(x) = 2x^2 + 8x - 22$
$d'(x) = 4x + 8 = 0$; $u = -2$

6 a) $K(x) = 2000 + 60x + 0{,}8x^2$
b) $G(x) = 180x - K(x) = 120x - 2000 - 0{,}8x^2$
c) Gewinne für $20 \le x \le 130$.
Gewinn wird maximal für $x = 75$. $G_{max} = 2500$
d) Mit dem Preis a (€) je Stück ist der Gewinn
$g(x) = a \cdot x - 2000 - 60x - 0{,}8x^2$.
Die Funktion hat ihr Maximum bei $x = \frac{5}{8}a - \frac{75}{2}$ vom Wert $\frac{5}{16}a^2 - \frac{75}{2}a - 875$.
Dieses Maximum wird 0 bei $a = 140$ (oder $a = -20$).

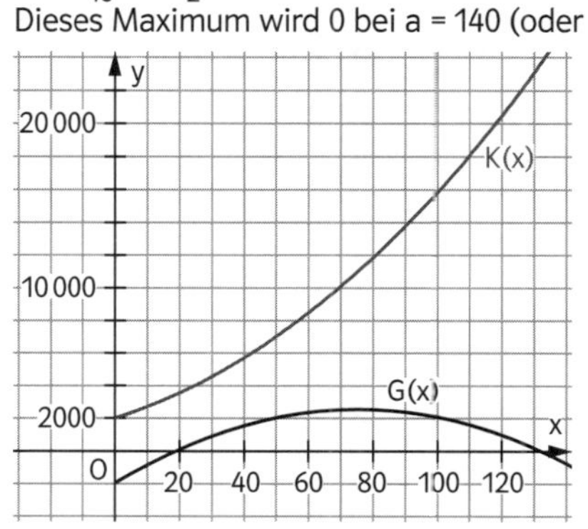

7 $E = (5000 + 300x)(25 - x)$ wird maximal für $x = \frac{25}{6} \approx 4{,}17$
x: Stückpreissenkung in €.
Maximale Einnahmen bei einer Stückpreissenkung von 4,17 €
(neuer Stückpreis 20,83 €)

8 a) $K(x) = \left(\sqrt{4 + x^2} + \sqrt{1 + (5 - x)^2}\right) \cdot 50\,000$

b) K (oder die Ersatzfunktion K^2) werden am kleinsten für $x = \frac{10}{3}$;

$K_{min} = 50\,000\sqrt{34}\,€ = 291\,584\,€$.

c) $\tan\alpha = \frac{2 \cdot 3}{10} = 0{,}6$; $\tan\beta = \frac{1}{5 - \frac{10}{3}} = \frac{1 \cdot 3}{5} = 0{,}6$; $\alpha = \beta = 31°$
(Reflexionsgesetz)

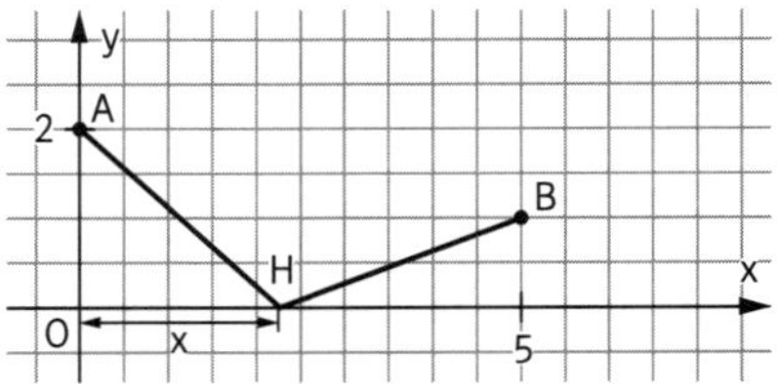

9 a) $t(x) = \frac{x}{6} + \frac{\sqrt{4 + (6 - x)^3}}{4}$

b) t wird minimal für $x = 6 - \frac{4}{5}\sqrt{5} = 4{,}211$.

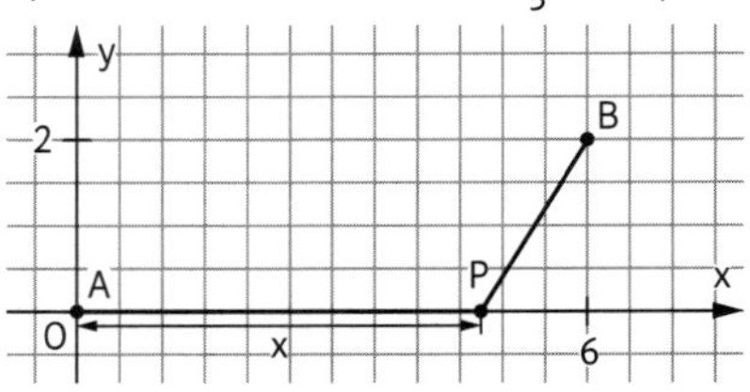

10 a) Gesamtoberfläche = Oberfläche Kugel + Mantel Zylinder
$O = 4\pi \cdot r^2 + 2\pi \cdot r \cdot h$ mit $V_z = \pi \cdot r^2 \cdot h$, also $h = \frac{V_z}{\pi \cdot r^2}$
einsetzen:
$O = 4\pi \cdot r^2 + 2\pi \cdot r \cdot \frac{V_z}{\pi \cdot r^2}$
$O = 4\pi \cdot r^2 + 2\frac{V_z}{r}$
$O' = 8\pi \cdot r - \frac{2V_z}{r^2} = 0$; $r = \sqrt[3]{\frac{V_z}{4\pi}}$

b) $h = \frac{V_z}{\pi \cdot r^2} = \frac{V_z}{\pi \cdot \sqrt[3]{\left(\frac{V_z}{4\pi}\right)^2}} \cdot \frac{\sqrt[3]{\frac{V_z}{4\pi}}}{\sqrt[3]{\frac{V_z}{4\pi}}} = \frac{V_z \cdot \sqrt[3]{\frac{V_z}{4\pi}}}{\pi \cdot \frac{V_z}{4\pi}} = 4\sqrt[3]{\frac{V_z}{4\pi}} = 4r$

Funktionen mit Parametern, Seite 67

1 Jeder Graph hat einen Tiefpunkt auf der x-Achse.
Jeder Graph verläuft im 1. und 2. Quadranten.
Jeder Graph schneidet die y-Achse.
Für $x \to +\infty$ geht $f(x) \to +\infty$.

2 a) $f_t(x) = \frac{1}{2}x + t$
Alle Graphen sind Geraden.
Alle Geraden haben die selbe Steigung $\frac{1}{2}$.
Die Geraden haben unterschiedliche y-Achsenabschnitte t.
Erhöhung des Parameters: Der y-Abschnitt wird größer

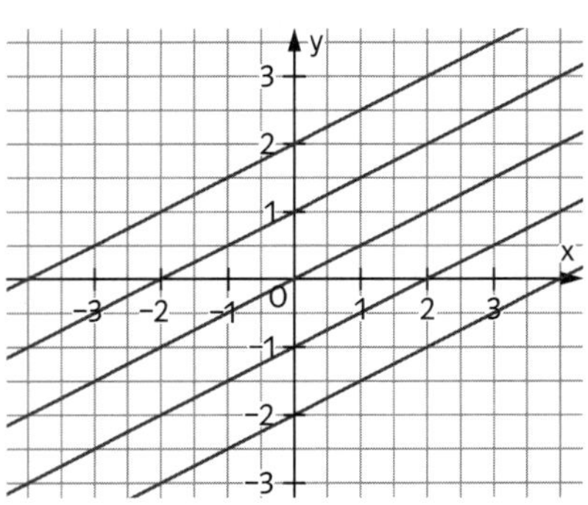

b) $f_t(x) = tx - 1$
Alle Graphen sind Geraden.
Alle Geraden gehen durch S(0 | −1).
Alle Geraden haben denselben y-Achsenabschnitt −1.
Alle Geraden haben unterschiedliche Steigung t.
Erhöhung des Parameters: Die Geraden werden steiler.

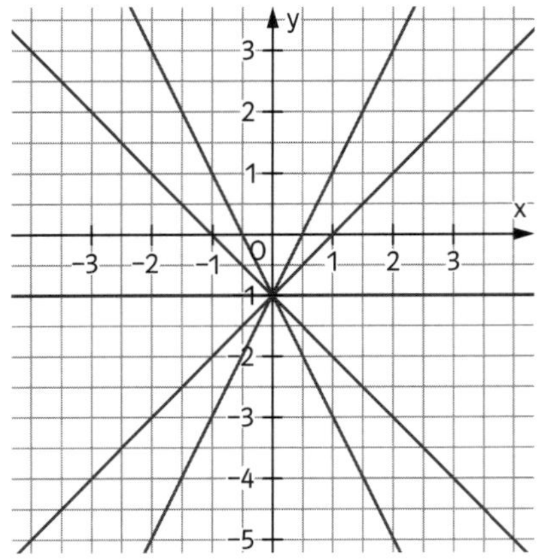

c) Alle Graphen haben einen Wendepunkt. Alle Wendepunkte liegen auf der y-Achse.
Für $x \to +\infty$ geht $f(x) \to +\infty$
Für $x \to -\infty$ geht $f(x) \to -\infty$
Erhöhung des Parameters:
Verschiebung in positiver y-Richtung

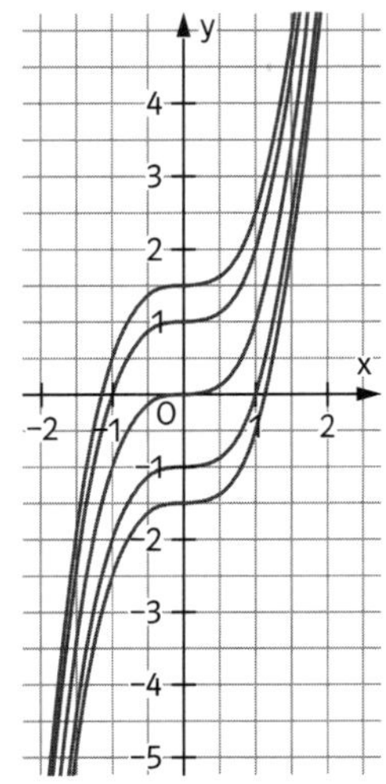

3 a) $x_1 = \frac{7}{t}$

b) $x_{1/2} = \frac{-a \pm \sqrt{a^2 - a^2}}{2} = -\frac{a}{2}$

c) $x_1 = \frac{\ln(a)}{a}$

d) $x_1 = 0$; $x_2 = a$

4 a) $f_t'(x) = 2te^{2x}$;

b) $f_t'(x) = 2t + 2x$;

c) $f_t'(x) = t \cdot \cos(tx)$;

d) $f_t'(x) = \frac{1}{t}$

5 a) $f_a'(x) = 3a^2 \cdot e^{a^2 x}$; a^2 ist ein konstanter Faktor, man muss nach x ableiten, nicht nach a
b) $f_a'(x) = 2a^2 \cdot e^{2x}$; Produktregel ist nicht nötig und ist hier falsch angewendet worden, Faktorregel anwenden
c) $f_a'(x) = 3ax^2$; a^2 ist ein konstanter Summand, die Ableitung ist Null
d) $f_a'(x) = \frac{2}{a} \cdot e^{4x}$; Quotientenregel ist nicht nötig, $\frac{1}{2a}$ ist ein Faktor, Faktorregel anwenden

6 a) Graphen für t = −1; 0; 1
b) Schnittpunkt mit der y-Achse S(0 | 0), Schnittpunkte mit der x-Achse: $N_1(0 | 0) = S$; $N_2(t | 0)$
c) Für alle t = 0 gibt es einen einzigen Schnittpunkt mit beiden Achsen S(0 | 0); Für t ≠ 0 gibt es einen Schnittpunkt mit der y-Achse, der auch Schnittpunkt mit der x-Achse ist S(0 | 0) und einen zweiten Schnittpunkt mit der x-Achse $N_2(t | 0)$
d) Mit wachsendem t bleibt $N_1(0 | 0)$ fest und $N_2(t | 0)$ wandert auf der x-Achse nach rechts.

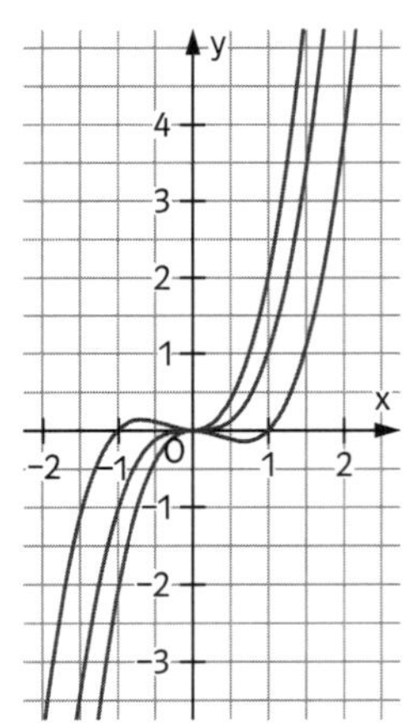

7 Schnittpunkt mit der y-Achse $S(0\,|\,1-t)$
Schnittpunkt mit der x-Achse $N(\ln(t)\,|\,0)$ für $t > 0$.
$\ln(t)$ ist nur für $t > 0$ definiert.

8 Schnittpunkt mit der y-Achse $S(0\,|\,1-a^2)$.
Schnittpunkte mit der x-Achse $N(\ln(a^2)\,|\,0)$.
Beide Schnittpunkte gibt es für alle $a \in \mathbb{R}$ ($a^2 > 0$, also gibt es $\ln(a^2)$ für alle $a \in \mathbb{R}$).

9 a) $f_t'(x) = 3tx^2 - t$; $H\left(-\sqrt{\frac{1}{3}}\,\middle|\,\frac{2}{3}t\sqrt{\frac{1}{3}}\right)$; $T\left(\sqrt{\frac{1}{3}}\,\middle|\,-\frac{2}{3}t\sqrt{\frac{1}{3}}\right)$

b) Skizze für t = 1; 2; 3

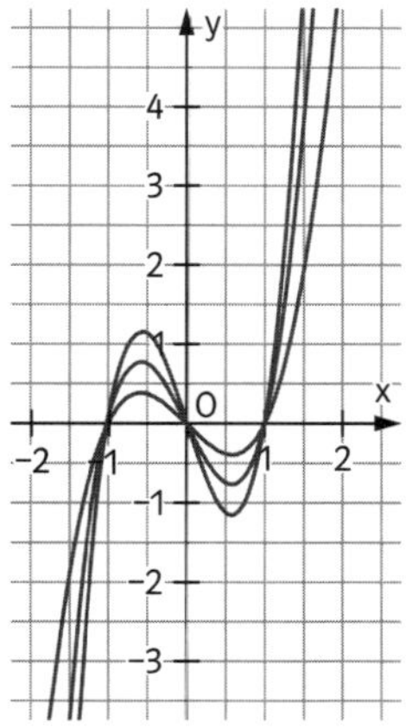

Lage der Hochpunkte ($t > 0$): Alle Hochpunkte haben die x-Koordinate $-\sqrt{\frac{1}{3}}$, die y-Koordinate ist positiv, damit liegen alle Hochpunkte auf der Geraden $x = -\sqrt{\frac{1}{3}}$ im 2. Quadranten.
Lage der Tiefpunkte ($t > 0$): Alle Tiefpunkte liegen auf der Geraden $x = \sqrt{\frac{1}{3}}$, die y-Koordinate ist negativ, sie liegen also im 4. Quadranten.

10 $f_t(x) = (t - x) \cdot e^x$;
$f_t'(x) = e^x(t - x - 1)$; $P(t-1\,|\,e^{t-1})$

11 $f_t'(x) = t^2e^x - t^2$; $f_t''(x) = t^2e^x$
$f_t'(x) = 0$ für $x_1 = 0$ mit $f_t''(x) = t^2 > 0$, also $T(0\,|\,t^2)$
Alle Tiefpunkte liegen auf der y-Achse.

12 $f_t'(x) = 2xe^{tx} + tx^2e^{tx} = xe^{tx}(2 + tx)$
$f_t'(x) = 0$ für $x_1 = 0$; $x_2 = -\frac{2}{t}$ $(t \neq 0)$
Für $t = 0$ gibt es genau eine Lösung $x_1 = 0$.

13 a) $f_a(t) = a \cdot 1{,}04^t = a \cdot e^{(\ln 1{,}04)\cdot t} = a \cdot e^{0{,}0392t}$
b) Skizze (oder mit GTR)

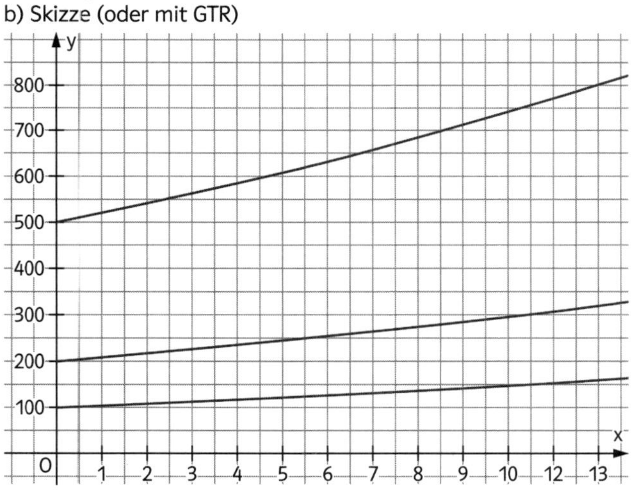

a = 100: $f_{100}(t) = 100 \cdot e^{0{,}0392t}$; $f_{100}(t) = 1000 : t \approx 58{,}7\,h$
a = 200: $f_{200}(t) = 200 \cdot e^{0{,}0392t}$; $f_{200}(t) = 1000 : t \approx 41{,}1\,h$
a = 500: $f_{500}(t) = 500 \cdot e^{0{,}0392t}$; $f_{500}(t) = 1000 : t \approx 17{,}7\,h$
c) $f_a(10) = 1000 \rightarrow a \cdot e^{0{,}392} = 1000$; $a \approx 676$
d) $f_a'(t) = 0{,}0392 \cdot a \cdot e^{0{,}0392t}$
$f_a'(0) = 100 \rightarrow 0{,}0392 \cdot a = 100 : a \approx 2551$

Funktionsbestimmungen, Seite 70

1 f_1: Nullstelle $x_0 = 3$, $D_{f1} = \{x \in \mathbb{R};\, x > 2\}$, $\lim\limits_{x\to\infty} f(x) = +\infty$; Term D mit a = 0,5; b = −2.
f_2: Asymptoten $x = 2$ und $y = -x - 1$; $x \rightarrow +\infty$: $f(x) \rightarrow -\infty$; $x \rightarrow -\infty$: $f(x) \rightarrow +\infty$; Term C mit a = 3; b = 2.
f_3: $P(11\,|\,6)$; $x \rightarrow +\infty$: $f(x) \rightarrow \infty$; $D_{f3} = \{x \in \mathbb{R};\, x > 2\}$; Term E mit a = 2; b = −2.
f_4: Asymptoten $x = 2$, $x = -2$ und $y = x$; $x \rightarrow +\infty$: $f(x) \rightarrow \infty$; $x \rightarrow -\infty$: $f(x) \rightarrow -\infty$; Term B mit b = −4; c = 2; d = −4.
f_5: Asymptoten $x = 2$, $x = -2$ und $y = 0$; $P(0\,|\,0{,}5)$; symmetrisch zur y-Achse; Term A mit a = −2; b = −4.

2 a) wahr; b) wahr; c) falsch; d) wahr; e) wahr

3 Nullstellen bei 4 und −4: Zähler: $x^2 - 16$
Senkrechte Asymptote: Nenner: $x - 1$

$$
\begin{array}{l}
(x^2 - 16) : (x - 1) = x + 1 - \frac{15}{x-1} \\
\underline{-(x^2 - x)} \\
\quad x - 16 \\
\quad \underline{-(x - 1)} \\
\quad\quad -15
\end{array}
$$

also schräge Asymptote mit $y = x + 1$

Eine mögliche Funktion ist also $x \mapsto \frac{x^2 - 16}{x - 1}$.

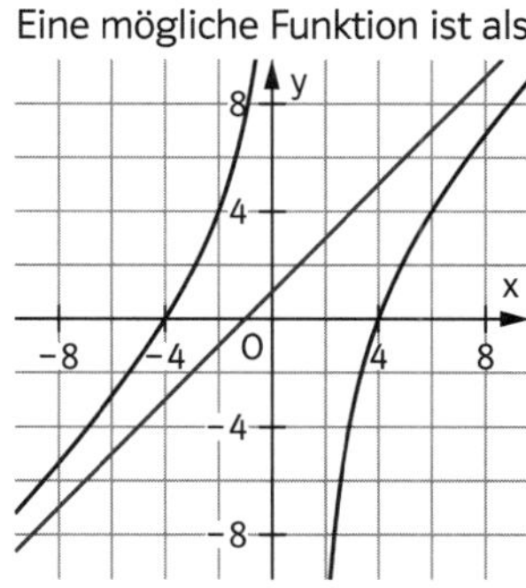

Funktionsanpassungen, Seite 71

1 f_1 Term D; f_2 Term C; f_3 Term A; f_4 Term B; f_5 Term C

a)

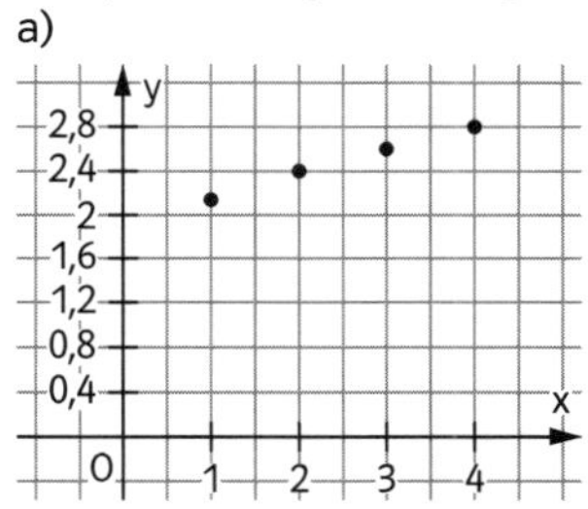

$y = 0{,}22x + 1{,}92$

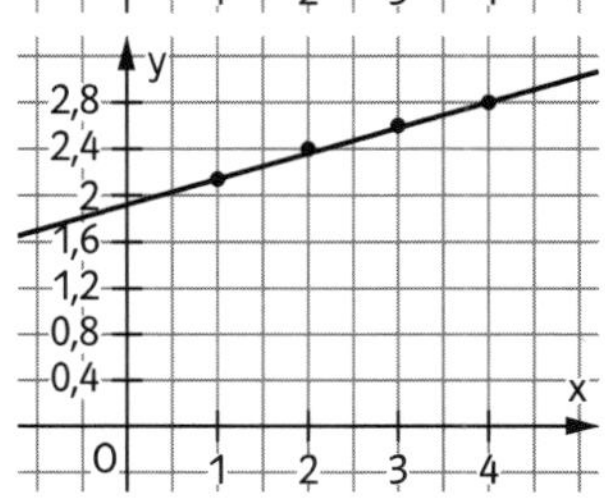

Vermutung:
Linearer Zusammenhang
$y = mx + n$
$P(1\,|\,2{,}14)$: $2{,}14 = m + n$
$Q(4\,|\,2{,}8)$: $\underline{2{,}8 = 4m + n}$
$0{,}66 = 3m$
$m = 0{,}22$; $n = 1{,}92$

b)

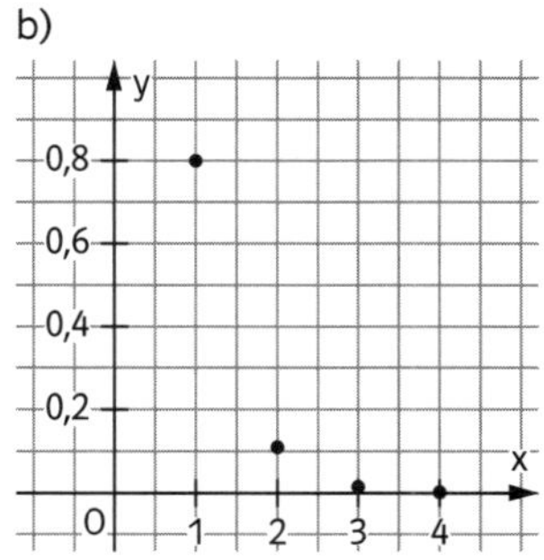

$x \mapsto 5{,}84 \cdot e^{-1{,}99x}$

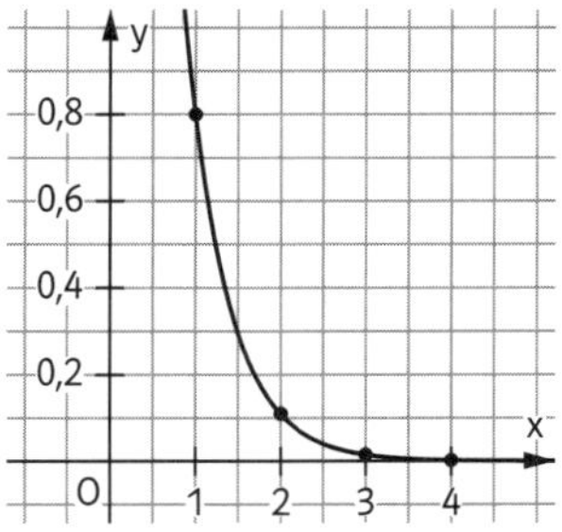

Vermutung:
Exponentieller Zusammenhang
$x \mapsto a \cdot e^{bx}$
$P(1\,|\,0{,}8)$ $\quad 0{,}8 \;\;\;= a \cdot e^{b}$
$P(3\,|\,0{,}015)$ $\quad 0{,}015 = a \cdot e^{3b}$
$a = 5{,}84;\; b = -1{,}99$

c)

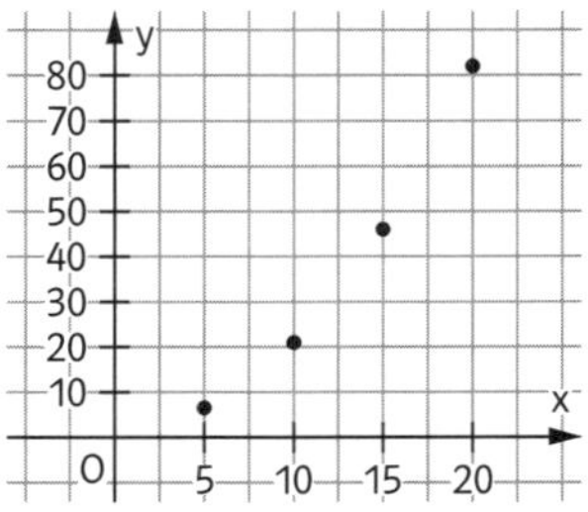

Vermutung:
Quadratisches oder exponentielles Wachstum

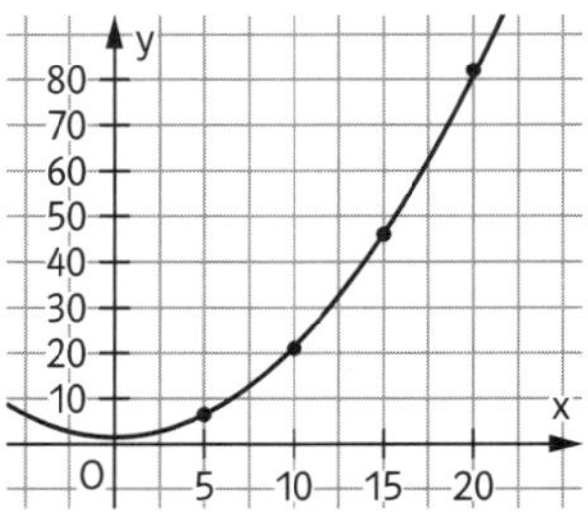

Ansatz: $x \mapsto a x^2 + b$
$P(5\,|\,6{,}5)$ $\quad 6{,}5 = \;\;25a + b$
$Q(15\,|\,46)$ $\quad 46 = 225a + b$
$a = 0{,}198;\; b = 1{,}56$
$x \mapsto 0{,}198x^2 + 1{,}56$

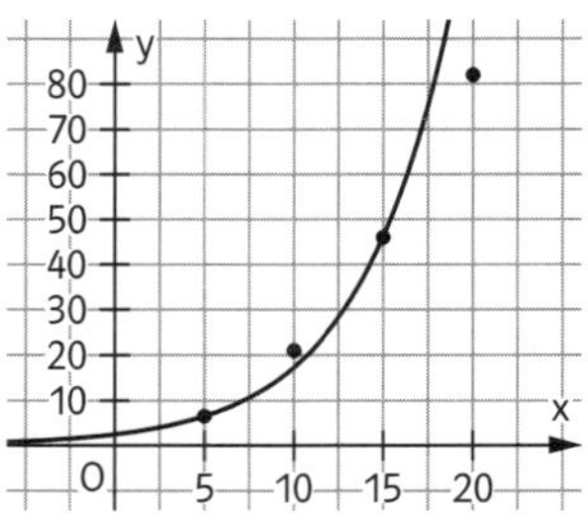

Ansatz: $x \mapsto a \cdot e^{bx}$
$P(5\,|\,6{,}5)$ $\quad 6{,}5 = a \cdot e^{5b}$
$Q(15\,|\,46)$ $\quad 46 = a \cdot e^{15b}$
$a = 2{,}44;\; b = 0{,}196$
$x \mapsto 2{,}44 \cdot e^{0{,}196x}$

d)

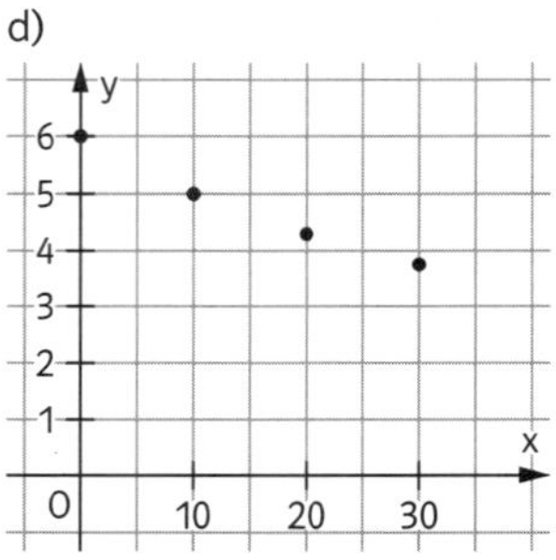

Vermutung:
Exponentielle Abnahme

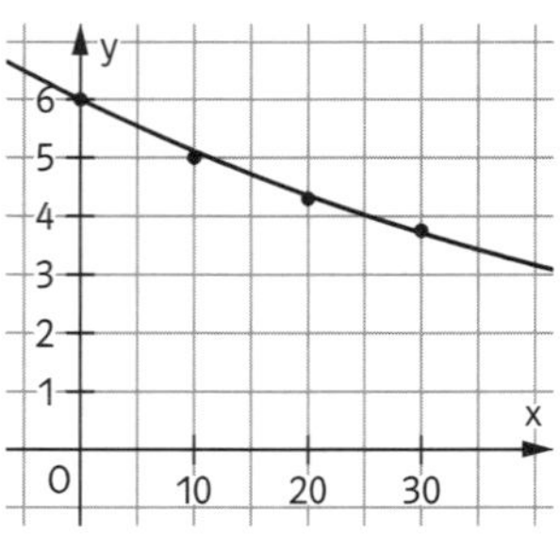

Ansatz: $x \mapsto a \cdot e^{bx}$
$P(0\,|\,6)$ $\qquad 6 = a \cdot e^{0}$
$Q(30\,|\,3{,}75)$ $\quad 3{,}75 = 6 \cdot e^{30b}$
$a = 6;\; b = -0{,}016$
$x \mapsto 6 \cdot e^{-0{,}016x}$

Test, Seite 72

1 A: $f(x) = (x-1)^3$ B: $f(x) = (x+3)(x-1)(x-2)$
C: $f(x) = 4 \cdot (x^2-1)^2$ D: $f(x) = x \cdot (x^2-9)$

2 a) $f(x) = \frac{1}{2}x^3 - \frac{3}{2}x^2 + 2$ b) $f(x) = \frac{2}{3}x^3 + 2x^2$
c) $f(x) = \frac{1}{2}x^4 - 4x^2 + 2$

3 Zielfunktion: $A = x \cdot y$
Nebenbedingung: $2\pi x + 2y = 400$, also $y = 200 - \pi x$
$A = x \cdot (200 - \pi x)$; $A'(x) = 200 - 2\pi x = 0$
$x = \frac{100}{\pi} \approx 31{,}83\,\text{m}$; $y = 200 - \pi\frac{100}{\pi} = 100\,\text{m}$
Für den Radius 31,83 m wird die Spielfläche am größten.

4 Bezeichnung: Höhe x, Breite $2 \cdot x$, Länge y
Zielfunktion: $O = 4x^2 + 2xy + 2xy = 4x^2 + 4xy$
Nebenbedingung: $2x^2 \cdot y = 32$, also $y = \frac{16}{x^2}$
$O = 4x^2 + 4x \cdot \frac{16}{x^2}$; $O' = 8x - \frac{64}{x^2} = 0$
$x = 2;\; y = 4$
Der Container muss die Maße 2 m, 4 m, 4 m haben, damit der Materialverbrauch möglichst gering ist.
Der Materialverbrauch entspricht dabei der Fläche $48\,\text{m}^2$.

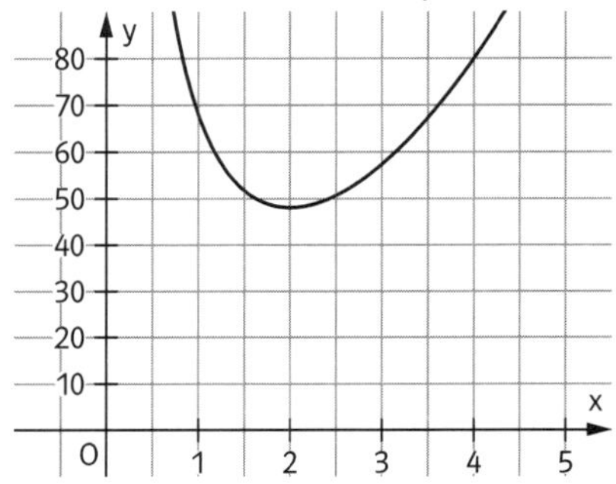

5 a) $t = \frac{1}{2}$
b) genau eine Nullstelle: $x^2 - 2tx + 2t = 0$
Der Radikand ist null für $t = 2$.
c) Zwei verschiedene Parameter verwenden:
$\frac{1}{r} \cdot x^2 - 2x + 2 = \frac{1}{s} \cdot x^2 - 2x + 2$ mit $r \neq s$
Lösung: $x = 0$ und damit ist der gemeinsame Punkt $P(0\,|\,2)$.

6 a) $f(x) = e^{\ln\left(\frac{5}{2}\right) \cdot x} = 2{,}5^x$
b) $f(x) = 2 \cdot e^{\ln(3) \cdot x} = 2 \cdot 3^x$
c) $f(x) = -\frac{3}{2} \cdot e^{\ln(4) \cdot x} = -\frac{3}{2} \cdot 4^x$

1. Auflage 1 6 5 4 3 | 18 17 16 15 14

Alle Drucke dieser Auflage sind unverändert und können im Unterricht nebeneinander verwendet werden.
Die letzte Zahl bezeichnet das Jahr des Druckes.

Autorinnen und Autoren: Heidi Buck, Wannweil; Rolf Dürr, Reutlingen; Heike Jacoby-Schäfer, Tübingen; Peter Neumann, Markkleeberg; Sven Rempe, Gauselfingen; Dr. Torsten Schatz, Reutlingen; Marc Zeller, Münsingen

Redaktion: Annegret Weimer, Kerstin Leidenberger
Herstellung: Renate Mönch

Umschlaggestaltung: KomaAmok, Stuttgart
Titelbilder: Lavendelfeld: Getty Images (Nacivet), München; Promenade: plainpicture GmbH & Co KG, Hamburg
Illustrationen: Da-TeX Gerd Blumenstein, Leipzig
Satz: Da-Tex Gerd Blumenstein, Leipzig
Reproduktion: Meyle & Müller Medienmanagement, Pforzheim
Druck: Medienhaus Plump, Rheinbreitbach

Printed in Germany
ISBN 978-3-12-735720-2

9 783127 357202

Stichwortverzeichnis